ESP32 物聯網

專題製作實戰寶典

Developing IoT Projects with ESP32

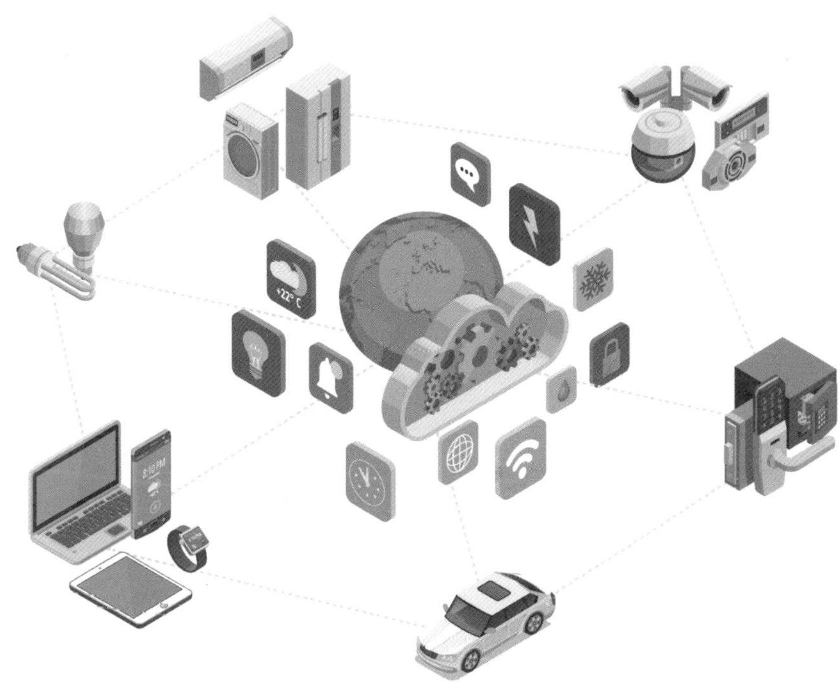

獻給我的女兒 *Melis* 與 *Selin*，與愛妻 *Ferah*；

何等幸運能有妳們同行！

貢獻者

Contributors

關於作者

Vedat Ozan Oner 是一位技術知識與經驗兼備的物聯網產品開發者與軟體架構師。他在職業生涯中曾以不同的身分參與過許多物聯網專案，使他即便身處高度競爭市場中，也能以全方位視角來審視如何開發成功的物聯網產品。他擁有中東科技大學（METU）的電腦工程學士學位，也擁有許多企業級認證與資格，包含 PMP®、ITIL® 與 AWS 認證開發者。

Vedat 在 2018 年於倫敦創辦了 Mevoo 有限公司（https://mevoo.co.uk），對客戶提供顧問服務並自行開發物聯網產品。他現在仍與家人住在那裡。

歡迎聯繫 Vedat：https://www.linkedin.com/in/vedatozanoner/

> 由衷感謝 *Packt* 團隊邀請我編寫本書，這提供我一個分享與學習的絕佳機會。我深信我與 *Packt* 團隊與編審們，*Carlos* 與 *Tarik*，打了一場美好的仗，將這個主題以最有效的方式呈現給您。感謝他們寶貴的回饋意見與努力，終能讓本書付梓出版。

關於審校

Carlos Bugs 是位在科技領域擁有超過 15 年年資的電子工程師。他對於物聯網產品開發的各主要階段都有實務經驗，包括大規模生產的前置作業。他從事的專案涵蓋了各種領域，包含汽車、能源、儀控、醫藥與農業等。他目前是一家科技公司的 CTO，負責整合硬體專題（感測器、節點與閘道器）與資料科學。他現在中國負責大規模生產的前置作業接著又轉戰巴西，後者已針對大客戶製多達七萬顆的感測器。

他同時也從事許多研究案，並於巴西與美國多次獲獎。歡迎透過 LinkedIn 聯繫他：https://www.linkedin.com/in/carlos-bugs-6a272458/

> 感謝神讓我有機會對本書做出貢獻。我也要感謝家人（妻子與兒子）給我的靈感，以及在校對過程中的無比耐心。最後，當然要感謝作者 *Vedat* 與全體 *Packt* 團隊對於本書所做的卓越努力。

Tarik Ceber 現在是任職於德國 TechSat 公司的硬體開發工程師。他於 2005 年以 C++ 開發者的身分以及自學者來踏入職場，並參與多個無人飛行載具專案。由於對於嵌入式系統與航空電子的熱情，他也開發了許多電子印刷電路板，包括飛控電腦、慣性導航系統、電池管理系統與針對各類航空器平台（小型定翼 UAV、戰術 UAV、四旋翼與 eVTOL）的航電測試設備。除了航電產業之外，他也參與了許多物聯網專案，並設計了用於智慧家庭應用的印刷電路板，包括整合了 BLE 的智慧量表與 RGB 彩色燈泡。

> 感謝作者邀請我擔任這本資訊豐富且良好編輯書籍的技術編審。在飛快前進的物聯網世界中，本書確實弭平了這道實務導向的資訊來源鴻溝。

目錄

Contents

Part 3 雲端服務通訊 305

10 沒有雲端服務就沒有物聯網｜各種雲端平台與服務 307

前言

Preface

物聯網（Internet of Things, **IoT**）科技出現在我們的生活中已經超過十年了。二十年前，當我還是個年輕工程師在展會初次見到單板電腦時，簡直是被這款裝置所帶來的各種可能性驚呆了。在我眼中，它就是開啟智慧家庭的大門，就算不在家也能知道家裡發生了什麼事！

從那時開始，我就開始以不同身分參與了許多物聯網專案，因此我有許多機會來以不同角度來檢視各種物聯網產品。身為開發者，我們常常在試著要解決某項技術問題時忘記這款技術的用途為何。然而在開發物聯網產品時，首要的問題是這款產品的價值為何？民眾能從中獲得哪些好處？問題不再於它是消費性產品或企業級物聯網解決方案；它應該要能幫助人們解決真實切身的問題。在本書各篇的最後一章，我都準備了一個大家能應用於日常生活中的完整專題。

物聯網背後可不只一股驅動力而已，但在此點名幾個重要的推手，例如大量平價矽晶片的上市、行動科技還有雲計算等。我認為 ESP32 用自己的方式做出了很好的貢獻。當 Espressif Systems 於 2016 年推出之後，我當時在一家智慧家庭公司擔任科技產品經理。我們馬上就看到了機會 – 這款晶片竟然可把現有的家庭閘道器成本降到四分之一以下！市面上找不到別款**系統單晶片**（**SoC**）上的 Wi-Fi 系統可在這個價格區間做到這麼完整的運算方案。我也知道不可能談到 ESP32 能做到的所有事情，但我相信在使用 ESP32 開始下一個物聯網專題之前，您會發現本書可是相當實用呢！

除了專業之外，我平常的興趣是和女兒一起製作新的物聯網裝置。我向來熱愛與女兒還有身邊的人們分享知識與經驗，同時也能從中學到很多。希望您能與我一起在閱讀本書與製作專題時，享受到很多很多樂趣。

本書是為誰所寫

本書目標讀者為嵌入式軟體開發者、物聯網軟體架構師 / 開發者，當然還有想有效把 ESP32 整合到自家物聯網專題中的技術人員。如果需要具備專業功能的強力 Wi-Fi 系統單晶片時，業餘玩家們也能在本書中找到許多有用的範例。

本書內容

第 1 章　認識 ESP32，為您通盤介紹了物聯網科技、ESP32 硬體與各種開發環境選項。

第 2 章　與地球對話 | 感測器和致動器，介紹了不同類型的感測器與致動器，以及如何透過 ESP32 來介接它們。

第 3 章　出色的輸出顯示，說明如何為 ESP32 專題挑選並操作不同類型的顯示模組，另外也深入討論了 FreeRTOS。

第 4 章　深入了解進階功能，介紹了 ESP32 的聲音 / 影片應用，以及針對低功耗需求的能源管理子系統。

第 5 章　專題 | 室內多感測器，是本書的第一個參考專題，會在單一 ESP32 裝置上整合了多個感測器。

第 6 章　永遠的好朋友｜ Wi-Fi，說明如何將 ESP32 用於 Wi-Fi 的工作站（Station）模式與存取點（AP）模式，另外也會用 ESP32 的角度來介紹一些 TCP/IP 通訊協定。

第 7 章　安全第一！介紹了 ESP32 板子上與安全有關的重要功能，並提供安全韌體更新與安全通訊技術相關的範例。

第 8 章　藍牙我也通，介紹了藍牙低功耗（BLE）的基本觀念，並示範如何開發 BLE 信標、GATT 伺服器與 BLE 網格網路節點。

第 9 章　讓家變得更聰明，如果想要製作一個全方位的智慧家庭方案，就需要在同一個 BLE 網格網路中實作閘道器、光感測器與繼電器開關。

第 10 章　沒有雲服務就沒有物聯網｜各種雲端平台與服務，介紹了多種重要的物聯網通訊協定，並介紹不同廠商的物聯網平台以及一個 AWS 物聯網整合範例。

第 11 章　相連不嫌多｜整合第三方服務，聚焦於如何整合語音助理與 IFTTT 等這類熱門服務。

第 12 章　專題｜聲控智慧風扇，讓普通的電扇搖身一變成為整合了 Alexa 的智慧裝置，這也是本書的最後一個專題。

充分運用本書

物聯網科技需要整合許多不同的學科與技術才能開發出一個好的產品。基本上來說，您應該要能透過 Fritzing 電路示意圖來完成範例的硬體原型，還要具備 C 與 Python 的程式語言開發能力。本書並假設您對於 TCP/IP 通訊協定與密碼學基礎不會太陌生，這樣才能順利完成各個範例。如果您對於各主題的基礎還不太熟悉的話，部分章節有一些推薦書籍讓您閱讀。

各章所需的硬體都列在每章的開頭。不過，您應該要有一片麵包板、一批跳線以及一組三用電表來完成各個電路。另外也建議最好要有一套焊接設備，因為許多新模組都需要自行焊接排針 / 排座才能接上麵包板。

至於開發環境，您應該要在 PC 上安裝 VS Code。本書的範例是在 Linux 平台上開發並測試完成，但應該在各作業系統上都可以正常運作。有必要的話當然可以根據不同的作業系統來選用其他工具。

本書會用到一些行動 app 來進行測試。因此，您在操作這些範例時就需要行動裝置。這些行動 app 都有 Android 與 iOS 平台 的版本。

新主題都需要相當程度的練習才能精通。本書每一篇最後的參考專題正是為此而生。完成之後，如果還能接著完成每章最後所建議之專題的話，您的收穫會更多。有時候還會列出一些如何改進的好點子。

本書介紹的軟體 / 硬體	作業系統需求
ESP32 與各種額外的硬體元件	Windows、macOS 或 Linux（任選）
ESP-IDF 與數款外部函式庫	

我們建議您親自輸入所有程式碼或透過本書 GitHub 來取得程式碼（連結請參考下一段）。這樣做可讓您免於任何複製貼上時的可能錯誤。

下載範例檔案

本書範例程式碼請由此取得，日後如果程式碼有更新的話，也會更新在這裡：

https://github.com/PacktPublishing/lnternet-of-Things-with-ESP32

專題影片

本書中各範例程式的實際執行影片請參考：

https://bit.ly/2T0ynws

下載彩色圖片

請由此取得本書螢幕截圖與圖示的彩色 PDF 檔：

http://www.packtpub.com/sites/default/files/downloads/9781838641160_ColorImages.pdf

本書使用慣例

本書運用了不同的字體來代表不同的慣用訊息。

`Code in text`：文字、資料庫表單名稱、資料夾名稱、檔案名稱、副檔名稱、路徑名稱、假的 URL，使用者輸入和推特用戶名稱都會這樣顯示。例如：“安裝完成之後，它會與 VSCode 介面整合起來，你可由其中發現 ESP-IDF 的 `idf.py` 所提供的所有功能。”

以下是一段程式碼：

```
#define GPIO_LED 2
#define GPIO_LED_PIN_SEL (1ULL << GPIO_LED)
#define GPIO_BUTTON 5
```

當希望您注意到程式中的某一段時，相關列數或項目會以粗體來強調：

```
static void button_handler(void *arg);

static void init_hw(void)
```

命令列 / 終端機的輸入輸出訊息會這樣表示：

```
$ ls -R
```

粗體（Bold）

代表新名詞、重要字詞或在畫面上的文字會以粗體來表示。例如，在選單或對話窗中的文字就會以粗體來表示。例如："點選 PIO 主畫面中的 **New Project** 按鈕。"

Tips

提示與小技巧。

Note

警告與重要訊息。

PART

1

使用 ESP32

第一篇將學習剛開始接觸 ESP32 開發板時會用到的開發平台與框架，以及如何於專題中介接不同的感測器和致動器來使用 ESP32。

本篇包含以下章節：

- 第 1 章 認識 ESP32
- 第 2 章 與地球對話｜感測器和致動器
- 第 3 章 出色的輸出顯示
- 第 4 章 深入了解進階功能
- 第 5 章 專題｜室內多感測器

CHAPTER

1

認識 ESP32

Espressif 的 ESP32 是開發者工作箱中一個強大的工具，**適用於多種不同類型的物聯網（IoT）**專題。我們都是開發者，都很清楚為特定領域所面臨的問題選擇正確的工具有多麼重要。為了解決問題，首先我們必須了解該領域以及針對特定問題來說有哪些適用的工具和功能是重要的，以進一步找出一個（或結合多個）最適合的工具。選好工具後，最終目標便是釐清如何以最有效的方式來使用它，以便為終端用戶帶來最大的附加價值。

本章我們將概論物聯網科技，物聯網解決方案的基本架構長什麼樣子，以及如何在這些解決方案中整合 ESP32。如果你是剛開始接觸物聯網技術，或著在考慮下一個專題要不要用 ESP32，本章將透過闡述 ESP32 的功能、能力和限制來幫助你從技術層面了解整體情況。

本章主題如下：

- 新興科技物聯網及其應用領域和實例
- 物聯網解決方案的基本架構（包含安全性考量）
- 介紹 ESP32 平台和模組
- 可用的開發平台和框架
- 適用於 ESP32 的**即時作業系統（RTOS）**。

1.1 技術要求

本書將透過許多實際範例來學習如何在實作中有效地運用 ESP32。範例的連結已列在各章節中，不過你可以直接從下列網址下載全部的範例：：

https://github.com/PacktPublishing/Internet-of-Things-with-ESP32

為了方便瀏覽，範例存放於相對應的章節檔案夾中。另外還有一個共同原始程式碼目錄，其中包含了各章節共用的函式庫。

各個章節會分別列出製作專案所需的軟體和硬體元件。

1.2 物聯網新興科技

我在 20 年前剛入行的時候，第一個專題是透過測量廣播頻道的無線電頻率（RF）參數來蒐集廣播電台和電視台的資料。我的任務是要設計和開發一個系統來分辨這些平台是否符合該國現有的法規。為了解決這項工程問題，團隊中的技術負責人設計了一台配備了以下設備的廂型車：

- 一台頻譜分析儀
- 電視解調器
- 用來測量參數的各類型天線
- 用來執行應用軟體的工業用電腦
- 一台無線電發射器：用來上傳測量結果跟一些簡單的分析報告至資料中心

第一份工作就可以參與到這種規模的專題真的很幸運，目睹一個用來解決真實世界問題的資料採集系統是如何被設計並開發出來。這個專題就發生在物聯網之父，凱文・艾希頓（Kevin Ashton）於 1999 年向科技文獻提出「物聯網」一詞的不久之後。

當我聽到這個新穎的名詞並試圖理解它的時候，我立刻意識到物聯網解決方案與這台監測廂型車之間的相似性。我們利用一些感測器從環境中蒐集資料、有一個處理單位、還會傳送這些資訊至一個加以儲存和處理資料的中心。最後一個環節的目的是為了能夠存取更多加工處理功能，並探索來自多台廂型車的資料之間的相關性。所以，它何嘗不是一個物聯網產品呢？還真的不是。從這個角度來看的話，任何監控系統（SCADA）或可編程控制器（PLC）都可以被稱為物聯網系統，這麼一來物聯網就只是舊瓶新酒，了無新意。

◉ 什麼是物聯網？

雖然可能從不同的角度上來看，物聯網的定義略有差異，但物聯網的領域中有一些關鍵觀念可以將其與其他類型的技術區分開來：

- **網路連接性**：物聯網裝置可以連線到網際網路或區域網路。一個掛在牆上、等待使用者手動操作的老式恆溫裝置，即使具備了基本的程控功能也不能算是物聯網裝置。
- **識別度**：物聯網裝置可以在網路中被獨立辨識出來，因此資料具有可由裝置識別之背景。除此之外，裝置可以從遠端更新、控制與診斷。

- **自動化操作**：IoT 系統的設計旨在最大限度地減少或無須任何人為干預。各裝置從安裝環境中蒐集資料之後與其他設備溝通以檢測系統當前的狀態並依照配置作出回饋。回饋可以是動作、紀錄或特定情況下的警報。
- **可交互運作性**：物聯網解決方案中的裝置可以互相溝通，但不一定屬於同一個供應商。當不同的供應商設計的裝置共享一個通用的應用層次協定時，要將新裝置加入這個異質網路只需要在裝置或管理軟體上點幾個按鈕即可。
- **可擴縮性**：物聯網系統可以橫向擴充以應付不斷增加的工作量。必要時可以新增一個裝置來增加容量，而非將既有的裝置升級（垂直擴展）。
- **安全性**：雖然我希望每個物聯網解決方案都可以至少有最低限度的強制安全措施，但很不幸的是現實並非如此，儘管過去有許多糟糕的經驗，包括惡名昭彰的 Mirai 殭屍網路攻擊。不過好消息是，大部分的物聯網裝置都具有安全啟動機制、安全更新機制和安全通訊功能，以確保機密性、完整性和可用性的資訊安全鐵三角。

Gartner 研究機構將物聯網納入了 2011 年的發展週期報告中，但預計還需要十年以上才會成為主流。但是，許多相關的科技像是 RFID、網狀網路和藍牙以及推動它們的科技如手機和雲端科技等等，早在多年前就已經在觀察清單上。在那之後，Gartner 又加入幾項物聯網科技和應用程式，例如：

- 物聯網平台
- 聯網家庭
- 智慧微塵（Smart dust）
- 邊緣運算
- 在邊緣終端裝置的平價單板電腦

5G 和 AI 是其他在 Gartner 的觀察清單中支援物聯網並可擴充其應用領域的劃時代科技。

◉ 物聯網的應用領域

物聯網的應用領域非常廣，但就概念上來看，可以區分成兩個類別：

- 在消費型物聯網類別中，最常見的就是智慧管家和保全系統、個人健康管理裝置、穿戴型科技和資產監控應用等等。
- 不難想像，**工業用物聯網**的應用領域更廣。每一年，IoT Analytics 在審查數千種新專題之後會發表工業應用的十大趨勢列表，而 2020 年的清單依序涵蓋了製造、運輸、能源、零售、城市管理、健康照護、物流、農業和建造等方面的應用[1]。

礙於篇幅有限，在此就不針對各個應用領域詳述，相反地，我想跟各位讀者分享一些有趣的案例，以理解物聯網在與其他尖端科技結合的時候，如何提供強大的解決方案。

◉ 邊緣終端裝置中的 AI/ML

AI 已經存在很長一段時間了，並且在機器視覺、**自然語言處理（NLP）**、語音辨識和機器學習（ML）專題中已有許多成功的案例。然而，它們都需要十分耗能的強大硬體來處理 CPU 和需要大量記憶體的運算，而這對記憶體容量和處理能力要少得多的小小感測器而言是不可能的任務。而 TensorFlow Lite 卻可以解決這個問題。它的轉換器可以輸出一個計算模型，一組通過傳送數據來進行預測的規則，大小只有 14 KB，適用於任何市面上的微控器，例如超低功耗的 ARM Cortex-M3 便能讓你擁有一個只需電池卻具備功能的感測裝置。班傑明・卡貝（Twitter 帳號：@kartben）曾經做過一個非常有趣的專題。在這個專題中，他成功地建立了一個可以辨別不同類型酒類的模組，準確率高達 92%。主機板用的是 SeeedStudio 開發的 Wio Terminal，其中便使用了功耗僅有 120MHz 的 ARM Cortex-M4F 核心微控器。

---

1 https://iot-analytics.com/top-10-iot-applications-in-2020

這件事的意義重大，代表我們有能力開發出真正的智慧裝置，而非只是一個單純的感測器，這個智慧裝置可以讓它蒐集到的資料產生意義，而且還可以根據資料及其涵義做出反應。班傑明建立了一個可以偵測像是一氧化碳（CO）、二氧化氮（NO_2）、乙醇（C_2H_5OH）和其他類型氣體的簡易感測器。因為有了韌體中 ML 模組的加持，裝置本身便可以理解它聞到了什麼。沒有了這項功能，裝置便必須先將資料傳送到另一台更強大的機器或雲端來分析，並等待回覆來決定下一步。而且，如果裝置不幸喪失了網路連線的話，那麼在恢復連線之前它什麼都做不了。

這個主題絕對值得專門寫一本書來探討，但如果你想嘗試看看的話，ESP32 在 TensorFlow Lite 的官網上也被列為支援平台之一。

Note

TensorFlow Lite 的支援平台清單請參看以下連結：
https://www.tensorflow.org/lite/microcontrollers

◉ 能量採集

無線感測網路（WSN）的其中一個重要討論和研究課題一直是感測器節點的功耗。功耗當然是愈少愈好。如果你對電池供電的無線裝置的開發有過一些經驗，應該很清楚 run to sleep 的概念，也就是執行完畢就盡快讓裝置休眠，以盡量保存電力這個最珍貴的資源。儘管如此，無論感測器節點做什麼都會消耗能量，並且在一段時間後便不得不更換電池。這時候，一項有趣的科技便可以幫助你，那就是能量採集。這個概念從尼古拉・特斯拉的年代就有了，能量可以從各種周遭環境中採集到，包括光線、振動以及無線能源。為此，採集方案必須先根據能量的類型以透過適合的元件來獲取環境中的能量。

如果能量來自 RF，那就用 RF 天線，如果來自光線，那就用光電池。接著，這些原始的能量必須在積體電路的幫助下進行轉換，以便將其儲存於電容器或電池中。但這件事知易行難，雖然市面上有多家晶片供應商在提供**電源管理積體電路（PMICs）**，但無法確定它們是否能夠有效地解決這個問題。主要的挑戰是要採集的能量極小、需要將極低的電壓提升到較高的邏輯位準、需要運作多個外部元件，外加電路板上元件封裝都很大塊等等。因次，這些挑戰阻礙了供應商生產高性能的能量採集晶片。不過，有一個產品看起來倒是蠻有潛力的。

Nowi Energy 公司宣稱它的 NH2D0245 PMIC 與市場上其他半導體巨頭相比，是效能最好、封裝體積最小的電源管理積體電路。為了證明自己，Nowi Energy 與模組公司 MMT 聯手推出了一款混合式智慧手錶模組，使用該模組的手錶在產品壽命期間完全不需充電也能一直正常運作。能量採集是一個熱門話題，所以當然也會有很多競爭者，例如來自比利時的 e-peas 半導體。下次製作 WSN 專題的時候，建議你可以試試看這些 PMIC。

◉ 奈米機器人

在進入物聯網的討論之前，先來看來自康乃爾大學最新的研究項目。這項研究的成果發表於 2020 年 8 月份的《自然》期刊雜誌上，標題為「電子集成批量製造微型機器人（*Electronically integrated, mass-manufactured, microscopic robots*）」。研究團隊發明了肉眼看不到的奈米級致動器。這些超微型的結構透過兩顆太陽能電池來移動，當雷射光照射在這些太陽能電池上，便會產生足夠的電壓來帶動機器人的腳。儘管這項發明還未成熟到足以投入實際應用，但對身為技師和物聯網專家的我來說，絕對值得持續關注它的發展。

Note

YouTube 上有這款奈米機器人實際運作的影片，請參考：
https://www.youtube.com/watch?v=2TjdGuBK9mI

以上案例在技術應用上確實比較極端，但我希望它們能讓你一窺物聯網科技的光明前景，並讓你在下一個專題中激發出一些靈感。接著，來認識物聯網解決方案中一些常見的功能。

1.3 認識物聯網解決方案的基本架構

物聯網解決方案需在一個產品上結合多種不同的技術，從硬體設備層層堆疊乃至最後的使用者應用程式上。方案中的每一層都旨在實現該業務設定的共同目標，但在設計及開發上使用不同的方法來達成目的。在物聯網專題中當然不存在通用的解決方案，但還是可以透過組織性的方法來開發產品。一個典型的物聯網產品涵蓋以下層面：

- **硬體設備**：每一個物聯網專題都需要具備**單晶片系統（SoC）**或**微控制器（MCU）**的硬體，以及與真實世界互動的感測器 / 致動器。除此之外，每一個物聯網裝置都是連網的，因此需要選擇最適合的有線或無線通訊媒介。電源管理也是另一個在硬體設備中需要考量的要素。
- **設備韌體**：為了滿足專題需求，我們需要開發可在 SoC 上執行的設備韌體。在此我們會蒐集資料並將它們傳輸到解決方案中的其他元件上。
- **通訊**：這個部分處理的是通訊問題。除了物理性媒介的選擇之外，我們還需要決定設備之間的通訊協定，作為分享資料的共通語言。一些通訊協定從物理性媒介到應用程式都有特定的定義，藉此提供一個完整的通訊架構。如果是這樣的話，你就無須擔心其他任何事情，但如果架構將應用層的上下文管理留給你自行決定的話，那就需要考慮用哪一種物聯網協定了。
- **後台系統**：這個部分是解決方案的骨幹。所有資料都會匯集在後台系統，並提供產品管理、監控和整合能力。後台系統可以是在本機或雲端上，同樣取決於專題的需求。此外，這也是物聯網與其他顛覆性科技結合的地方。你可以將大數據分析應用在感測器蒐集到的資料上以汲取更深層的含意，也可以利用 AI 演算法為你的系統提供更多智慧功能，像是偵測異常或預期維修。

- **終端用戶應用程式**：你很可能也會需要一個能讓終端用戶操作各項功能的介面。十年前，我們只有桌機、網頁和手機應用程式可以選擇，但現在多了語音助理。你可以將它視為人類與科技互動的最新介面，所以不妨將它加進功能中，尤其是消費型產品。

下圖為物聯網解決方案常見的架構：

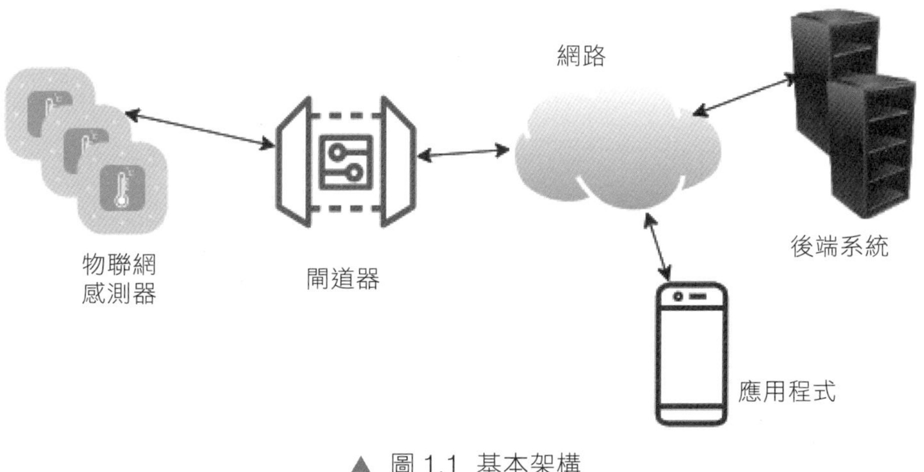

▲ 圖 1.1 基本架構

以上是不同類型的物聯網專題在開始前，或多或少都會需要先考慮到的事情。

◎ 物聯網的安全機制

最後一個需要考慮的重要因素是安全性。事實上，安全是最重要的核心，無論再怎麼強調都不為過。物聯網裝置與現實中的網路世界連接，任何安全方面的意外事件都有可能對周遭的環境造成嚴重破壞，更別提其他網路犯罪了。因此，當你在設計解決方案中無論是硬體還是軟體時，都應該考慮到安全性。雖然安全性的內容足以用整整一本書來討論，但在此我想先列舉一些相關設備的黃金守則：

- 盡可能減少存在於硬體與韌體中的攻擊層面。
- 盡可能防止物理性篡改。所有物理性的連接埠只在必要時開啟。
- 保存密鑰於安全的媒介中。
- 導入安全啟動、安全韌體更新與加密通訊機制。
- 切勿使用預設密碼。TCP/IP 連接埠只在必要時開啟。
- 可能的話，導入健康檢查以及異常偵測機制。

身為物聯網開發人員應當將安全設計原則奉為圭臬。物聯網商品含有許多不同的元件，因此在設計產品時，全方位的安全性變得至關重要。需要針對每個元件進行風險影響分析，以確定資料在傳輸中和靜止時的安全級別。許多國家級 / 國際機構和組織提供了關於網路安全的標準、方針以及最佳範例。其中專門針對物聯網科技的組織便是 IoT Security Foundation。它們積極地建立相關主題的準則和框架，並免費提供了大部分的指南。

Note

如果你對這些指南有興趣，可以參考 IoT Security Foundation 公布於官網上的準則：

https://www.iotsecurityfoundation.org/best-practice-guidelines/

對物聯網及其應用有一定的了解之後，便可繼續我們與 ESP32 的旅程，非常適合用在入門等級的專題或產品上的開發平台。本章剩餘的部分將討論市面上常見的 ESP32 硬體、開發框架和 RTOS 選項等。

1.4 認識 ESP32 開發平台與模組

第一片 ESP32 於 2016 年問世，當時我在一間智慧居家公司擔任技術產品經理。當時公司的產品選用的無線通訊技術為 Z-Wave，因為它的技術特性（Sub-GHz 無線通訊、網狀網路、互通性等等）以及在市場的地位（多家供應商、數千種認證商品等等）。

當時我們的願景不是成為另一家設備供應商，而是成為整合其他供應商與用戶的平台。開發出市場上最實惠的 Z-wave 閘道器對我們來說最為關鍵，這麼一來任何智慧居家迷都會偏好使用我們的閘道器作為家中其他 Z-wave 裝置的接入點。我們的第一個原型是一個內建 ARM-CortexA SoC 的高效能嵌入型 Linux 開發板，但就價格而言，絕對不是同類型產品當中最便宜的。然後我們發現了 Espressif 公司的 ESP32。它改變了一切。

ESP32 讓我們能夠將閘道器價格壓到原本的四分之一。有了 ESP32 作為主要的運算單位，我們加上了一個 Z-wave 模組作為它的網路共同處理器。另一端有 ESP32 內建的 Wi-Fi 功能，可以連接後台系統。我們也不需要擔心安全需求，因為 ESP32 當中有一顆用來加密跟解密的硬體加密加速器。我們要的它都有了。不過，當然不會這麼輕鬆就解決所有問題，我們從外部採購進來的 Z-wave 函式庫都是針對 Linux 的開發板，而非像 ESP32 這樣資源有限的 SoC。所以我們開始為 ESP32 移植整個 Z-wave 函式庫，結果成功了，最後終於成功做出當時市面上最小、最經濟實惠的 Z-wave 閘道器。

◉ 為何選擇 ESP32 ？

多年來，物聯網科技已經證明了其價值，身為開發者，相較於 5 或 10 年前，我們今天擁有大量的工具以開發出優秀的物聯網產品。ESP32 絕對是這些優秀產品之一，部分原因如下：

- 價格親民又容易取得
- 同時具備 Wi-Fi 和藍牙功能的 SoC
- 強大的硬體功能，具有多個周邊介面、不同電源模式和硬體加密加速器。
- 無論是在晶片還是模組方面，皆有針對不同需求提供的不同樣式。
- 先進的開發平台與框架
- 使用者為數眾多
- 最後一點，可與頂尖的雲端基礎建設進行原生整合。

如果你的專題需要 Wi-Fi SoC，那麼以上就是將 ESP32 作為首選的最佳理由。

◉ ESP32 的功能

自從首款 ESP32 問世之後，Espressif 推出了多種不同的變化版，而最新的一款是 2020 年推出的 ESP32-S2 系列。ESP32 家族是一種通用的多功能 SoC 解決方案，適用於各種需要 Wi-Fi 功能的物聯網專題。主要的規格如下：

- **CPU 與記憶體**：Xtensa 雙核心（或單核心）32 位元 LX6 微處理器，工作時脈可達 240 MHz，運算能力高達 600 MIPS。記憶體分為 448 KB ROM、520 KB SRAM 和 16 KB RTC 等。部分模組變體也支援外部 SPI 燒錄與 SPI RAM。周邊則支援直接記憶體存取（DMA）。
- **網路能力**：Wi-Fi 802.11 n（2.4 GHz），可達 150 Mbps（STA 和 softAP 模式），適用藍牙 v4.2 BR/EDR 和 BLE 規格。
- **外設介面**：GPIO、ADC、DAC、SPI、I2C、I2S、UART、eMMC/SD（變化版晶片）、CAN、IR、PWM、觸碰感測器和霍爾感測器。
- **安全性**：硬體加密加速器（亂數、雜湊、AES、RSA 和 ECC），1024 位元 OTP、安全啟動和快閃加密。
- **電源模式**：藉由超低功率（ULP）的共處理器和即時時鐘（RTC）提供不同的電源模式。深度睡眠模式（ULP 開啟時）下的功耗為 100 μA。

最新的 ESP32-S2 系列有一點不同，主要差異包括：

- 單核心
- 不支援藍牙
- 不支援 SD/eMMC 但增加了 USB OTG
- 安全功能增強

為了讓硬體設計更簡單，Espressif 提供了多種不同配置的 ESP32 模組。模組的可變參數為 ESP32 變化版晶片、外部快閃記憶體（4、8 或 16 MB）、外部 SRAM 和天線樣式。使用者可以在具備 PCB 天線的模組中來選擇，或是藉由 U.FL/IPEX 連接器來外接天線。至於 ESP32-S2，在我撰寫本書時只有一個模組選項。大多數的情況下選擇一個模組就夠了，但如果你的專題需要用到特定的 ESP32 晶片，例如高溫操作，那麼你就會需要用到相對應的變化版晶片像是 ESP32-U4WDH，並設計適合的 PCB。你可以在 Espressif 官網中找到所有供貨中的模組 [2]。

下圖為結合了板載式天線的 ESP32-WROOM-32D 模組：

▲ 圖 1.2 ESP32-WROOM-32D 模組

2 https://docs.espressif.com/projects/esp-idf/en/latest/esp32/hw-reference/index.html

我們可以在市面上找到許多來自不同供應商的開發板作為開發套件。有了這樣的套件便可以輕鬆地著手開發，不用真的經歷硬體設計和製作最終產品原型這一段。所有模組皆備有 USB-UART 橋接晶片和 USB 連接埠，因此只需將套件接上開發用電腦就能燒錄並測試韌體：

▲ 圖 1.3 DOIT ESP32 Devkit vl

介紹完硬體之後，接著要來看韌體開發平台與框架。

1.5 開發平台與框架

ESP32 非常受歡迎，因此在開發平台與框架方面也有相當多的選擇。

首先，當然是來自 Espressif 官方提供的平台，**Espressif IoT Development Framework（ESP-IDF）**。這個平台支援三大作業系統 —— Windows、macOS 和 Linux。在安裝完一些必要套件後，便可以從 GitHub 下載 ESP-IDF，並安裝到電腦中。Espressif 也將所有必要的功能集合到一個名為 `idf.py` 的 Python 腳本中，供開發人員使用。你可以透過這項命令列工具來設定專題的參數和最終的二元映像檔。你也可以在專題中的每一個步驟用到它，從建置階段到從電腦的序列埠連接和監控 ESP32 開發板都有機會用到。不過如同前面所述，它是一個命令列工具，所以如果你較偏好視覺化介面的話，建議可以安裝 Visual Studio Code 和 ESP-IDF 擴充功能。ESP-IDF 的連結如下：

`https://docs.espressif.com/projects/esp-idf/en/latest/esp32/get-started/index.html`

另一個開發平台的選擇是 Arduino IDE，也許你已經猜到了。Arduino 提供了自己的函式庫來配合 ESP32 開發板。如果你之前有用過 Arduino IDE 就知道它有多好用。不過，缺點就是它的開發靈活度不如 ESP-IDF，受限於 Arduino 的能力範圍和開發規則。

最後一個選項是 PlatformIO。它不是一個獨立的 IDE 或開發工具，而是在 Visual Studio Code 中的開源嵌入式開發環境擴充套件。它支援多種不同的嵌入式開發板、平台和框架，包括 ESP32 和 ESP-IDF。完成安裝後，它會自行與 VSCode 的介面整合，你可以在此找到 ESP-IDF 中 `idf.py` 檔案提供的所有功能。除了 VSCode IDE 功能之外，PlatformIO 還整合了除錯、單位測試支援、靜碼分析和適用於嵌入式程式設計的遠端開發工具。PlatformIO 是一個平衡了使用難易度和開發靈活度的優秀選項。

這三個框架的程式語言都是 C/C++，所以你需要了解 C/C++ 才可以在這些框架中進行開發。不過，C/C++ 不是 ESP32 唯一適用的開發語言，您也可使用 MicroPython 來編寫 Python 程式，或使用 Espruino 來寫 JavaScript。這兩種語言都支援 ESP32 板子，不過老實說，我不會用它們來開發任何需要商品化的產品。儘管你可能因為自身偏好覺得用它們來寫程式比較自在，但這兩種語言都無法發揮 ESP-IDF 的完整功能。

1.6 RTOS 選項

基本上，RTOS 提供了一個確定性任務排程器。雖然排程規則會隨著演算法而改變，但是可以確保已建立的所有任務都會依照這些規則在特定時間內完成。使用 RTOS 的主要優點之一在於，它會大幅降低複雜度並改善軟體架構讓它更容易維護。

ESP-IDF 支援的主要即時作業系統為 FreeRTOS。ESP-IDF 使用專屬版本的 FreeRTOS Xtensa 連接埠，與一般的 FreeRTOS 的主要差異在它支援雙核心。在 ESP-IDF FreeRTOS 中，你可以指定雙核心的其中一個來分配任務，也可以交給 FreeRTOS 來選擇。與原本的 FreeRTOS 之間的其他差異也都是源自於它的雙核心支援。目前 FreeRTOS 採用 MIT 授權條款[3]。

如果你希望把 ESP32 連到 **Amazon Web Services（AWS）** IoT 基礎設施，可以選用 Amazon FreeRTOS 做為你的 RTOS。ESP32 已被列在 AWS 的合作裝置目錄當中並得到了官方支援。Amazon FreeRTOS 備有連接到 AWS IoT 和其他安全相關功能所需的函式庫，像是 TLS、OTA 更新、HTTPS 安全通訊、WebSockets 和 MQTT，基本上涵蓋了所有建立安全連線裝置所需的要素[4]。

Zephyr 是另一個 RTOS 選項，具有較寬鬆的免費軟體授權，Apache 2.0。Zephyr 需要用到 ESP32 工具鏈，並需要將 ESP-IDF 安裝在本機上。最後還需要配置設定。完成後，執行命令列 Zephyr 工具 "west" 來建立、燒錄、監控和除錯[5]。

---

3 https://docs.espressif.com/projects/esp-idf/en/latest/esp32/api-reference/system/freertos.html

4 https://docs.aws.amazon.com/freertos/latest/userguide/getting_started_espressif.html

5 https://docs.zephyrproject.org/latest/boards/xtensa/esp32/doc/index.html

最後一個要介紹的 RTOS 是 Mongoose OS[6]。它透過其網頁使用者介面工具 mos 提供了一個完整的開發環境。它與多個雲端物聯網平台皆有原生整合，像是 AWS 物聯網、Google 物聯網、Microsoft Azure 和 IBM Watson，以及其他任何支援 MQTT 或 REST 終端的客製化物聯網平台。Mongoose OS 提供了兩種不同的授權，一個是 Apache 2.0 社群版，另一個是商用企業版。

1.7 總結

本章介紹了關於物聯網科技以及 ESP32 作為開發物聯網產品的硬體平台相關之必要資訊。

為了提供最終用戶更多產品價值，身為開發人員的我們需要做好萬全的準備。僅僅是提出解決方案是不夠的，它必須是正確適合的方案，這就需要更深入及全面的了解相關可用科技和工具。然而在物聯網科技領域中事情會變得比較複雜困難，因為物聯網產品含有多種元件，從感測器 / 致動器到讓終端用戶與解決方案互動的應用程式等等。如此一來，學會 ESP32 就成為物聯網開發者必須掌握的重要專業技能之一。

延續本章提供的背景訊息，接下來的章節將專注於如何在專題中有效地使用 ESP32。透過實例和深入解說，我們將看到 ESP32 在不同案例中的各種面向，並在本書每一篇的結尾實際應用到專題之中。下一章將先從感測器和致動器開始。

6 https://mongoose-os.com/mos.html

CHAPTER

2

與地球對話｜感測器與致動器

如同在第 1 章「認識 ESP32」提到的，**物聯網（IoT）**裝置要能夠與現實世界互動。它們從當前的環境中蒐集資料並依照設定條件或排程做出實際反應，像是記錄日誌或者觸發在操作環境中的另一項事件。這些動作都是透過各種感測器和致動器來完成。

本章將使用 ESP32 開發套件（**devkit**）來介接多種感測器與致動器，並學習各種通訊協定。

本章主題如下：

- 安裝工具鏈、ESP32 之程式設計與除錯
- 小試身手：使用按鈕、**電位計（pots）**和**發光二極體（LED）建立基本輸出入（I/O）系統**
- 使用感測器
- 使用致動器

2.1 技術要求

本書將全程使用 **Visual Studio Code**（**VS Code**）作為**整合開發環境**（**IDE**）。若你尚未安裝，請至以下連結下載安裝：

https://code.visualstudio.com/

ESP32 開發套件方面，我用的是 AZ-Delivery 公司的 **ESP32-DevKitC V4**。不過，絕大部分的 ESP32 系列及相對應的開發套件都可用於編寫程式和執行本書的範例。你可以從 AZ-Delivery 官網或露天、蝦皮之類的網拍商家購得。

範例將用到大量的感測器和致動器，各個章節會列出其種類和型號，方便你從網路購買。在原型設計階段還會需要一片麵包板，一些跳線和電阻。

本章範例請由本書 GitHub 取得：

https://github.com/PacktPublishing/Internet-of-Things-with-ESP32/tree/main/ch2

範例實際執行影片請參考：https://bit.ly/3hK33Kx

2.2 安裝工具鏈、ESP32 之程式設計與除錯

雖然開發環境種類繁多，但本書大部分的範例將使用 **PlatformIO 整合開發環境**，除了幾個必須要直接使用 Espressif **IoT 開發框架**（**ESP-IDF**）工具的範例之外。PlatformIO 可支援多種具有目前開發能力的不同平台、架構和框架。它本身是 VS Code 的擴充套件，因此非常容易安裝與配置。

◉ 安裝 PlatformIO

首先，就從安裝開始。打開 VS Code 之後，前往 **Extensions**（快捷鍵 *Ctrl* + *Shift* + *X*）並在市集中搜尋 `platformio`。它應該會在搜尋結果的第一條。請點擊 **Install** 鍵，幾分鐘後安裝便能完成，你的 VS Code IDE 就有了 PlatformIO 擴充套件了，如下圖所示：

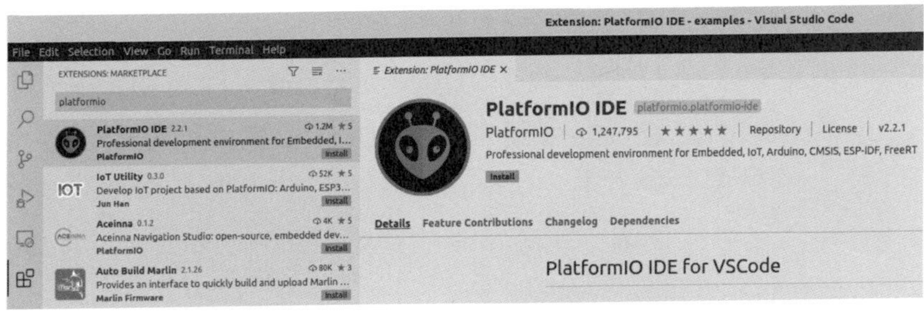

▲ 圖 2.1 安裝 PlatformIO

安裝完成後，左側的活動清單會出現 PlatformIO 圖示，點擊該圖示即可進入 PlatformIO。

◎ 第一個專題

這是本書的第一次試做專題，我們會逐步解說。專題目的很簡單：在序列埠顯示 `hello world` 並可透過 PlatformIO 的序列監控工具來檢視看到。請依照以下步驟執行：

1. 請點選左側活動清單中的 PlatformIO 圖示。捷徑會顯示為 PlatformIO（或簡稱 PIO）。
2. 請點選 **PIO Home/Open** 來開啟 PlatformIO 首頁，如下圖所示：

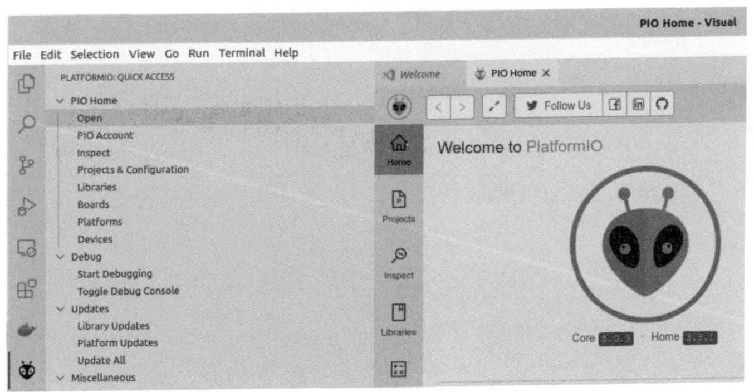

▲ 圖 2.2 PlatformIO 首頁

3. 在 PlatformIO 首頁中點選 **New Project**。

4. 點擊後會跳出專題設定的對話框，在此可以設定專題名稱、開發板類型、框架跟專題位置。

5. 請將專題名稱設定為 `my_first_project`（請勿使用空格），並選擇使用的 ESP32 型號，框架請選 ESP-IDF。雖然 PlatformIO 在 ESP32 開發上可支援 ESP-IDF 和 Arduino 框架，但本書只會使用 ESP-IDF。專題路徑可以任選，或用預設的路徑：`$HOME/Documents/PlatformIO/Projects`。專題設定詳細如下：

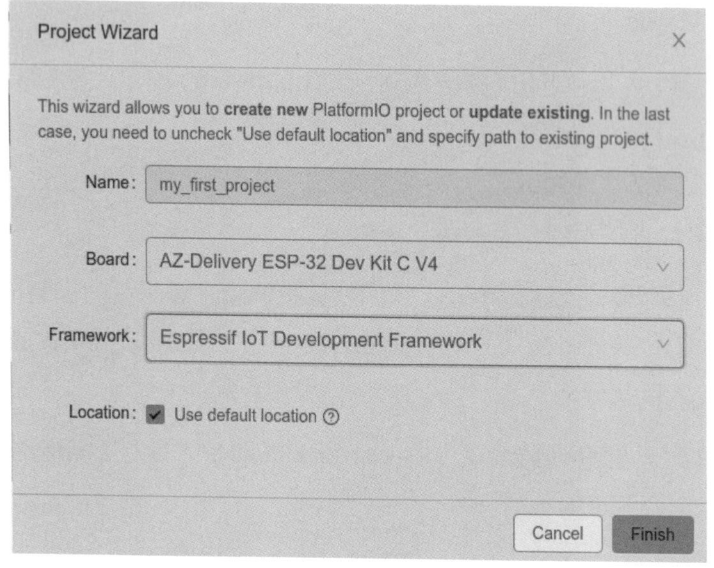

▲ 圖 2.3 第一個專題設定

點擊 **Finish** 鍵後，會觸動 PlatformIO 執行一些事情，因此可能會需要跑個幾分鐘。執行事項如下：

- 建立專題資料夾
- 若為首次使用選取的框架執行專題，PlatformIO 會從儲存庫下載框架原始碼及其他工具到 `$HOME/.platformio/packages` 資料夾中。

- 下載開發板原始碼至 <project_folder>/.pio/build
- 產生一些設定與建置檔，如下圖所示：

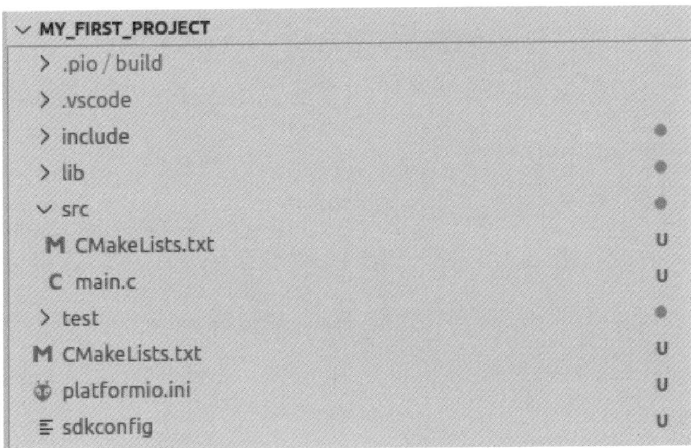

▲ 圖 2.4 新專題之資料夾架構

產生檔案如下：

- CmakeLists.txt 檔用於 ESP-IDF 的 CMake 建構組態
- Sdkconfig 檔包含 ESP-IDF 專題配置。雖然這個檔案有編輯工具可以用，但若是不放心的話建議還是手動編輯。
- platform.ini 檔對應到 PlatformIO 專題配置
- main.c 檔為專題的主程式原始碼

讓我們回到專題建立，請執行以下步驟：

1. 請編輯 main.c，如下：

```
#include <stdio.h>
void app_main()
{
    printf("hello world\n");
    fflush(stdout);
}
```

app_main 負責在系統啟動加載器執行後，讓 ESP-IDF 將控制權轉交給應用程式的函式。其實，在系統啟動加載器執行並完成硬體初始化之後，會有一個 FreeRTOS 任務於後台呼叫 app_main。當此函式返回後，呼叫任務便會從**即時作業系統（RTOS）**的排程器中刪除，應用程式隨之結束。有關啟動過程的更多資訊，請參考官網說明[1]。

在預設中，printf 輸出會被帶到 sdkconfig 檔中的 ESP32 開發板序列埠，所以當我們從任何序列監控應用程式連接到序列埠時，應該都要能夠看到該輸出。不過，PIO 已經整合好了，我們直接使用即可。

2. sdkconfig 檔中預設的序列鮑率為 115200，因此我們需要在 platform.ini 檔中設定與監控相同的數值。以下為執行此操作的配置：

```
[env：az-delivery-devkit-v4]
platform = espressif32
board = az-delivery-devkit-v4
framework = espidf

monitor_speed = 115200
```

3. 最後一行是為了設定鮑率而加入的。前面幾行皆在建立專題時根據 **Project Wizard** 對話框中的選項而自動產生。

4. 編譯和上傳韌體。在 IDE 的最下方有另一條工具列，在此可以新增編譯、上傳、清除和監控鍵等，工具列如下圖所示：

▲ 圖 2.5 下方工具列

1 https://docs.espressif.com/projects/esp-idf/en/latest/esp32/api-guides/general-notes.html

你可以事先編譯好程式碼，或者要是附有 ESP32 開發套件也可以選擇直接上傳。如果程式碼中沒有錯誤的話，PlatformIO 便會幫你建立二進位檔並暫存開發套件。如果有錯誤，則會顯示在終端機。PlatformIO 會自動偵測 ESP32 連接中的序列埠，若偵測失敗，請檢查電腦的序列驅動程式。

Tips

在編譯時，若出現任何關於 CMake 組態之錯誤，可以試試看清除後再重新編譯專題。這可以解決大部分的編譯錯誤。建議你將此小技巧記起來，在本書其他的範例碰到類似狀況時可以用到。

5. 若要以序列介面連接開發套件，請在 PlatformIO 下方的工具列中點選 **Serial Monitor** 以串列開發套件。它將啟動 PlatformIO 自有的 **miniterm** 序列監控工具，並使用在 `platformio.ini` 配置檔中設定的鮑率。點選開發套件的重置以重新啟動。在系統顯示加載器啟動的訊息後，第一條 ESP32 應用程式的輸出便會出現，恭喜完成！

Tips

在連接開發套件之後，PlatformIO 應能夠自動偵測到序列埠。若無法偵測，請檢查序列驅動程式的安裝是否正確，如必要可以試著用另一個序列埠。如果同一台開發電腦連接了兩個 ESP32 開發套件的話，請在 `platformio.ini` 檔中加入 `upload_port` 便能指定序列埠。

如你所見，PlatformIO 在後台為我們處理了很多事情。它不僅建立了井然有序的資料夾架構、下載 ESP-IDF 和工具，甚至還能根據使用的開發板類型配置專題。有了 PlatformIO，我們便可以省去專題配置的麻煩，直接進入程式設計。接著來看如何為應用程式除錯。

⦿ 為應用程式除錯

ESP32 在除錯上支援聯合測試任務群組（JTAG）硬體介面。要使用 JTAG 除錯，你還會需要名為 JTAG 偵錯探針的硬體工具。JTAG 為一種國際標準協定，所以你可以在市面上找到許多不同廠牌的偵錯探針，但 PlatformIO 官網列出了 ESP32 支援的探針類型一覽[2]。

有了 JTAG 探針，你就可以為應用程式進行除錯了。

> **Note**
>
> 正確的接線很重要。基本上，JTAG 序列匯流排有四種訊號：測試時鐘輸入（TCK）、測試模式選擇（TMS）、測試資料輸入（TDI）和測試資料輸出（TDO）。但這不代表所有 JTAG 探針適用的接頭都一樣。請參考手上的 JTAG 探針規格表以確保能正確連接 ESP32 開發套件。

接好 JTAG 探針後，還需要在 `platformio.ini` 檔中指定 —— 例如，以下為 **ESP-prog** JTAG 探針的組態參數：

```
debug_tool = esp-prog
```

現在你已準備好為應用程式除錯了。你只需要在 VS Code IDE 中按下 **Run** 鍵（快捷鍵 *Ctrl* + *Shift* + *D*）就好，PlatformIO 會自動開始除錯。PlatformIO 除錯工具已整合了**開放式片上除錯工具（Open On-Chip Debugger, OpenOCD）**。OpenOCD 會去對應到 JTAG 硬體介面的軟體端來管理除錯流程。

剩下的與其他軟體除錯相同。跟其他所有 IDE 一樣，你可以加入斷點、將變數加入觀察清單、執行除錯、介入、退出或跳過。因為它是一個嵌

---

2 https://docs.platformio.org/en/latest/plus/debugging.html#tools-debug-probes

入式的應用程式，你還會需要看暫存器、記憶體和韌體拆解，這些都是 PlatformIO 除錯的一部分，如下圖所示：

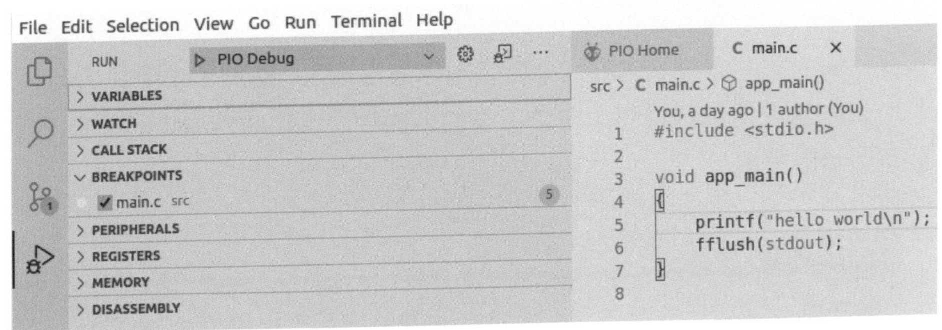

▲ 圖 2.6 PIO 除錯

PlatformIO 相關文件中有關 ESP32 除錯的教學請參考官網說明 [3]。

現在，我們已經知道如何在 PlatformIO 建立 ESP32 專題並為應用程式除錯，本書接下來的內容都會用到這些步驟。好了，來個範例練習一下吧！

2.3 小試身手｜使用按鈕、電位計和 LED 建立基本 I/O

本質上，任何一種暴露在環境中並可產生某種特定輸出之裝置即可稱為感測器，像是偵測溫度、濕度、亮度、震動等等。對我們來說，電子訊號是最常見的輸出。但是，若只是單純連接到微控器的輸入腳位，我們是無法直接讀取此訊號的，因此感測器的設計師整合了一種叫做訊號調節器的電路，用以過濾電子訊號並將其轉換成微控器可作為輸入處理的形式。

3 https://docs.platformio.org/en/latest/tutorials/espressif32/espidf_debugging_unit_testing_analysis.html

另一方面，致動器則屬於物聯網解決方案的輸出。它們根據來自微控器的類比或數位訊號來改變自身狀態，並向環境產生輸出。常見的例子有蜂鳴器、自動開關的 LED、控制開關的繼電器或做出相應動作的馬達等等。

任何嵌入式開發最基本的能力便是利用**通用輸入 / 輸出（GPIO）**腳位來讀取感測器或控制致動器。在接下來的範例中，我們將為 I/O 配置 ESP32 腳位並實際運用。

Tips

請隨時將開發板的腳位分布圖放在手邊以便查看腳位位置與功能。腳位分布圖標示了腳位編號和特定功能，在開發過程中是快速又便利的參考資料。

◉ 範例：用按鈕開關 LED

在這個範例中，我們要按下按鈕來改變 LED 的狀態。按一下，LED 亮起；再按一下，LED 則熄滅。在此範例中，按鈕是感測器而 LED 是致動器。

所需硬體元件如下：

- **5 毫米（mm）**LED，一顆
- 220Ω 以上的電阻，一顆
- 按鈕開關，一個

以下為 *Fritzing* 示意圖：

▲ 圖 2.7 － *Fritzing* 示意圖

按鈕連接到 GPIO5 和 GND 腳位。我們會在設定時啟用 GPIO5 腳位的內部上拉電阻，以便在按鈕被按下時會讀取為 `LOW`。

LED 會接在 GPIO2 作為輸出腳位。在此還會用到一顆電阻來限制電流，藉此保護 LED。

Tips

請確保 LED 較短（陰極）的腳位是接在 GND 那邊，而較長（陽極）的腳位是接在 GPIO2 腳位。如果接反了，電路便無法運作。

請建立一個新的 PlatformIO 專題並編輯 `main.c` 檔的程式碼，如下：

```
#include <stddef.h>
#include "driver/gpio.h"
#include "freertos/FreeRTOS.h"
#include "freertos/task.h"
```

ESP-IDF 會在 `driver/gpio.h` 標頭檔中定義 GPIO 的功能，像是配置腳位、設置腳位數值以及附加**中斷服務常規（ISR）**以讀取數值。一般來說，ESP-IDF 中函式的名稱會以其標頭檔為開頭，所以你會看到字首為 `gpio` 的 GPIO 函式。

另外還會匯入兩個 FreeRTOS 標頭檔以提供一些計時功能讓程式可以正常運行。

> **Note**
>
> 如同在第 1 章「認識 ESP32」討論到的，FreeRTOS 是 ESP-IDF 支援的官方 RTOS，所以在本書範例中會用到大量的 FreeRTOS 功能，尤其是任務管理功能。在第 4 章「深入了解進階功能」中將有一節專門針對 FreeRTOS 討論的內容。

接下來要定義使用腳位的巨集，如下：

```
#define GPIO_LED 2
#define GPIO_LED_PIN_SEL (1ULL << GPIO_LED)
#define GPIO_BUTTON 5
#define GPIO_BUTTON_PIN_SEL (1ULL << GPIO_BUTTON)
#define ESP_INTR_FLAG_DEFAULT 0
```

我們為 LED、按鈕以及位元遮罩來定義連接的 GPIO 腳位，並在硬體初始化中配置。`ESP_INTR_FLAG_DEFAULT` 為 ISR 組態標記，預設值為 `0`。接著是硬體初始化函式，如以下程式碼片段所示：

```
static void button_handler(void *arg);

static void init_hw(void)
{
    gpio_config_t io_conf;

    io_conf.mode = GPIO_MODE_OUTPUT;
    io_conf.pin_bit_mask = GPIO_LED_PIN_SEL;
    io_conf.intr_type = GPIO_INTR_DISABLE;
    io_conf.pull_down_en = 0;
    io_conf.pull_up_en = 0;
    gpio_config(&io_conf);
    io_conf.mode = GPIO_MODE_INPUT;
    io_conf.pin_bit_mask = GPIO_BUTTON_PIN_SEL;
    io_conf.intr_type = GPIO_INTR_NEGEDGE;
    io_conf.pull_up_en = 1;
    gpio_config(&io_conf);

    gpio_install_isr_service(ESP_INTR_FLAG_DEFAULT);
    gpio_isr_handler_add(GPIO_BUTTON, button_handler, NULL);
}
```

在 init_hw 函式中把 LED 設定為輸出，按鈕為輸入，並在按下時處理 ISR。

gpio_config_t 為用於設置 GPIO 腳位之組態參數的結構。首先，在 io_conf 變數中設定 LED 的組態值，它會被視為 gpio_config 函式的參數被傳送出去，好讓 ESP-IDF 知道 LED 的腳位配置。按鈕配置也是使用相同的變數。有趣的是，我把**內部上拉電阻**設定成從 GPIO 腳位讀取到經常為高電位的數值。當按鈕被按下，因為另一端接地的關係，訊號會由高變低。這會觸發 ISR 因為中斷類型已被配置為 GPIO_INTR_NEGEDGE。你也可以改成上升邊緣或其他任何變化。

Note

不是每一個 GPIO 腳位都具有內部上拉或下拉電阻，使用之前請先詳閱規格表。

最後，用 gpio_install_isr_service 函式來初始化 ISR，再用 gpio_isr_handler_add 函式加入按鈕處理器。Add 函式會需要腳位編號、處理函式及處理函式的參數作為參數，以便在腳位變化被偵測到為已配置時，ESP-IDF 可以進而呼叫處置函式。接著來定義 button_handler 函式：

```
static TickType_t next = 0;
static bool led_state = false;

static void IRAM_ATTR button_handler(void *arg)
{
    TickType_t now = xTaskGetTickCountFromISR();
    if (now > next)
    {
        led_state = !led_state;
        gpio_set_level(GPIO_LED, led_state);
        next = now + 500 / portTICK_PERIOD_MS;
    }
}
```

在定義 button_handler 函式時，我們需要用到 IRAM_ATTR 屬性來指示編譯器將這段程式碼存放在 ESP32 內部的**隨機存取記憶體（RAM）**中。原因是這個函式是 ISR，作為一個中斷處置器它必須簡短快速，也就意味著它必須被存放在 RAM 中隨時待命。否則的話，硬體會試圖從快閃記憶體下載程式碼進而造成應用程式閃退。原因來自 ESP32 處理器的設計方式。

xtaskGetTickCountFromISR 為 FreeRTOS task.h 中的一個函式。它會回傳自 FreeRTOS 排程器啟動以來的計數。我們需要這個資訊以防止按鈕去顫效應。去顫會導致按下按鈕後 LED 出現閃爍現象，我們當然不想要這樣。概念是在按下按鈕的動作之間加入一個緩衝時間，以確保這些按下的動作確實分開且為有意識的，而非去顫。雖然有更好的方法可以防止去顫效應，但在此範例中這個方法已經夠用。範例中的緩衝時間為 **500 毫秒（ms）**。藉由 portTICK_PERIOD_MS 可以得知單位為毫秒，進而將 500 毫秒轉換成 ESP32 的計數值。這項數值定義在 FreeRTOS 的 ESP32 端。

如果閃爍不是去顫造成的，請反白設定 `led_state` 變數值並呼叫 `gpio_set_level` 函式以使用新數值設置 LED 狀態：

```
void app_main()
{
    init_hw();

    vTaskSuspend(NULL);
}
```

最後結束於 app_main 函式，後續會由 ESP-IDF 的主應用程式任務來呼叫它。首先，用預先置入的 `init_hw` 函式來初始化硬體，接著呼叫 FreeRTOS 的 vTaskSuspend 函式來暫停主要任務以防應用程式結束。大功告成 —— 架好硬體並上傳程式碼後就可以測試程式了，好好享受吧！

◉ 範例：LED 調光器

此範例要用電位器來調節 LED 的亮度。概念是讀取接在**類比數位轉換器（ADC）**腳位的電位器數值，並透過**脈衝頻寬調變（PWM）**技術來調節亮度。

類比數位轉換器是電子學中的一項基本技術，可以將任何連續的類比訊號轉換成特定解析度的數位訊號。舉例來說，ADC 可以把 0 ～ 3.3V 的類比輸入電壓轉換成 10 位元解析度的數位訊號，數值範圍為 0 到 1023。ESP32 整合了兩個具有 18 個通道的 12 位元 ADC（由 GPIO 腳位連接類比訊號）。

PWM 則是產生相反的效果。雖然它並非真正的**數位類比轉換器（DAC）**，但是當高頻數位訊號產生時，並在單位時間內改變其開關比例（工作週期），輸出功率便會依照比例而降低，進而在 LED 上呈現變暗的效果。工作週期若為 100% 則表示輸出訊號一直是開啟的狀態，50% 的話表示只有一半時間為開啟。你還可以用 PWM 來控制**直流（DC）**馬達。ESP32 所有的腳位皆支援 PWM。

我們實際使用 ESP32 來試試。所需硬體元件如下：

- LED，以及作為保護的 220Ω 以上之電阻，各一個

電位器，一個接行 *Fritzing* 示意圖如下：

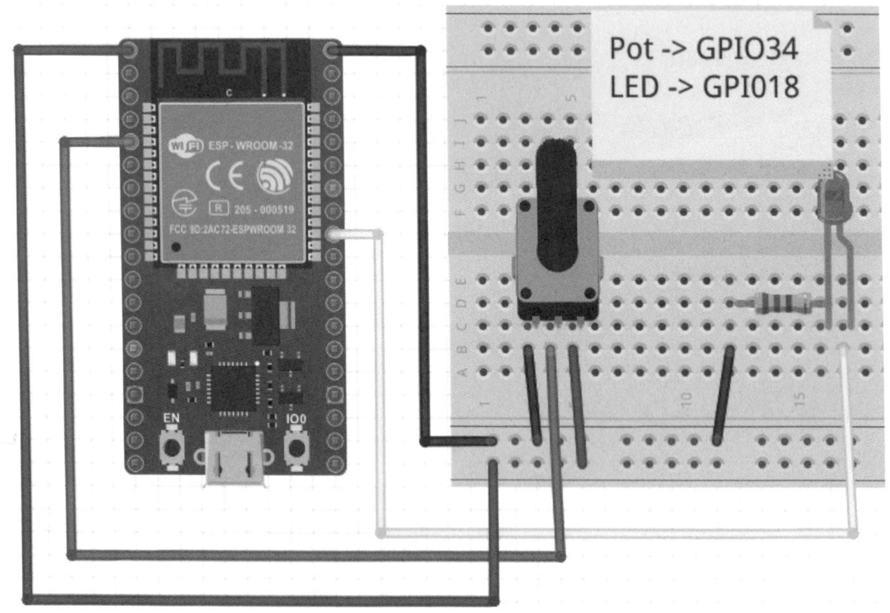

▲ 圖 2.8 *Fritzing* 示意圖

請建立一個新的 PlatformIO 專題並編輯 `main.c` 檔的程式碼如下：

```
#include <stdio.h>
#include <stdlib.h>
#include "freertos/FreeRTOS.h"
#include "freertos/task.h"
#include "driver/adc.h"
#include "driver/ledc.h"
```

在此匯入了兩個標頭檔。從 `driver/adc.h` 的名稱可以看出它是用於 ADC 定義和函式，而 `driver/ledc.h` 則用於 LED 或馬達的 PWM 控制上。全域變數和巨集定義如以下程式碼片段所示：

```
#define SAMPLE_CNT 32
static const adc1_channel_t adc_channel = ADC_CHANNEL_6;

#define LEDC_GPIO 18
static ledc_channel_config_t ledc_channel;
```

此範例要用 **ADC-1 單元**的 ADC_CHANNEL_6 來取得電位計數值。這個通道對應到我使用的開發板的 **GPIO34** 腳位。為了獲得更好的近似值，我們不會從 ADC 通道讀取單一數值，而是在單次執行中取得 SAMPLE_CNT 個樣本後再計算出平均值。

接著定義 LED 的控制通道，ledc_channel 以及配合使用的 GPIO 腳位：

```
static void init_hw(void)
{
    adc1_config_width(ADC_WIDTH_BIT_10);
    adc1_config_channel_atten(adc_channel, ADC_ATTEN_DB_11);

    ledc_timer_config_t ledc_timer = {
        .duty_resolution = LEDC_TIMER_10_BIT,
        .freq_hz = 1000,
        .speed_mode = LEDC_HIGH_SPEED_MODE,
        .timer_num = LEDC_TIMER_0,
        .clk_cfg = LEDC_AUTO_CLK,
    };
    ledc_timer_config(&ledc_timer);

    ledc_channel.channel = LEDC_CHANNEL_0;
    ledc_channel.duty = 0;
    ledc_channel.gpio_num = LEDC_GPIO;
    ledc_channel.speed_mode = LEDC_HIGH_SPEED_MODE;
    ledc_channel.hpoint = 0;
    ledc_channel.timer_sel = LEDC_TIMER_0;
    ledc_channel_config(&ledc_channel);
}
```

接著要在 init_hw 函式中初始化 ADC 和 LED 控制通道。

首先，設定 ADC-1 單元的寬度為 `ADC_WIDTH_BIT_10`，代表讀取範圍為 0-1,023。因為最高解析度為 12 位元，所以 ADC 採樣會是 2^12。由於電位計的第三個端子接在開發板的 3.3V 端上，所以需透過傳遞 `ADC_ATTEN_DB_11` 數值將坡道衰減配置成可支援 3.3V 的輸入。由此可知，ADC 的配置其實蠻簡單的。

正如預期，配置 LED 的控制通道會需要用到一個計時器。在此會用 `LEDC_TIMER_0` 來達成這個目的，並提供 **1000 赫茲（Hz）**的頻率來驅動 LED。另外我們也將工作週期的解析度配置為 10 位元，以便可以直接使用電位計的讀數來設置對應該讀數的工作週期。這裡的最高解析度為 20 位元。

Note

ESP32 有四個 64 位元的硬體計時器，並帶有 16 位元的分頻器和雙向計數器。

接著要配置 LED 控制通道。在此用的是 `LEDC_GPIO` 上的 `LEDC_CHANNEL_0`（總共有 8 個通道可用），也就是 GPIO18 腳位，並使用預先配置好的 `LEDC_TIMER_0`。現在，硬體已準備就緒，我們可以用它來達成如以下程式碼所示的目標了：

```
void app_main()
{
    init_hw();
    while (1)
    {
        uint32_t adc_val = 0;
        for (int i = 0; i < SAMPLE_CNT; ++i)
        {
            adc_val += adc1_get_raw(adc_channel);
        }
        adc_val /= SAMPLE_CNT;

        ledc_set_duty(ledc_channel.speed_mode, ledc_channel.channel, adc_val);
        ledc_update_duty(ledc_channel.speed_mode, ledc_channel.channel);
```

```
        vTaskDelay(500 / portTICK_RATE_MS);
    }
}
```

跟之前一樣，在 app_main 函式中先呼叫 init_hw 來初始化硬體。接著，while 迴圈啟動，在迴圈中透過 adc1_get_raw 函式取得 ADC 通道的樣本並計算出平均值以獲得更好的近似值。接著用此平均值來設定 LED 控制通道（ledc_set_duty）的工作週期。不過，這個設定要在我們將通道更新為新週期後才會生效（ledc_update_duty）。

在看完關於 I/O 系統的基本範例後，接著準備進入感測器階段了。

2.4 使用感測器

我們透過感測器與現實世界產生聯繫。舉例來說，按鈕和電位計雖然都屬於感測器，但當我們要測量不同現象 —— 例如溫度 —— 便需要使用比簡單的 GPIO 或 ADC 更進階的通訊介面的溫度感測器。本節將介紹多種具備不同通訊介面的感測器，讓你對這些介面更為熟悉。先從最常見的溫度及濕度感測器：DHT11 開始。

◉ 使用 DHT11 讀取環境溫度及濕度

DHT11 是一款價格相當平易近人的溫度濕度感測器。操作電壓介於 3 ～ 5V 之間，因此不需要電位轉換器就可以直接在 ESP32 上使用。可測溫度範圍為 0 ～ 50°C、精確度為 ±2°C、分辨率為 1°C。它同時可以測量範圍在 20 ～ 90% 之間的溼度，精確度為 ±5%。DHT11 模組出廠前皆已完成校準，所以不需要擔心這一塊。它另外還包含一個簡單的 8 位元處理器，讓它能夠進行基本的單線序列通訊協定。下圖為在網路上常見的 DHT11 模組實物照片：

▲ 圖 2.9 DHT11 模組

它共有三個腳位，**接地（GND）**、**供電電壓（VCC）**和訊號。通訊便是透過訊號腳位進行。先來看一個簡單的例子。所需硬體元件如下：

- DHT11 模組，一個
- 有源蜂鳴器模組，一個

我有一組 ELEGOO 公司生產的感測器套件，其中包含了各式各樣的感測器。以上列舉的兩個感測器都在其中，不過你當然也可以使用自己的。*Fritzing* 示意圖如下：

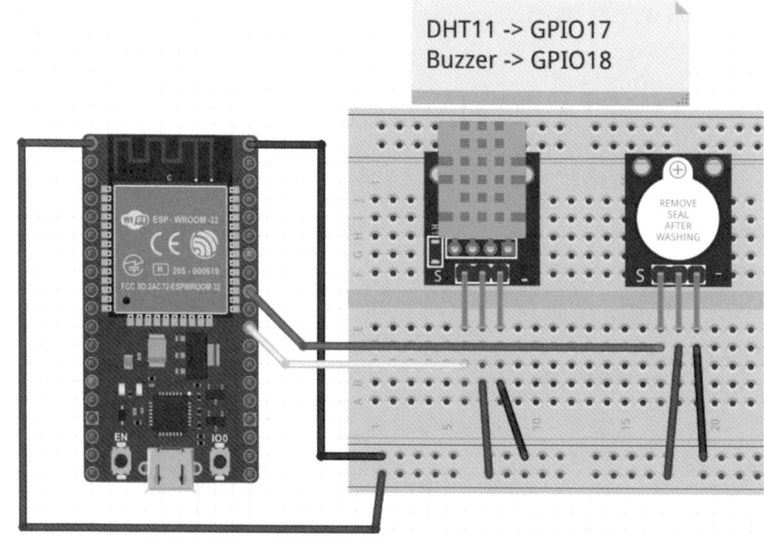

▲ 圖 2.10 DHT11 接線的 *Fritzing* 示意圖

DHT11 需用到一個外部的函式庫。請從本書 GitHub 取得：

`https://github.com/PacktPublishing/Internet-of-Things-with-ESP32/tree/main/common/esp-idf-lib`

原始函式庫連結如下，是由眾多開發者為了社群而共同完成的一項傑作。

`https://github.com/UncleRus/esp-idf-lib`

本範例將透過 DHT11 模組讀取溫度和濕度，如果有任何數值超過臨界點，蜂鳴器便會發出警報。

新建一個 PlatformIO 專題後，首先要來編輯 `platformio.ini` 檔案以設定序列埠監控之鮑率和外部函式庫，如下：

```
monitor_speed = 115200
lib_extra_dirs =
 ../../esp-idf-lib/components
```

`lib_extra_dirs` 選項會告訴 PlatformIO 外部函式庫的位置。DHT11 驅動程式也在這個資料夾中。請繼續執行 `main.c` 檔中的程式碼：

```
#include <stdio.h>
#include <freertos/FreeRTOS.h>
#include <freertos/task.h>
#include <dht.h>
#include "driver/gpio.h"

#define DHT11_PIN 17
#define BUZZER_PIN 18
#define BUZZER_PIN_SEL (1ULL << BUZZER_PIN)

#define HUM_THRESHOLD 800
#define TEMP_THRESHOLD 250

static void init_hw(void)
{
    gpio_config_t io_conf;

    io_conf.mode = GPIO_MODE_OUTPUT;
    io_conf.pin_bit_mask = BUZZER_PIN_SEL;
```

```
    io_conf.intr_type = GPIO_INTR_DISABLE;
    io_conf.pull_down_en = 0;
    io_conf.pull_up_en = 0;
    gpio_config(&io_conf);
}
```

這裡匯入了 dht.h 標頭檔以使用 DHT11。driver/gpio.h 僅用於設定蜂鳴器。DHT11 會將測量到的環境值乘以 10，故 HUM_THRESHOLD 和 TEMP_THRESHOLD 數值為了便於比較，也會將實際的臨界值乘以 10 —— 在此你可以看到濕度 80%、溫度 25°C 即為此程式的臨界值。在 init_hw 函式中僅會初始化 BUZZER_PIN 用於警報器的輸出。本函式庫中沒有任何 DHT11 專用的初始化函式。

接下來是產生警報聲的函式：

```
static void beep(void *arg)
{
    int cnt = 2 * (int)arg;
    bool state = true;
    for (int i = 0; i < cnt; ++i, state = !state)
    {
        gpio_set_level(BUZZER_PIN, state);
        vTaskDelay(100 / portTICK_PERIOD_MS);
    }
    vTaskDelete(NULL);
}
```

beep 函式負責把 BUZZER_PIN 電位每 100 毫秒切換一次高低電位，並根據函式參數來指定切換次數。FreeRTOS 任務在數值超過臨界值時便會呼叫此函式，並於結束後刪除任務。

接下來要檢查警報狀態，如下程式碼：

```
static int16_t temperature;
static bool temp_alarm = false;
static int16_t humidity;
static bool hum_alarm =false;
```

```
static void check_alarm(void)
{
    bool is_alarm = temperature >= TEMP_THRESHOLD;
    bool run_beep = is_alarm && !temp_alarm;
    temp_alarm = is_alarm;
    if (run_beep)
    {
        xTaskCreate(beep, "beep", configMINIMAL_STACK_SIZE, (void *)3, 5, NULL);
        return;
    }

    is_alarm = humidity >= HUM_THRESHOLD;
    run_beep = is_alarm && !hum_alarm;
    hum_alarm = is_alarm;
    if (run_beep)
    {
        xTaskCreate(beep, "beep", configMINIMAL_STACK_SIZE, (void *)2, 5, NULL);
    }
}
```

總共有四個全域變數來保存環境值和警報狀態。check_alarm 函式會同時檢查濕度和溫度的新警報，如果有的話，便會透過呼叫 FreeRTOS 的 xTaskCreate 函式來建立一個新的 beep 任務。總共需要 6 個參數來執行以下操作：

- 要呼叫的函式
- 任務名稱
- 任務本地的堆疊大小（以位元為單位）。需要保留足夠的記憶體以正確執行任務。
- 函式參數
- 任務優先順序
- 若有需要，還可運用一個任務處理指標。對本範例來說，我們不需要追蹤 beep 任務，執行後就可以放著不管了。

下一章會再詳細討論 FreeRTOS 函式，先來看 app_main 函式：

```
int app_main()
{
    init_hw();

    while (1)
    {
        if (dht_read_data(DHT_TYPE_DHT11, (gpio_num_t)DHT11_PIN, &humidity,
&temperature) == ESP_OK)
        {
            printf("Humidity: %d%% Temp: %dC\n", humidity/10, temperature/10);
            check_alarm();
        }
        else
        {
            printf("Could not read data from sensor\n");
        }
        vTaskDelay(2000 / portTICK_PERIOD_MS);
    }
}
```

在 app_main 函式中，我們用 init_hw 來初始化並啟動 while 迴圈以定期讀取 DHT11 感測器的數值。dht_read_data 正是執行這項動作的函式。它需要知道 DHT 感測器的類型（範例中用的是 DHT_TYPE_DHT11）、連接感測器的 GPIO 腳位、還有寫入讀數的變數位址。如果一切順利，它會回傳 ESP_OK，於序列埠顯示數值然後檢查警報情況。最後，要在讀取之間設定一個 2 秒鐘的延遲時間。

Note

DHT11 的取樣率不應超過 1 赫茲（也就是每秒一次），否則感測器會過熱造成誤差。

DHT11 是一個操作簡單又平價的溫度感測器，但如果我們需要更高的解析度，可以試試下一個範例中會談到的 DS18B20。

◉ 用 DS18B20 測量溫度

DS18B20 是一款由 Maxim Integrated 公司生產的可程控的高解析度溫度感測器。其可測量之溫度範圍為 -55 ～ 125°C，在 -10 ～ 85°C 之間的精確度為 ±0.5°C，因此常常是許多專案的溫度感測器首選。DS18B20 使用單匯流排和 64 位元的定址通訊協定，可讓多個 DS18B20 共享同一條通訊線路。

它的封裝樣式有很多種，下圖為 TO-92 封裝之 DS18B20 感測器：

▲ 圖 2.11 DS18B20 感測器

本範例會從單匯流排找出接在上面的 DS18B20 感測器，並請求溫度讀數。所需硬體元件如下：

- DS18B20 感測器，一個。我選用 ELEGOO 套組提供的單顆 DS18B20 模組，但如果你有多顆感測器的話，也可以將它們都接在同一條匯流排上。
- 用於感測器資料腳位的 4.7kΩ 上拉電阻，一個

驅動程式存放在與上一個範例相同的外部函式庫中，我們需要將其匯入才能驅動感測器，函式庫連結如下：

https://github.com/PacktPublishing/Internet-of-Things-with-ESP32/tree/main/common/esp-idf-lib

Fritzing 示意圖如下：

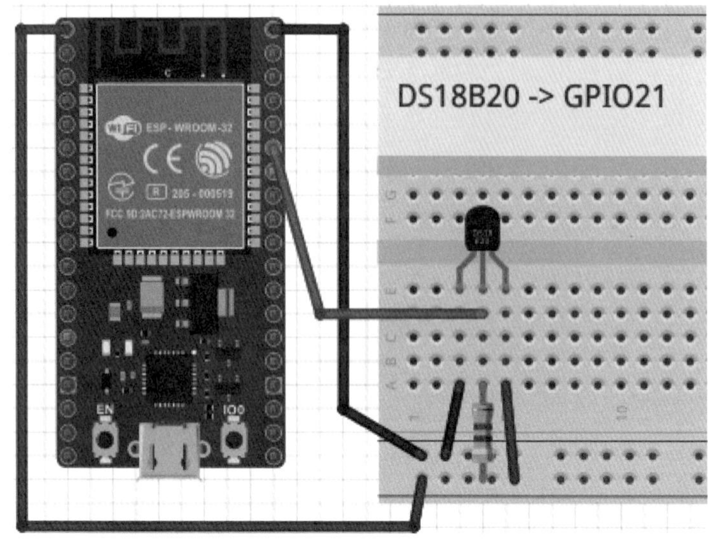

▲ 圖 2.12 DS18B20 接線的 Fritzing 示意圖

接好線路後，就可以來看程式碼了。請先編輯 `platformio.ini` 檔並匯入外部函式庫路徑：

```
monitor_speed = 115200
lib_extra_dirs =
 ../../esp-idf-lib/components
```

請在 `main.c` 檔中編輯應用程式：

```
#include <stdio.h>
#include <freertos/FreeRTOS.h>
#include <freertos/task.h>
#include <ds18x20.h>

#define SENSOR_PIN 21

#define MAX_SENSORS 8
static ds18x20_addr_t addrs[MAX_SENSORS];
static int sensor_count = 0;
static float temps[MAX_SENSORS];
```

在此匯入 ds18x20.h 標頭檔以取得驅動程式和類型定義。例如，ds18x2 0_ addr_t 為定址類型，只是一個定義於此標頭檔中的 64 位元無號整數。

本範例配置了大小為 8 的陣列來保存位址與溫度讀數。接著初始化硬體，如下：

```
static void init_hw(void)
{
    while (sensor_count == 0)
    {
        sensor_count = ds18x20_scan_devices((gpio_num_t)SENSOR_PIN, addrs, MAX_
SENSORS);
        vTaskDelay(1000 / portTICK_PERIOD_MS);
    }
    if (sensor_count > MAX_SENSORS)
    {
        sensor_count = MAX_SENSORS;
    }
}
```

init_hw 函式中呼叫了 ds18x20_scan devices 以尋找單匯流排上的感測器。它會用到感測器所連接的 GPIO 腳位編號，再把感測器位址寫入 addrs 陣列中。app_main 函式定義如下：

```
void app_main()
{
    init_hw();

    while (1)
    {
        ds18x20_measure_and_read_multi((gpio_num_t)SENSOR_PIN, addrs, sensor_
count, temps);
        for (int i = 0; i < sensor_count; i++)
        {
            printf("sensor-id: %08x temp: %fC\n", (uint32_t)addrs[i], temps[i]);
        }

        vTaskDelay(1000 / portTICK_PERIOD_MS);
    }
}
```

app_main 函式包含了負責讀取感測器的 while 迴圈。請求感測器讀取溫度數值的函式庫函式為 ds18x20_measure_and_read_multi，它會偵測所有連接感測器的 GPIO 腳位及其位址與儲存讀數的陣列。

Tips

如果 ESP32 上只接了一顆 DS18B20 感測器，那麼你可以使用此函式庫中的另一個函式：ds18x2 0_read_temperature，感測器位址為 ds18x2 0_ANY，可以省掉為了定位而搜尋匯流排的步驟。

◉ 用 TSL2561 感應光線

我們可以用 AMS 公司生產的 **TSL2561** 來感應環境中的光線強度。它透過**內部整合電路（簡稱 I²C 或 IIC）**來為微控器提供 16 位元解析度的照度（單位為勒克斯）。此感測器已經有許多實際的應用，像是為了提供更好的視覺條件而自動亮起的鍵盤照明。

I²C 是另一種序列通訊匯流排，可支援同一條線路上的多個裝置。在匯流排上的裝置使用 7 位元定址系統。I²C 介接會用到兩條線：時脈線（CLK）和序列資料線（SDA），並由主裝置為匯流排提供時脈。

下圖為本範例所使用的光感測器：

▲ 圖 2.13 Adafruit 公司的 TSL2561 光照感測器

本範例會根據 TSL2561 模組讀取到的環境光亮度高低來調整 LED 的強弱（環境光越強，LED 越弱，反之亦然）。硬體元件如下：

- TSL2561 模組，一個（例如 Adafruit 公司生產的）
- LED，一個
- 330Ω 電阻，一個

接線請參考以下 *Fritzing* 示意圖：

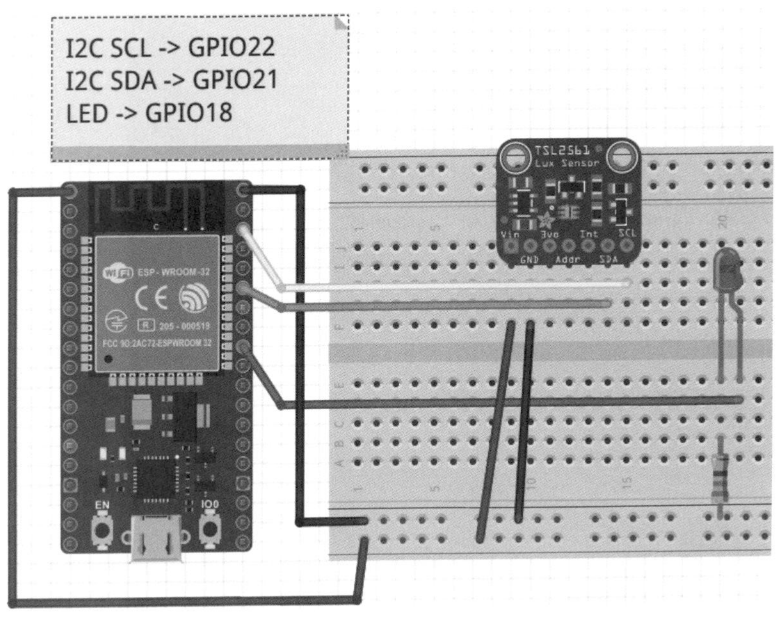

▲ 圖 2.14 TSL2561 接線的 *Fritzing* 示意圖

來寫程式吧！一如往常，要先為 platformio.ini 更新所有新增的設定：

```
monitor_speed = 115200
lib_extra_dirs =
 ../../esp-idf-lib/components

build_flags =
 -DCONFIG_I2CDEV_TIMEOUT=100000
```

這次，除了外部函式庫路徑外，還增加了 CONFIG_I2CDEV_TIMEOUT 定義作為 TSL2561 函式庫會用到的建置旗標。更新完 platformio.ini 檔後，請繼續編輯程式碼：

```
#include <stdio.h>
#include <string.h>
#include <freertos/FreeRTOS.h>
#include <freertos/task.h>
#include <tsl2561.h>
#include "driver/ledc.h"

#define SDA_GPIO 21
#define SCL_GPIO 22
#define ADDR TSL2561_I2C_ADDR_FLOAT
static tsl2561_t light_sensor;

#define LEDC_GPIO 18
static ledc_channel_config_t ledc_channel;
```

標頭檔 tsl2561.h 包含了驅動 TSL2561 感測器所需的所有定義和功能。如開發板的指定腳位，GPIO21 在此作為 I²C 資料腳位，GPIO22 作為 I²C 的時脈線。I²C 位址定義為 TSL2 561_I2C_ADDR_FLOAT，透過變數類型 tsl2561_t 存取感測器。

Note

一顆 TSL2561 感測器可以有 3 個不同的 I²C 位址。位址是由感測器的 ADDR-SEL 腳位狀態決定，可以連到 VCC、GND 或使其隨意浮動。

接下來，請依照以下程式碼來定義硬體初始化功能：

```
static void init_hw(void)
{
    i2cdev_init();

    memset(&light_sensor, 0, sizeof(tsl2561_t));
    light_sensor.i2c_dev.timeout_ticks = 0xffff / portTICK_PERIOD_MS;
```

```
    tsl2561_init_desc(&light_sensor, ADDR, 0, SDA_GPIO, SCL_GPIO);
    tsl2561_init(&light_sensor);

    ledc_timer_config_t ledc_timer = {
        .duty_resolution = LEDC_TIMER_10_BIT,
        .freq_hz = 1000,
        .speed_mode = LEDC_HIGH_SPEED_MODE,
        .timer_num = LEDC_TIMER_0,
        .clk_cfg = LEDC_AUTO_CLK,
    };
    ledc_timer_config(&ledc_timer);

    ledc_channel.channel = LEDC_CHANNEL_0;
    ledc_channel.duty = 0;
    ledc_channel.gpio_num = LEDC_GPIO;
    ledc_channel.speed_mode = LEDC_HIGH_SPEED_MODE;
    ledc_channel.hpoint = 0;
    ledc_channel.timer_sel = LEDC_TIMER_0;
    ledc_channel_config(&ledc_channel);
}
```

TSL2561 的初始化需要幾個步驟。首先，用 `i2cdev_init` 函式初始化 I²C 匯流排，並以毫秒為單位將 `timeout_ticks` 欄位設成 `0xffff`。接著呼叫 `tsl2561_init_desc` 和 `tsl2561_init` 函式來初始化 TSL2561 感測器。`tsl2561_init_desc` 函式會將感測器位址和 I²C 腳位作為參數來和感測器溝通。接下來，將 LED 腳位初始化為 PWM 輸出（`ledc_channel_config_t`）以控制其亮度。

另外還需要一個函式來設定 LED 的亮度：

```
static void set_led(uint32_t lux)
{
    uint32_t duty = 1023;
    if (lux > 50)
    {
        duty = 0;
    }
    else if (lux > 20)
    {
        duty /= 2;
```

```
    }
    ledc_set_duty(ledc_channel.speed_mode, ledc_channel.channel, duty);
    ledc_update_duty(ledc_channel.speed_mode, ledc_channel.channel);
}
```

set_led 函式會根據它的 lux 參數來調整 LED 的亮度。當 lux 等級超過 50 則 duty 變數為 0，LED 熄滅。若 Lux 等級超過 20 則能率為一半，否則能率全滿讓 LED 亮度全開。你可根據所在位置的環境光狀態來調整 lux 數值，試試看可否讓效果更好。

最後定義 app_main 函式，程式碼如下：

```
void app_main()
{
    init_hw();

    uint32_t lux;
    while (1)
    {
        vTaskDelay(500 / portTICK_PERIOD_MS);
        if (tsl2561_read_lux(&light_sensor, &lux) == ESP_OK)
        {
            printf("Lux: %u\n", lux);
            set_led(lux);
        }
    }
}
```

app_main 函式中的 while 迴圈會定期從光照感測器讀取數值並設定 LED 亮度。lux 參數於 tsl2561_read_lux 函式被呼叫時設定。

大功告成！如範例所示，之後你便可以利用 TSL2561 感測器為你的物聯網裝置加入感測亮度的功能。下一個範例要來談另一個常見的 I²C 裝置：BME280。

◉ 於專題中使用 BME280

BME280 是 Bosch 公司生產的一款高解析度的溫度、濕度和氣壓感測器。可測量溫度範圍為 -40 ～ 85°C，精確度為 ±1.0°C；可測量濕度範圍為 0 ～ 100%，精確度 ±3%；而可測量氣壓範圍為 300 ～ 1100 百帕（hPa），精確度 ±1.0 hPa。可支援序列週邊介面和 I^2C 通訊介面。共有以下三種工作模式：

- 休眠模式
- 正常模式
- 強制模式

測量功能在睡眠模式中會被關閉，功耗僅 0.1μA。也因此，對於智慧手錶等以電池供電的裝置來說，它是一個不錯的選擇，因為電源模式可透過程式控制。

市面上有很多不同款式的 BME280 模組，你要在專題中用哪一種都可以。常見的 BME280 模組如下圖：

▲ 圖 2.15 BME280 模組

本範例會從 BME280 取得讀數，並將數值顯示在 PlatformIO 的序列埠視窗上。硬體元件方面只會用到 BME280 模組。接線請見以下 *Fritzing* 示意圖：

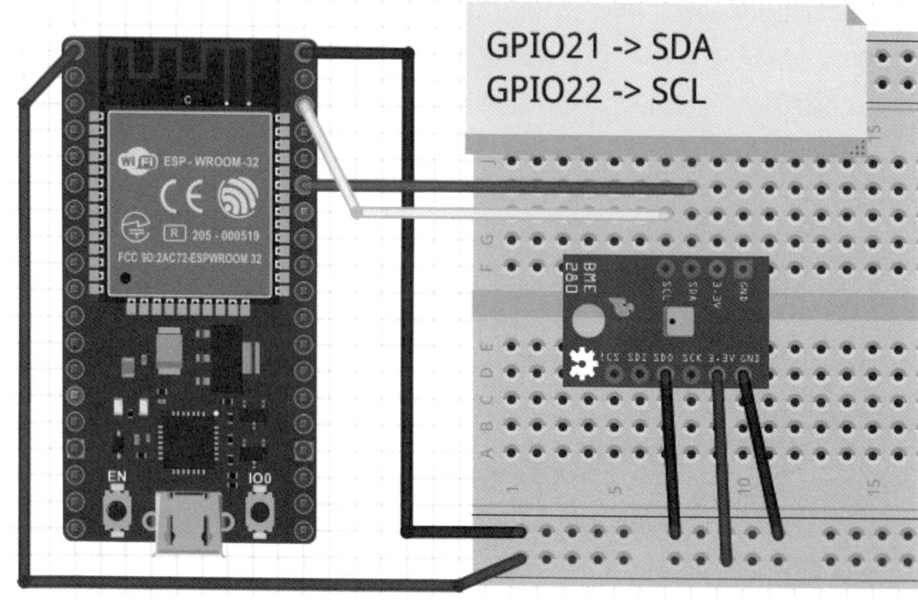

▲ 圖 2.16 BME280 接線之 *Fritzing* 示意圖

繼續來看應用程式。建立好專題後，請如以下內容更新 platformio.ini 檔：

```
[env:az-delivery-devkit-v4]
platform = espressif32
board = az-delivery-devkit-v4
framework = espidf

monitor_speed = 115200
lib_extra_dirs =
    ../../esp-idf-lib/components

build_flags =
    -DCONFIG_I2CDEV_TIMEOUT=100000
```

感測器函式庫會用到 CONFIG_I2CDEV_TIMEOUT 函式，我們另外要將它定義成可被傳送到編譯器的建置旗標。

接著在 main.c 中編輯主程式的程式碼：

```
#include <stdio.h>
#include <freertos/FreeRTOS.h>
#include <freertos/task.h>
#include <bmp280.h>
#include <string.h>

#define SDA_GPIO 21
#define SCL_GPIO 22

static bmp280_t temp_sensor;
```

BME280 的標頭檔為 bmp280.h。裝置類型為 bmp280_t，定義在此標頭檔中。I²C 匯流排的 SDA 和 SCL 腳位分別接在 GPIO21 和 GPIO22 腳位上。接著，依照以下程式碼來初始化硬體：

```
static void init_hw(void)
{
    i2cdev_init();

    memset(&temp_sensor, 0, sizeof(bmp280_t));
    temp_sensor.i2c_dev.timeout_ticks = 0xffff / portTICK_PERIOD_MS;

    bmp280_params_t params;
    bmp280_init_default_params(&params);

    bmp280_init_desc(&temp_sensor, BMP280_I2C_ADDRESS_0, 0, SDA_GPIO, SCL_GPIO);
    bmp280_init(&temp_sensor, &params);
}
```

在硬體初始化函式中，首先使用 i2cdev_init 將 I²C 匯流排初始化，再來才是感測器。bmp280_init_desc 函式透過傳遞位址和 I²C 腳位來設定 BME280 模組的 I²C 參數。接著於 bmp280_init 中設定預設參數 —— 在此函式庫中會以正常模式運行並以 4 赫茲的頻率進行取樣（亦即每 250 毫秒讀取一次）。

Note

BME280 有兩種 I²C 定址選項，一種是當 BME280 的 SDO 腳位接在 GND 時，另一種則是接在 VCC 時。本範例是接在 GND 腳位。

可以來編輯 app_main 函式了：

```
void app_main()
{
    init_hw();

    float pressure, temperature, humidity;
    while (1)
    {
        vTaskDelay(500 / portTICK_PERIOD_MS);
        if (bmp280_read_float(&temp_sensor, &temperature, &pressure, &humidity)
== ESP_OK)
        {
            printf("%.2f Pa, %.2f C, %.2f %%\n", pressure, temperature, humidity);
        }
    }
}
```

在 app_main 函式中會呼叫 bmp280_read_float，每 500 毫秒便讀取一次 BME280 模組數值，並顯示在序列埠視窗。

感測器的範例就到此結束，接著要來使用致動器了。

2.5 使用致動器

物聯網裝置透過致動器於現實世界中運行。裝置根據應用程式的內部狀態產生輸出，可能來自感測器的讀數或預定的行程，也可以由外部實體接受到的指令來觸發致動器動作，例如位於其他網路的裝置或者手機 app 等等。先從繼電器開始。

◎ 用機電繼電器控制開關

機電繼電器（EMR）是一種根據輸入的控制訊號來開關輸出的電子裝置。輸入訊號的電壓很低，因此可以透過微控制器或 ESP32 等**系統單晶片（SoC）**來驅動。EMR 的輸出和繼電器的輸入以及負載的高電壓 / 高電流之間為電機絕緣。負載的電源可以用**交流電（AC）**或**直流電（DC）**。我們完全可以透過 EMR 來控制家用電器的電源。大部分的**固態硬碟（SSD）**在封裝上都會標示 I/O 規格，所以很容易知道可以用它來驅動什麼。例如下圖這個 ELEGOO 感測器套組提供的 EMR 模組：

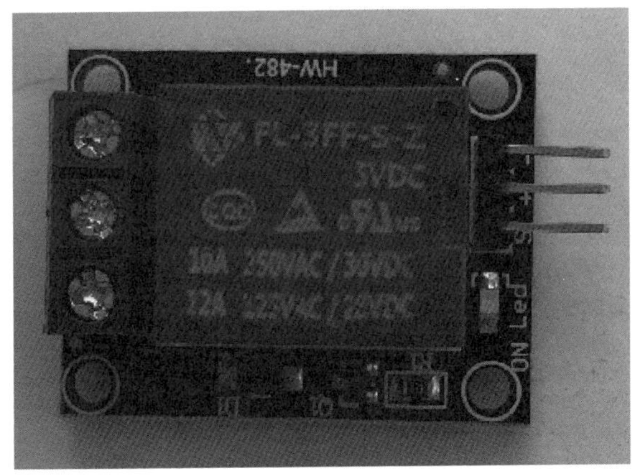

▲ 圖 2.17 EMR 模組

如圖 2.17 所示，這顆 EMR 可以驅動 10A/250VAC 或 10A/30VDC 的負壓，控制訊號的輸入電壓為 5V。

Note

EMR 是用來驅動高電壓 / 高電流的負載，因此使用時請特別小心。當設定任何電路時，請再三確認它沒有連到主電源 —— 考量到安全，不可有任何短路電路，高壓段也不可有任何外露的電線。

此範例將使用 EMR 模組來控制開關，但為了安全起見，不會接上任何負載。開關切換是否成功也很容易知道，因為 EMR 在切換輸出時會發出喀一聲。所需硬體元件如下：

- EMR 模組，一顆
- 5V 電源模組，一顆
- 5 轉 3.3V 邏輯電位轉換器，一個
- **被動紅外線（PIR）**動作偵測模組，一個

本範例程式將在 PIR 動作偵測感測器偵測到動作的時候開啟繼電器。接線請見以下 *Fritzing* 示意圖：

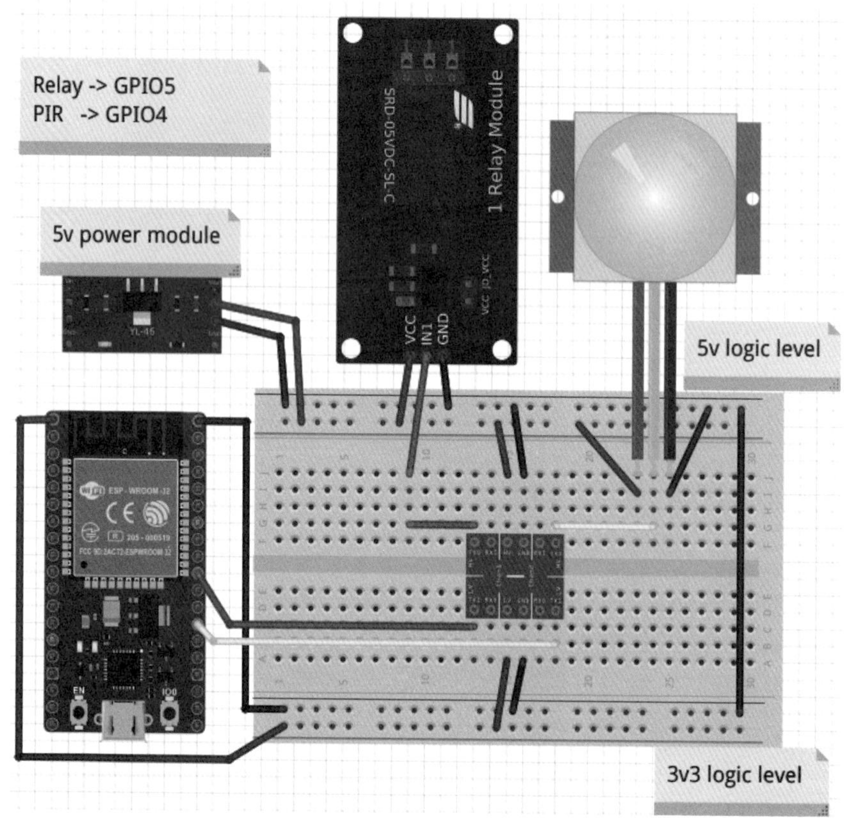

▲ 圖 2.18 *Fritzing* 示意圖

先說明一下電路圖。我們需要將麵包板根據邏輯電位分成兩個部分：3.3V 和 5V。ESP32 的邏輯電位是 3.3V。而另一邊的繼電器和 PIR 模組則需要 5V。因此，我們需要在中間放一個 3.3 轉 5V 的邏輯電平轉換器來連接在 3.3V 部分的 ESP32 開發板和在 5V 部分的繼電器和 PIR 模組。另外還需要一組 5V 電源為模組供電。

完成接線後，就來看程式碼：

```
#include <stddef.h>
#include "freertos/FreeRTOS.h"
#include "freertos/task.h"
#include "driver/gpio.h"

#define RELAY_PIN 4
#define GPIO_RELAY_PIN_SEL (1ULL << RELAY_PIN)
#define PIR_PIN 5
#define GPIO_PIR_PIN_SEL (1ULL << PIR_PIN)
#define ESP_INTR_FLAG_DEFAULT 0
#define STATE_CHECK_PERIOD 10000
```

我們要用 GPIO 腳位來驅動這些模組。繼電器是接在 GPIO4，而 PIR 模組則接到 GPIO5，接著為繼電器將 STATE_CHECK_PERIOD 定義為 10 秒。

硬體初始化如下：

```
static void pir_handler(void *arg);

static void init_hw(void)
{
    gpio_config_t io_conf;

    io_conf.mode = GPIO_MODE_OUTPUT;
    io_conf.pin_bit_mask = GPIO_RELAY_PIN_SEL;
    io_conf.intr_type = GPIO_INTR_DISABLE;
    io_conf.pull_down_en = 0;
    io_conf.pull_up_en = 0;
    gpio_config(&io_conf);

    io_conf.mode = GPIO_MODE_INPUT;
    io_conf.pin_bit_mask = GPIO_PIR_PIN_SEL;
```

```
    io_conf.intr_type = GPIO_INTR_POSEDGE;
    io_conf.pull_up_en = 1;
    gpio_config(&io_conf);

    gpio_install_isr_service(ESP_INTR_FLAG_DEFAULT);
    gpio_isr_handler_add(PIR_PIN, pir_handler, NULL);
}
```

接下來，在 **init_hw** 函式中配置腳位。PIR 腳位為輸入，而繼電器為輸出。我們還要為 PIR 感測器配置一個 ISR 服務處理器，**pir_handler**，程式在偵測到動作時便會呼叫此函式：

```
static TickType_t next = 0;
const TickType_t period = STATE_CHECK_PERIOD / portTICK_PERIOD_MS;

static void IRAM_ATTR pir_handler(void *arg)
{
    TickType_t now = xTaskGetTickCountFromISR();

    if (now > next)
    {
        gpio_set_level(RELAY_PIN, 1);
    }
    next = now + period;
}
```

next 全域變數會標示開啟繼電器的計時。pir_handler 在每一次呼叫時都會將時間推進一點。如果現在時刻 now 超過了（大於）next，便會打開繼電器。FreeRTOS 的 xtaskGetTickCountFromISR 函式可取得當前的計時。

另外，還要導入一個函式來關閉繼電器：

```
static void open_relay(void *arg)
{
    while (1)
    {
        TickType_t now = xTaskGetTickCount();
        if (now > next)
        {
            gpio_set_level(RELAY_PIN, 0);
```

```
            vTaskDelay(period);
        }
        else
        {
            vTaskDelay(next - now);
        }
    }
}
```

open_relay 函式會監控 next 值並決定是否關閉繼電器。時間結束，則繼電器的腳位電位轉為 0。FreeRTOS 的 xtaskGetTickCount 函式在此用於當前時間，因呼叫來自於任務而非 ISR。

最後要開發 app_main 函式：

```
void app_main()
{
    init_hw();
    xTaskCreate(open_relay, "openrl", configMINIMAL_STACK_SIZE, NULL, 5, NULL);
}
```

app_main 呼叫 init_hw 函式並藉由建立一個 FreeRTOS 任務將控制權交給 open_relay。

下一段將討論致動器的第二個範例，步進馬達。

◉ 操作步進馬達

市面上有許多不同類型的馬達，根據使用的技術和應用來分門別類。步進馬達是其中一種。步進馬達用於需要精確控制定位和速度的裝置中，例如印表機、繪圖器或**電腦機數值控制（CNC）**。步進馬達的驅動還會用到一個元件 —— 連接馬達與微控器的開放迴路驅動晶片。微控器會指示驅動晶片所需要設定的位置和速度。步進馬達的一項缺點是當它運轉時，無論馬達旋轉與否都會消耗最大電流，所以電源會是能否有效操作它的一個重要因素。下圖是從網路上即可購得的一款步進馬達：

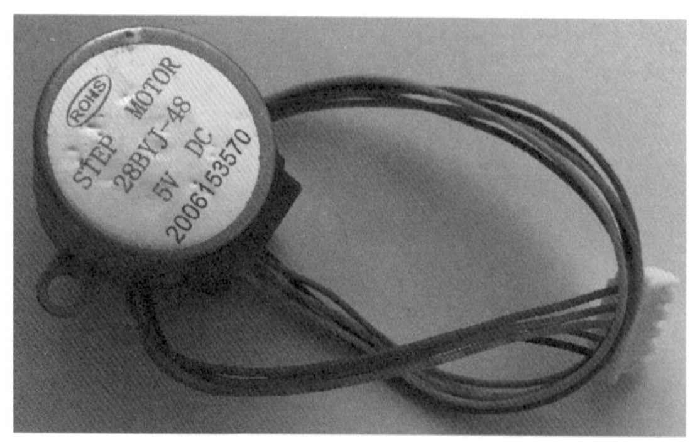

▲ 圖 2.19 28BYJ-48 步進馬達

本範例將驅動一個搭配了旋轉編碼器的步進馬達。你可以將旋轉編碼器視為一個可提供方向（順時針或逆時針）與該方向上的步數位置之感測器。下圖為常見的旋轉編碼器：

▲ 圖 2.20 旋轉編碼器

本範例所需硬體元件如下：

- 28BYJ-48 步進馬達，一個
- A4988 馬達驅動模組，一個
- 上拉電阻（4.7Ω），一個
- 去耦電容（100 微法拉），一個（非必要元件）
- 旋轉編碼器，一個

一樣，在寫程式之前要先來接線。接線請見以下 *Fritzing* 示意圖：

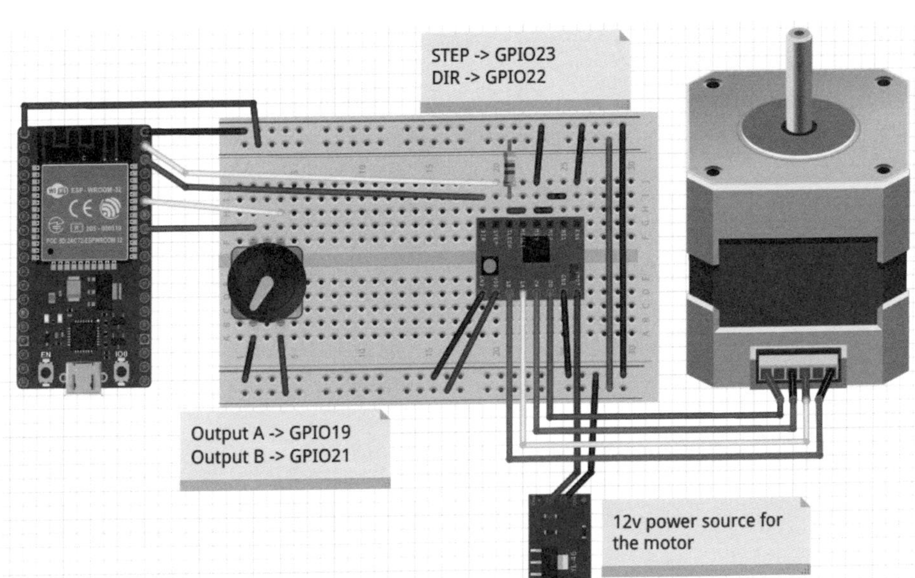

▲ 圖 2.21 步進馬達接線之 *Fritzing* 示意圖

從上圖可以看到旋轉編碼器在麵包板的左邊。旋轉編碼器會向微控器提供兩種輸出：**Output A**（或 **CLK**）和 **Output B**（或 **DT**）。藉由從微控器連接的 GPIO 腳位讀取這些輸出，我們便可以得知旋轉編碼器的方向與位置。電路圖中旋轉編碼器的接線如下：

- Output A 連接 GPIO19
- Output B 連接 GPIO21

麵包板上的另一個模組則是 A4988 馬達驅動模組。由於馬達的電力需求，要直接透過微控器的腳位來驅動馬達是不可能的，因此我們需要一個稱為馬達驅動晶片的中介晶片來介接微控器與馬達。

以下為 ESP32 與馬達驅動模組之接線：

- 腳位 1（EN）接到 LOW
- 腳位 2（MS1）、腳位 3（MS2）和腳位 4（MS3）同樣接到 LOW
- 腳位 5（RST）和腳位 6（SLP）接到 HIGH
- 腳位 7（STEP）接到 ESP32 的 GPIO23 腳位
- 腳位 8（DIR）接到 ESP32 的 GPIO22 腳位
- 腳位 9（GND）接到 GND
- 腳位 10（VDD）接到 3.3V

關於馬達的接線，基本上會需要查看規格表或網路上的範例。各個步進馬達的線圈有著不同的顏色代碼，範例中使用的 28BYJ-48 步進馬達的顏色代碼如下：

- 腳位 11（1B）接到橘色線
- 腳位 12（1A）接到黃色線
- 腳位 13（2A）接到粉色線
- 腳位 14（2B） 接到藍色線
- 腳位 15（GND）接到 GND
- 腳位 16（VMOT）接到 12V

在使用 A4988 馬達驅動模組前，需要採取一些重要的保護措施，如下：

- 在打開電源或使用 A4988 模組前，請確保馬達的四個腳位皆已正確且牢固地連接在模組上。
- 模組具限流功能，上面有一顆用於設定電流上限的電位計。模組的規格表會說明如何正確地使用這顆電位計。參考電壓的安全值約在 0.10V 左右。

- 你可以在 VMAT 和 GND 之間放一顆去耦電容，通常 100 微法拉即可，以保護模組免於電壓峰值的影響。如果你的電源穩定，那麼可能就不需要用到去耦電容。
- 可以在 A4988 接上一片散熱片以防止過熱，通常在購買時都會附贈一片。

硬體設置準備就緒，可以繼續進行專題了。開始寫程式之前，我們需要先從 GitHub 中複製一個函式庫到專題的 `lib` 目錄下。`rotenc` 函式庫負責驅動旋轉編碼器。若你尚未複製整個儲存庫，請由以下連結下載函式庫：

`https://github.com/PacktPublishing/Internet-of-Things-with-ESP32/tree/main/ch2/rotenc_motor_ex/lib/rotenc`

請依照以下程式碼片段來編輯 `main.c` 主程式：

```
#include <stdio.h>
#include <stddef.h>
#include "driver/gpio.h"
#include "freertos/FreeRTOS.h"
#include "freertos/task.h"
#include "rotenc.h"
#include "driver/mcpwm.h"
#include "soc/mcpwm_periph.h"

#define ROTENC_CLK_PIN 19
#define ROTENC_DT_PIN 21

#define MOTOR_DIR_PIN 22
#define MOTOR_STEP_PIN 23
```

在此要匯入一些必要的標頭檔並定義腳位。旋轉編碼器的驅動功能定義於 `rotenc.h` 檔中。我們會用到 ESP-IDF 的 **Motor Control PWM**（**MCPWM**）函式庫來驅動馬達。

接著初始化硬體。程式碼片段如下：

```
static void init_hw(void)
{
    rotenc_init(ROTENC_CLK_PIN, ROTENC_DT_PIN);

    gpio_config_t io_conf;
    io_conf.mode = GPIO_MODE_OUTPUT;
    io_conf.intr_type = GPIO_INTR_DISABLE;
    io_conf.pull_down_en = 0;
    io_conf.pull_up_en = 0;
    io_conf.pin_bit_mask = 0;
    io_conf.pin_bit_mask |= (1ULL << MOTOR_DIR_PIN);
    gpio_config(&io_conf);

    mcpwm_gpio_init(MCPWM_UNIT_0, MCPWM0A, MOTOR_STEP_PIN);
    mcpwm_config_t pwm_config;
    pwm_config.frequency = 250;
    pwm_config.cmpr_a = 0;
    pwm_config.cmpr_b = 0;
    pwm_config.counter_mode = MCPWM_UP_COUNTER;
    pwm_config.duty_mode = MCPWM_DUTY_MODE_0;
    mcpwm_init(MCPWM_UNIT_0, MCPWM_TIMER_0, &pwm_config);
}
```

init_hw 函式中初始化了旋轉編碼器和馬達驅動的 GPIO 腳位。rotenc_init 將旋轉編碼器的腳位配置為輸入，並設定 MOTOR_DIR_PIN 為輸出。接著，呼叫 mcpwm_gpio_init 以初始化 MCPWM 訊號腳位。此函式會用到以下三個參數：

- MCPWM 單元。ESP32 共有兩個 PWM 週邊可使用。
- 輸出通道。每個 MCPWM 單元都有三對輸出通道。
- 連接到指定通道的 GPIO 腳位。

藉由將相關 GPIO 腳位連接到馬達的方向訊號，我們便只需要一個通道來驅動馬達。

mcpwm_init 函式透過提供預設值來初始化 MCPWM 週邊。除了 MCPWM 單元之外，我們還需要指定單元要用的計時器。

接下來，導入用來改變位置的回呼函式：

```
static int rotenc_pos = 0;
static int motor_pos = 0;

static void print_rotenc_pos(void *arg)
{
    while (1)
    {
        rotenc_pos = rotenc_getPos();
        printf("pos: %d\n", rotenc_pos);
        vTaskSuspend(NULL);
    }
}
```

位置會用到兩個全域負數。rotenc_pos 保存旋轉編碼器的當前位置，如同在 print_rotenc_pos 中由 rotenc_getPos 回傳的一樣。print_rotenc_pos 函式實際上是一個任務函式，由旋轉編碼器輸入腳位的 ISR 重新啟動。motor_pos 變數顧名思義則是用於馬達位置。

最後是 app_main 函式，程式碼片段如下：

```
void app_main()
{
    init_hw();
    rotenc_setPosChangedCallback(print_rotenc_pos);

    mcpwm_set_duty_in_us(MCPWM_UNIT_0, MCPWM_TIMER_0, MCPWM_GEN_A, 4000);
    int steps;
    int step_delay = 100;

    while (1)
    {
        if (motor_pos == rotenc_pos)
        {
```

```
            vTaskDelay(100);
            continue;
        }
        steps = rotenc_pos - motor_pos;
        motor_pos = rotenc_pos;

        gpio_set_level((gpio_num_t)MOTOR_DIR_PIN, steps > 0);
        vTaskDelay(10);

        mcpwm_set_duty(MCPWM_UNIT_0, MCPWM_TIMER_0, MCPWM_GEN_A, 50);
        mcpwm_set_duty_type(MCPWM_UNIT_0, MCPWM_TIMER_0, MCPWM_GEN_A, MCPWM_DUTY_
MODE_0);
        vTaskDelay(step_delay * abs(steps) / portTICK_PERIOD_MS);
        mcpwm_set_signal_low(MCPWM_UNIT_0, MCPWM_TIMER_0, MCPWM_GEN_A);
    }
}
```

app_main 函式中呼叫了 rotenc_setPosChangedCallback 來設定位置變更回呼，以便紀錄旋轉編碼器的位置。接著，呼叫 mcpwm_set_duty_in_us 以設定 PWM 工作週期為 4 毫秒 —— 週期越短，馬達轉得越快。每個工作週期馬達僅轉一步。

我們在 while 迴圈中紀錄旋轉編碼器的位置，並藉由 MCPWM 讓馬達轉到相同的位置。首先，檢查 steps 符號以設定方向，接著呼叫 mcpwm_set_duty 和 mcpwm_set_duty_type 函式以啟動 PWM。呼叫這兩個函式會觸發 MCPWM 於步數訊號腳位上產生 step_delay * abs(steps) /portTICK_PERIOD_MS 毫秒之訊號。因為應用程式的工作週期是 4 毫秒，我們很容易得知馬達的步數，只要將延遲期間除以 4 就好。得出的數值便是馬達實際轉動的步數。延遲結束後，呼叫 mcpwm_set_signal_low 以停止 MCPWM 和馬達運作。

這是本章最後一個範例了。如之前所述，所有程式碼都可以從本書的 GitHub 取得。

2.7 總結

本章介紹了許多可以在實際專題中應用的感測器與致動器。從簡單的按鈕和 LED 開始，到利用步進馬達來打造專屬的 3D 印表機。雖然重點在於介紹感測器與致動器，我們還學會了如何使用 GPIO 腳位、ADC 和 PWM 等週邊，以及單匯流排或 I^2C 等不同的通訊協定，這些在你需要用到本書沒有介紹到的感測器和致動器時都可以加以運用。一些好用的 FreeRTOS 功能也已加入你的知識錦囊中，方便之後的專題使用。

下一章將介紹一些 ESP32 的進階功能。我們將測試不同類型的顯示器並探討其功能，也會持續在不同的狀況下使用一些新的週邊，像是**積體電路內置音頻匯流排（I2S）**和**通用非同步收發器（UART）**等。ESP32 還有一個有趣的功能：**超低功耗（ULP）**共同處理器，可以在主要處理器休眠時使用。同樣會在下一章看到如何為以電池供電的裝置編寫 ULP 共同處理器的程式碼。

2.8 問題

請回答以下問題來複習本章學習內容：

1. 你想變更 ESP-IDF 專題的組態設定，應該編輯哪一個檔案呢？
   a) `platformio.ini`
   b) `sdkconfig`
   c) `CMakeLists.txt`
   d) `main.c`

2. 你想測量溫度，以下哪一種感測器無法用於 ESP32 ？

a) BME280

b) TSL2561

c) DHT22

d) DHT11

3. 以下何者非致動器？

a) 馬達

b) 繼電器

c) 按鈕

d) LED

4. 以下何者並非與感測器溝通的序列通訊方式？

a) I^2C

b) SPI

c) PWM

d) GPIO

5. 哪些訊號可以驅動 I^2C 裝置？

a) 資料與時脈

b) GPIO 腳位

c) MOSI 和 MISO

d) TX 和 RX

CHAPTER

出色的輸出顯示

部分物聯網產品需要為使用者提供即時的視覺化輸出，例如智慧恆溫器就得藉由螢幕顯示設定值。本章將討論可支援 ESP32 的各種顯示器，以及如何在評估優缺點之後為專題選定適合的顯示器。市面上有多種具備不同功能的顯示技術，為了在必要時做出正確的選擇，熟悉這些技術便非常重要。

本章另一個學習重點是 FreeRTOS，也是 ESP 原廠支援的 RTOS 系統。事實上之前的範例中已經用到幾個 FreeRTOS 功能了，但如果要能夠開發出具實用性的產品，還有很多東西需要了解。

本章主題如下：

- 使用 LCD
- 與 OLED 顯示器介接
- 使用 TFT 顯示器以提供更出色的圖像
- 使用 FreeRTOS

3.1 技術要求

本章將會用到 LCD、OLED 和 TFT 顯示器，並在範例中與開發板一起使用。其他所需感測器與致動器將在各個範例中列出，方便你參照 Fritzing 示意圖。

軟體方面，我們將繼續使用現有的工具鏈和開發工具，但會為顯示器導入新的驅動函式庫。函式庫的連結提供於各範例中。

本章範例請由本書 GitHub 取得：

`https://github.com/PacktPublishing/Internet-of-Things-with-ESP32/tree/main/ch3`

範例實際執行影片請參考：`https://bit.ly/3dXRFto`

3.2 液晶顯示器（LCD）

通常，物聯網產品會搭配一個手機或網頁應用程式方便用戶使用。如果是需要直接在裝置上顯示訊息的產品，便需要讓 ESP32 外接顯示器。

LCD 是一款經常被用在物聯網產品上的顯示器，容易取得，價格也不貴，有著各式尺寸（字 × 行）可供選擇，例如 16×2 表示這台 LCD 的尺寸為 16 字 ×2 行，最多可同時顯示 32 個字元。下圖為這類型的 LCD 顯示器：

▲ 圖 3.1 16 字 × 2 行之 LCD

LCD 可在 4 位元或 8 位元模式下執行，這也會決定驅動 LCD 的訊號線數量。但是這對 ESP32 的 GPIO 來說資源成本太高（佔掉太多腳位），因此，最好的解決方法是用一條 I²C 轉換器模組將腳位數量減少至兩個，也就是序列資料線（SDA）和序列時脈線（SCL）。下圖為轉換器模組：

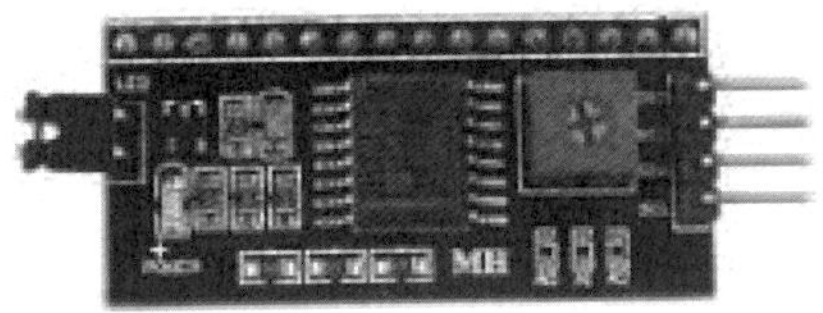

▲ 圖 3.2 可用於 LCD 的 I²C 轉換器

部分 LCD 顯示器為了方便使用，甚至已經將 I²C 轉換器焊接在一起了。

本範例將開發一個配有 LCD 顯示器的簡易溫度感測器。所需硬體元件如下：

- 配有 I²C 轉換器的 16 字 ×2 行 LCD 顯示器（內建 HD44780 控制晶片），一個
- 3.3 轉 5V 邏輯電位轉換器，一個
- 用於顯示器的 5V 電源，一個
- DHT11 感測器，一個

在寫程式之前，請依照下圖完成各元件之接線：

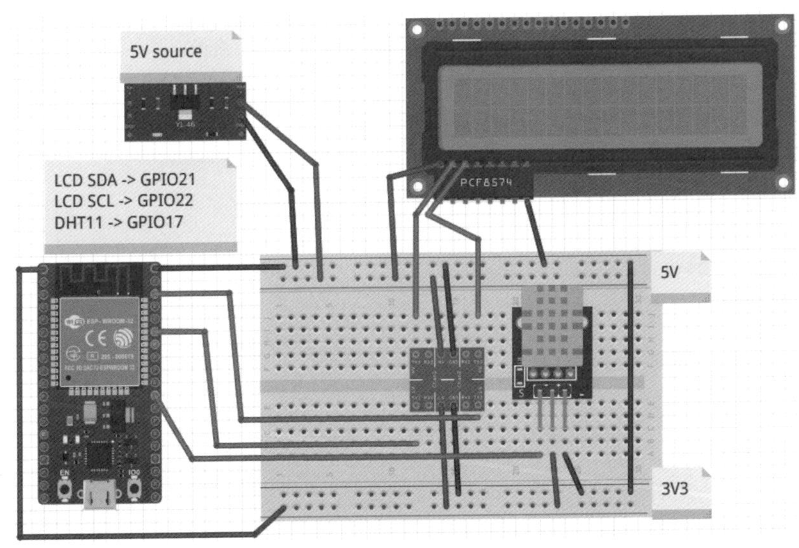

▲ 圖 3.3 LCD 接線之 Fritzing 示意圖

麵包板的上半部使用 5V 邏輯電位，下半部則是 3.3V。因此，我們必須確保 ESP32 開發板的所有腳位都是接在下半部。接好後就可以來看程式了。

platformio.ini 需要更新為用以驅動 LCD 顯示器和 DHT11 感測器的函式庫。請於以下連結取得 LCD 函式庫和專題程式碼：

https://github.com/PacktPublishing/Internet-of-Things-with-ESP32/tree/main/common/ESP32-HD44780

程式原始碼請由本書 GitHub 取得：

https://github.com/maxsydney/ESP32-HD44780

請編輯 platformio.ini 如下：

```
build_flags =
    -DCONFIG_I2CDEV_TIMEOUT=100000

monitor_speed = 115200
lib_extra_dirs =
     ../../common/ESP32-HD44780/components
     ../../common/esp-idf-lib/components
```

LCD 函式庫會需要一個 I²C 通訊用的逾時值，在此將其作為建置旗標 CONFIG_I2CDEV_TIMEOUT 來提供。接著編輯 main.c 檔：

```
#include <freertos/FreeRTOS.h>
#include <freertos/task.h>
#include <string.h>
#include <stdio.h>
#include <driver/i2c.h>
#include <HD44780.h>
#include <dht.h>

#define LCD_ADDR 0x27
#define SDA_PIN 21
#define SCL_PIN 22
#define LCD_COLS 16
#define LCD_ROWS 2

#define DHT11_PIN 17
```

```
static void init_hw(void)
{
    LCD_init(LCD_ADDR, SDA_PIN, SCL_PIN, LCD_COLS, LCD_ROWS);
}
```

HD44780.h 為 LCD 函式庫的標頭檔。另外需要定義一些用於 I²C 和 LCD 模組通訊上的巨集。init_hw 函式中透過 LCD_init 將 LCD 模組初始化，這裡會用到模組的 I²C 匯流排位址、I²C 的資訊和時脈腳位以及 LCD 的字數與行數尺寸。

以下 show_dht11 函式為任務回呼函式，用於顯示 DHT11 的溫度和濕度讀數：

```
void show_dht11(void *param)
{
    char buff[17];
    int16_t temperature, humidity;
    uint8_t read_cnt = 0;

    while (true)
    {
        vTaskDelay(2000 / portTICK_PERIOD_MS);
        LCD_clearScreen();

        if (dht_read_data(DHT_TYPE_DHT11, (gpio_num_t)DHT11_PIN, &humidity,
&temperature) == ESP_OK)
        {
            temperature /= 10;
            humidity /= 10;

            memset(buff, 0, sizeof(buff));
            sprintf(buff, "Temp: %d", temperature);
            LCD_home();
            LCD_writeStr(buff);

            memset(buff, 0, sizeof(buff));
            sprintf(buff, "Hum: %d", humidity);
            LCD_setCursor(0, 1);
            LCD_writeStr(buff);
        }
```

在 while 迴圈中，每兩秒鐘便藉由 LCD_clearScreen 清除螢幕並讀取 DHT11 一次。寫入螢幕的主要方法為先指定寫入位置再傳送文字給 LCD 模組。例如，為了顯示溫度，先使用 LCD_home 函式將游標移到定位（行 = 0、列 = 0）並呼叫帶有溫度字串的 LCD_writeStr 作為參數。可定位游標位置的函式為 LCD_setCursor，會用字行位置作為參數。DHT11 讀取失敗的處置如下：

```
        else
        {
            LCD_home();
            memset(buff, 0, sizeof(buff));
            sprintf(buff, "Failed (%d)", ++read_cnt);
            LCD_writeStr(buff);
        }
    }
}
```

如果無法讀取 DHT11，則會在 LCD 螢幕上顯示錯誤訊息。

顯示函式實作完成，接著編輯 app_main 函式：

```
void app_main(void)
{
    init_hw();
    xTaskCreate(show_dht11, "dht11", configMINIMAL_STACK_SIZE * 4, NULL, 5,
NULL);
}
```

app_main 的部分蠻簡單的。首先將硬體初始化，接著用 show_dht11 啟動在 LCD 螢幕上顯示 DHT11 讀數的任務，如此而已。

程式就此告一段落，可以進行測試了。燒錄進開發板後，你便可以看到 LCD 螢幕每兩秒更新一次 DHT11 的讀數。

下一個範例將用到另一種顯示器：OLED。

3.3 有機發光二極體顯示器（OLED）

相較於 LCD，有機發光二極體（OLED）顯示器具有以下優勢：

- 功耗較低，因不需要背光。
- 反應快
- 整合 I^2C 通訊技術
- 更輕薄

這些優勢讓 OLED 成為許多產品的優質選項。然而，因為它是較新的科技，因此價格也較為昂貴。下圖為一款 OLED 顯示器：

▲ 圖 3.4 128 x 64 畫素之 1.3 寸 OLED

這次要用 OLED 顯示器來建立跟剛剛一樣的溫度感測應用程式，所需硬體元件如下：

- 搭配 SH1106 驅動晶片的 1.3 寸 OLED 顯示器（從 AZ-Delivery 購得）
- DHT11 感測器，一個

驅動晶片可支援 3.3V 邏輯電位，因此可以直接接上 ESP32。此外，歸功於其小於 11mA 的超低功耗，我們也不需要另外準備外接電源。與 ESP32 開發板的接線也非常簡單，如下圖所示：

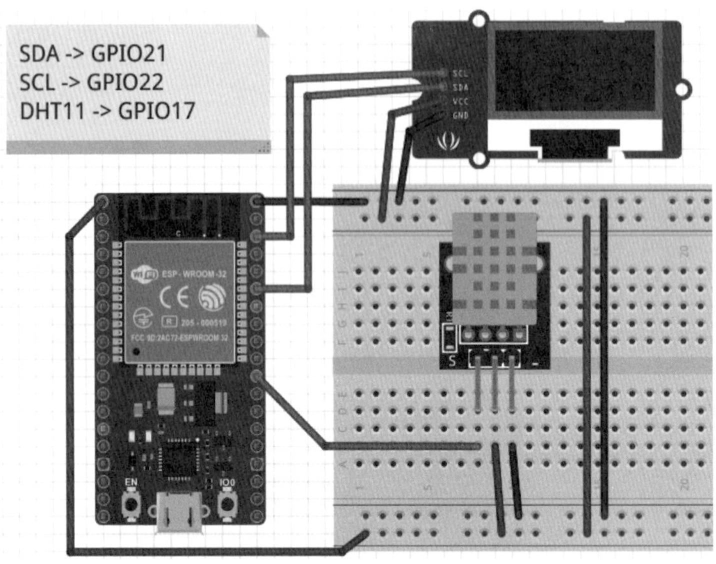

▲ 圖 3.5 OLED 接線的 Fritzing 示意圖

一樣，先更新 `platformio.ini`：

```
monitor_speed = 115200
lib_extra_dirs =
    ../../common/components
    ../../common/esp-idf-lib/components
```

OLED 顯示器的驅動函式庫請由以下網址取得：

https://github.com/lexus2k/ssd1306

不過，我們必須更改其目錄架構讓它能夠適用於 PlatformIO。更新後的函式庫請由本書 GitHub 取得：

https://github.com/PacktPublishing/Internet-of-Things-with-ESP32/tree/main/common/components/ssd1306

有了正確的配置，可以繼續編輯程式碼檔案了。由於 OLED 函式庫是用 C++ 寫成的，為了讓 PlatformIO 使用 C++ 編譯器，必須先將檔案重新命名為 main.cpp，如下：

```
#include "dht.h"
#include "ssd1306.h"
#include <freertos/FreeRTOS.h>
#include <freertos/task.h>
#include <stdio.h>

#define DHT11_PIN 17
#define OLED_CLK 22
#define OLED_SDA 21

extern "C" void app_main(void);

static void init_hw(void)
{
    ssd1306_128x64_i2c_initEx(OLED_CLK, OLED_SDA, 0);
}
```

匯入 `ssd1306.h` 來驅動 OLED 顯示器並定義腳位。其中很重要的一點是，因為 `app_main` 為 ESP32 開啟後應用程式的進入點，因此我們要先將 `app_main` 函式標記為 `extern "C"`，這樣 C++ 編譯器才不會去亂動它的檔名。

`ssd1306_128x64_i2c_initEx` 使用 I^2C 訊息來初始化 OLED 的驅動程式。函式名稱中的 28x64 標示了 OLED 畫素的寬與高。最後一個參數為 I^2C 匯流排位址，傳遞零（`0`）會讓函式庫使用 OLED 顯示器的預設位址。

接著是顯示讀數的函式：

```
static void draw_screen(void)
{
    ssd1306_clearScreen();
    ssd1306_setFixedFont(ssd1306xled_font8x16);
    ssd1306_printFixed(0, 0, "Temp", STYLE_NORMAL);
    ssd1306_printFixed(0, 32, "Hum", STYLE_NORMAL);
}
```

```
static void display_reading(int temp, int hum)
{
    char buff[10];
    ssd1306_setFixedFont(ssd1306xled_font6x8);
    sprintf(buff, "%d", temp);
    ssd1306_printFixedN(48, 0, buff, STYLE_BOLD, 2);

    sprintf(buff, "%d", hum);
    ssd1306_printFixedN(48, 32, buff, STYLE_BOLD, 2);
}
```

draw_screen 會在螢幕上顯示標籤。首先，透過 ssd1306_clearScreen 的幫忙清除螢幕並呼叫 ssd1306_setFixedFont 將字體設定為 ssd1306xled_font8x16，直到另一個字體被呼叫為止。接著呼叫 ssd1306_printFixed 在畫素位置（字 = 0、行 = 0）顯示 Temp 字串。同樣地，在中間高度的位置（字 = 0、行 = 32）顯示 Hum。

display_reading 函式會將最新的溫度與濕度讀數更新至螢幕上。當呼叫它時，字體首先會更新成 ssd1306xled_font6x8，接著藉由呼叫 ssd1306_printFixedN 將讀數顯示於螢幕上。此函式的最後一個參數會將字體大小縮放 N 倍，範例中的倍數為 2。

接著導入讀取 DHT11 的函式，如以下程式碼所示：

```
static void read_dht11(void* arg)
{
    int16_t humidity = 0, temperature = 0;
    while(1)
    {
        vTaskDelay(2000 / portTICK_PERIOD_MS);
        dht_read_data(DHT_TYPE_DHT11, (gpio_num_t)DHT11_PIN, &humidity,
&temperature);
        display_reading(temperature / 10, humidity / 10);
    }
}
```

read_dht11 任務回呼函式將每兩秒讀取一次 DHT11。在 while 迴圈中呼叫 display_reading 函式將讀數顯示於 OLED 螢幕上。

接著編輯 app_main 函式以完成應用程式，如下：

```
void app_main()
{
    init_hw();
    draw_screen();

    xTaskCreate(read_dht11, "dht11", configMINIMAL_STACK_SIZE * 8, NULL, 5,
NULL);
}
```

app_main 函式會將硬體初始化，抽取標籤，最後藉由與 read_dht11 函式一起建立任務來將控制權轉給 read_dht11。

程式完成，將它燒錄至開發板後就可以來測試了。顯示器的最後一個範例為 TFT，接著看下去。

3.4 薄膜電晶體顯示器（TFT）

TFT 是彩色顯示器的好選擇。事實上，TFT 也是一種 LCD，但技術更新，將功耗壓低到與 OLED 差不多的程度。TFT 仍然使用背光，這也是它功耗的主要來源，但當我們需要提供更好的用戶體驗時，它的圖形運算能力便能夠發揮作用。下圖為 TFT 顯示器：

▲ 圖 3.6 128 x 160 畫素之 1.8 寸 TFT

本範例將配合使用 TFT 顯示器於溫度感測。所需硬體元件如下：

- 搭配 ST7735 驅動晶片的 1.8 寸 TFT 顯示器，一片（可由 AZ-Delivery 購得）
- DHT11 感測器，一個

接線如以下 Fritzing 示意圖：

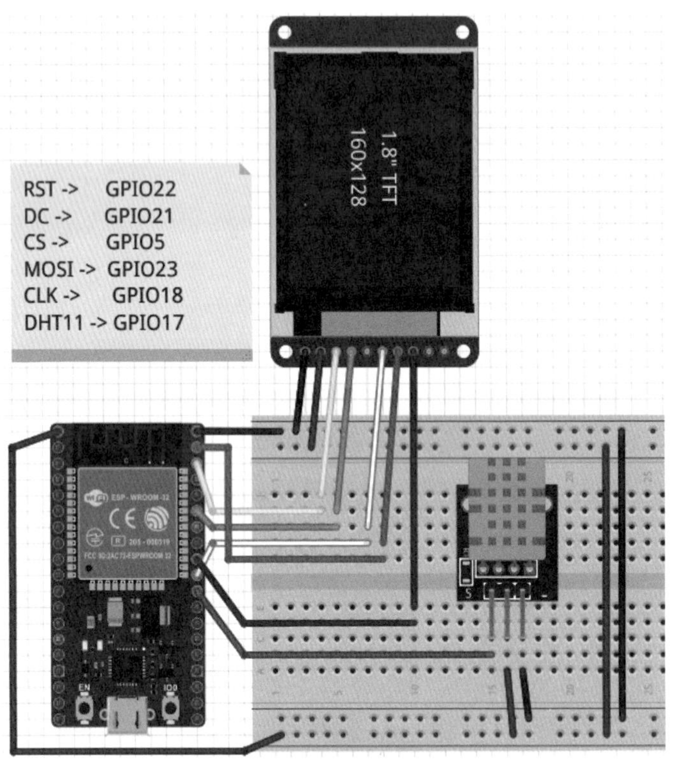

▲ 圖 3.7 TFT 顯示器接線的 Fritzing 示意圖

TFT 顯示器使用**序列週邊介面（SPI）**匯流排與 MCU 進行通訊。目的和 I²C 一樣，但 SPI 通訊需要用到四條訊號線，不像 I²C 只會用到 SDA 和 SCL 兩條。這四條訊號線如下：

- 時脈訊號，CLK
- 主機輸出從機輸入資料線，MOSI
- 主機輸入從機輸出資料線，MISO
- 從機或晶片選擇線，SS 或 CS

一條 SPI 匯流排可支援多個從機裝置，但各個從機裝置都需要一條預留的選擇線 SS 來啟動它。主機在與從機通訊之前，會先將 SS 線降為低電位，因此越多從機裝置，MCU 用的通訊線就越多。

回到範例，TFT 顯示器需要用到 SP 介面的三個腳位，CLK、MOSI 和 CS。它不會用到 MISO 線因為它不會傳輸任何資料給開發板，只會接收。相反地，它會需要用於資料 / 指令選擇的另一個腳位，簡稱 DC。驅動晶片透過這個腳位來分辨來自 MOSI 的位元是要用於資料還是指令。

接著來看程式碼。我們會用跟 OLED 範例相同的函式庫來驅動 TFT 螢幕。該函式庫同時支援這兩種顯示器。請於 `platformio.ini` 指定路徑：

```
monitor_speed = 115200
lib_extra_dirs =
    ../../common/components
    ../../common/esp-idf-lib/components
```

請由以下連結取得 TFT 函式庫：

https://github.com/PacktPublishing/Internet-of-Things-with-ESP32/tree/main/common/components/ssd1306

至於原始碼同樣是 `main.cpp`，好讓 PlatformIO 可以使用 C++ 編譯器：

```
#include "dht.h"
#include "ssd1306.h"
#include <freertos/FreeRTOS.h>
#include <freertos/task.h>
#include <stdint.h>
```

```
#define DHT11_PIN 17
#define TFT_CS_PIN 5
#define TFT_DC_PIN 21
#define TFT_RST_PIN 22

#define TFT_ROTATE_CW90 (1 & 0x03)

extern "C" void app_main(void);
```

匯入標頭檔，接著定義硬體連線所需的 ESP32 腳位。TFT_ROTATE_CW90 是將 TFT 螢幕順時針旋轉 90 度的巨集。我們將 app_main 轉發宣告為 C 函式，以防止 C++ 編譯器修改名稱。接著導入硬體初始化的函式：

```
static void init_hw(void)
{
    st7735_128x160_spi_init(TFT_RST_PIN, TFT_CS_PIN, TFT_DC_PIN);
    ssd1306_setMode(LCD_MODE_NORMAL);
    st7735_setRotation(TFT_ROTATE_CW90);
}
```

螢幕的 SPI 初始化函式 st7735_128x160_spi_init 會需要 CS、DC 和 RST 腳位編號作為輸入。它使用預設的 MOSI 和 CLK 腳位作為 SPI 訊號線的指定腳位，分別是 GPIO23 和 GPIO18。從函式名稱中的 st7735 可得知螢幕的驅動晶片型號，而 128x160 標示了螢幕的畫素尺寸。接著，同時呼叫 ssd1306_setMode 與 LCD_MODE_NORMAL 以啟動 RGB。st7735_setRotation 會要求 TFT 螢幕順時鐘旋轉 90 度，好讓應用程式呈現水平方向。

接著來看如何設定螢幕格式：

```
static void draw_screen(void)
{
    ssd1306_clearScreen8();
    ssd1306_setFixedFont(ssd1306xled_font8x16);
    ssd1306_setColor(RGB_COLOR8(255, 255, 255));
    ssd1306_printFixed8(5, 5, "Temperature", STYLE_NORMAL);
    ssd1306_printFixed8(10, 21, "(C)", STYLE_NORMAL);
    ssd1306_printFixed8(5, 64, "Humidity", STYLE_NORMAL);
    ssd1306_printFixed8(10, 80, "(%)", STYLE_NORMAL);
}
```

draw_screen 函式將顯示標籤於螢幕上。首先，ssd1306_clearScreen8 會清除螢幕，接著 ssd1306_setFixedFont 設定字體。還有一個新函式要用在 TFT 上，ssd1306_setColor 會將字型顏色設為白色 (255,255,255)。ssd1306_printFixed8 到 (5,5) 的位置，並以 STYLE_NORMAL 寫入文字。函式末端的數字 8 表示該函式為用於彩色裝置的 8 位元 RGB。

在 display_reading 函式中，將溫度和濕度的讀數顯示於 TFT 螢幕：

```
static void display_reading(int temp, int hum)
{
    char buff[10];
    ssd1306_setFixedFont(comic_sans_font24x32_123);
    ssd1306_setColor(RGB_COLOR8(255, 0, 0));

    sprintf(buff, "%d", temp);
    ssd1306_printFixed8(80, 21, buff, STYLE_BOLD);

    sprintf(buff, "%d", hum);
    ssd1306_printFixed8(80, 80, buff, STYLE_BOLD);
}
```

首先，將字體更新為 comic_sans_font24x32_123 並設定為紅色 (255,0,0)。透過 ssd1306_printFixed8 將文字顯示於緩衝區，這次用的樣式為 STYLE_BOLD。

驅動函式庫還有很多其他的功能，像是畫線或 2D 圖。更多關於此函式庫的資訊請參考：

https://github.com/lexus2k/ssd1306/wiki

所有顯示函式都準備好了。最後導入 DHT11 讀取函式和 app_main 以完成應用程式：

```
static void read_dht11(void* arg)
{
    int16_t humidity = 0, temperature = 0;
    while(1)
    {
```

```
        vTaskDelay(2000 / portTICK_PERIOD_MS);
        dht_read_data(DHT_TYPE_DHT11, (gpio_num_t)DHT11_PIN, &humidity,
&temperature);
        display_reading(temperature / 10, humidity / 10);
    }
}

void app_main()
{
    init_hw();
    draw_screen();

    xTaskCreate(read_dht11, "dht11", configMINIMAL_STACK_SIZE * 8, NULL, 5, NULL);
}
```

在 read_dht11 函式中，藉由呼叫 display_reading 以每兩秒從 DHT11 讀取數值並顯示於 TFT 螢幕上。

app_main 首先會初始化硬體，接著呼叫 draw_screen 將顯示數值標籤於 TFT 螢幕，最後建立 FreeRTOS 任務來讀取 DHT11。

應用程式準備就緒，可以燒錄至開發板來看看讀數顯示於 TFT 螢幕上的效果了。

這是最後一個關於顯示器的範例。市面上還有許多其他種類的顯示器。但大部分都是用類似的驅動晶片，因此如果要像本範例那樣運用在專題中也很簡單。

下一個主題將詳細討論 FreeRTOS，以了解如何更有效地活用於專題中。

3.5 使用 FreeRTOS

如我們所知，FreeRTOS 是 ESP32 支援的官方即時作業系統。FreeRTOS 最初是為單核心系統設計的，但是 ESP32 為雙核心，因此 FreeRTOS 這邊也更新為可支援雙核心系統。傳統 FreeRTOS 和 ESP-IDF FreeRTOS 大部分的差異都源自於此。若你已經對 FreeRTOS 有一定程度的了解，大概知道有下列的差異即可：

- 建立新任務：有一個新函式可用於指定要在哪一個核心上執行新任務，它就是 `xTaskCreatePinnedToCore`。此函式會用一個參數來設定與指定核心的任務關聯。如果任務是由原本的 `xTaskCreate` 所建立，便不屬於任何核心，那麼在下一個時脈斷點的時候，任何一個核心都可以選擇執行此任務。
- 暫停排程器：呼叫 `vTaskSuspendAll` 函式只會暫停被呼叫之核心的排程器，另一個核心會繼續運作。因此，為了保護共享資源而需要暫停排程的話，這不是一個好方法。
- 臨界區段：進入臨界區段會中止排程但僅會中斷呼叫中的核心，另一個核心仍會繼續運作。然而，臨界區段仍受到互斥的保護，防止另一個核心執行臨界區段直到第一個核心結束為止。我們可以用 `portENTER_CRITICAL_SAFE(mux)` 和 `portEXIT_CRITICAL_SAFE(mux)` 巨集來達成此目的。

Note

雙核心 ESP32 的兩個核心分別為 **PRO_CPU**（**cpu0**）和 **APP_CPU**（**cpu1**）。PRO_CPU 在 ESP32 上電後即啟動，並執行所有初始設定，包括啟動 APP_CPU。app_main 會由 PRO_CPU 執行的主要任務來呼叫。

如果你是第一次接觸 FreeRTOS，它的官網上有許多豐富的參考資料：

https://www.freertos.org/

Espressif 另外也詳細說明了 ESP-IDF 版本的 FreeRTOS 不同之處：

https://docs.espressif.com/projects/esp-idf/en/latest/esp32/api-guides/freertos-smp.html

接著，來看看如何在 FreeRTOS 中保護共享資源。

◉ 觸碰感測器計次

本範例將於兩個觸碰感測器通道上啟用中斷來計算腳位被觸碰的次數，並於週期性 FreeRTOS 任務上顯示統計結果。我們會用到兩條公對公接線，並將它們接在 ESP32 開發板的 GPIO32（Touch 9）和 GPIO33（Touch 8）腳位上。

直接來看程式碼：

```
#include "freertos/FreeRTOS.h"
#include "freertos/task.h"

#include "driver/touch_pad.h"
#include <string.h>

static portMUX_TYPE mut = portMUX_INITIALIZER_UNLOCKED;

typedef struct
{
    int pin_num;
    TickType_t when;
} touch_info_t;

#define TI_LIST_SIZE 10
static volatile touch_info_t ti_list[TI_LIST_SIZE];
static volatile size_t ti_cnt = 0;

static const TickType_t check_period = 500 / portTICK_PERIOD_MS;
```

driver/touch_pad.h 包含了使用觸控面板週邊的函式和類型定義。我們用 portMUX_TYPE 類型的互斥 mut 來保護共享資源不會被平行存取。互斥類型定義專屬於 ESP-IDF。共享資源為 ti_list 和 ti_cnt，需要受到 mut 的保護。接下來是觸控面板的 ISR：

```
static void IRAM_ATTR tp_handler(void *arg)
{
    uint32_t pad_intr = touch_pad_get_status();
    touch_pad_clear_status();

    touch_info_t touch = {
        .pin_num = (pad_intr >> TOUCH_PAD_NUM8) & 0x01 ? TOUCH_PAD_NUM8 : TOUCH_
PAD_NUM9,
        .when = xTaskGetTickCountFromISR()};
```

tp_handler 為用於觸控週邊的 ISR，在兩個通道的其中一個偵測到觸碰時執行。在 tp_handler 中透過呼叫 touch_pad_get_status 來讀取觸控週邊（即為 touch_pad），以得知是哪個腳位被碰觸了，並將此訊息及時脈儲存於 touch 變數中。為此要用到 FreeRTOS 的 xTaskGetTickCountFromISR。

Note

FreeRTOS 有些函式會有兩種版本。函式名稱的字尾若為 FromISR，則屬於 ISR 版本。如果沒有這個字尾，該函式便是由任務呼叫。

繼續來開發觸控面板的處理器：

```
    portENTER_CRITICAL_SAFE(&mut);
    if (ti_cnt < TI_LIST_SIZE)
    {
        bool skip = (ti_cnt > 0) &&
((touch.when - ti_list[ti_cnt - 1].when) < check_period) &&
(touch.pin_num == ti_list[ti_cnt - 1].pin_num);
        if (!skip)
        {
            ti_list[ti_cnt++] = touch;
        }
    }
    portEXIT_CRITICAL_SAFE(&mut);
}
```

接著要透過使用互斥位址呼叫 portENTER_CRITICAL_SAFE 巨集來進入臨界區段。這部分很關鍵，因為我們會修改 ti_list 和 ti_cnt 數值且它們必須保持一致。為了達到一致性，在 ISR 中修改這些變數時，必須防止任何針對它們的存取。完成更新後，呼叫 portEXIT_CRITICAL_SAFE 來解除互斥，好讓其他任務接下來都可以自由存取共享資源。

下一個函式要將觸控資訊顯示於序列埠監控視窗上：

```
static void monitor(void *arg)
{
    touch_info_t ti_list_local[TI_LIST_SIZE];
    size_t ti_cnt_local;

    while (1)
    {
        vTaskDelay(10000 / portTICK_PERIOD_MS);
        ti_cnt_local = 0;

        portENTER_CRITICAL_SAFE(&mut);
        if (ti_cnt > 0)
        {
            memcpy((void *)ti_list_local, (const void *)ti_list, ti_cnt *
sizeof(touch_info_t));
            ti_cnt_local = ti_cnt;
            ti_cnt = 0;
        }
        portEXIT_CRITICAL_SAFE(&mut);
```

monitor 任務函式會將蒐集到的觸控資訊每十秒顯示一次。在 while 迴圈中，藉由互斥的屏蔽，再次使用 portENTER_CRITICAL_SAFE 和 portEXIT_CRITICAL_SAFE 來存取全域 ti_list 和 ti_cnt 變數值。這裡的關鍵是要將共享資源的值複製到區域變數 ti_list_local 和 ti_cnt_local 中，讓臨界區段盡可能縮短，從而讓共享資源可以在最短的時間內提供給中斷處理器使用。剩下的函式單純是將複製到區域變數中的統計數字顯示出來：

```
        if (ti_cnt_local > 0)
        {
            int t8_cnt = 0;
```

```
            for (int i = 0; i < ti_cnt_local; ++i)
            {
                if (ti_list_local[i].pin_num == TOUCH_PAD_NUM8)
                {
                    ++t8_cnt;
                }
            }
            printf("First touch tick: %u\n", ti_list_local[0].when);
            printf("Last touch tick: %u\n", ti_list_local[ti_cnt_local - 1].when);
            printf("Touch8 count: %d\n", t8_cnt);
            printf("Touch9 count: %d\n", ti_cnt_local - t8_cnt);
        }
        else
        {
            printf("No touch detected\n");
        }
    }
}
```

一旦偵測到觸碰，便會顯示各個腳位的第一次和最後一次碰觸之時脈以及次數。如果沒有任何觸碰，也會將此訊息顯示在序列埠監控視窗上。

接下來要初始化硬體：

```
static void init_hw(void)
{
    touch_pad_init();
    touch_pad_set_fsm_mode(TOUCH_FSM_MODE_TIMER);
    touch_pad_set_voltage(TOUCH_HVOLT_2V7, TOUCH_LVOLT_0V5, TOUCH_HVOLT_ATTEN_1V);

    touch_pad_config(TOUCH_PAD_NUM8, 0);
    touch_pad_config(TOUCH_PAD_NUM9, 0);
    touch_pad_filter_start(10);
```

init_hw 函式只會初始化觸控週邊。首先初始化驅動程式，接著是週邊的有限狀態機模式和電壓參考值。接下來，使用閾值作為中斷觸發器來校準觸控腳位 8 和 9。校準的時候必須確保沒有東西會碰觸腳位。讀取每一個觸控面板並設定相對應的閾值。實作校準的程式如下：

```
    uint16_t val;
    touch_pad_read_filtered(TOUCH_PAD_NUM8, &val);
    touch_pad_set_thresh(TOUCH_PAD_NUM8, val * 0.2);
    touch_pad_read_filtered(TOUCH_PAD_NUM9, &val);
    touch_pad_set_thresh(TOUCH_PAD_NUM9, val * 0.2);

    touch_pad_isr_register(tp_handler, NULL);
}
```

最後，將 tp_handler 設定為觸控中斷的 ISR 並完成硬體初始化。

現在，可以來看應用程式的進入點 app_main 了：

```
void app_main(void)
{
    init_hw();

    TaskHandle_t taskh;
    if (xTaskCreatePinnedToCore(monitor,
                                "monitor",
                                1024,
                                NULL,
                                2,
                                &taskh,
                                APP_CPU_NUM) == pdPASS)
    {
        printf("info: monitor started\n");
    }
    else
    {
        printf("err: monitor task couldn't start\n");
    }
    char buffer[128];
    vTaskList(buffer);
    printf("%s\n", buffer);

    touch_pad_intr_enable();
}
```

呼叫 init_hw 初始化觸控週邊後，藉由 xTaskCreatePinnedToCore 建立監控視窗任務，這裡會需要以下七個參數：

- 作為任務運作的函式，即 monitor 函式。
- 用以診斷的任務名稱。
- 保留給任務的位元單位堆疊大小。這跟傳統 FreeRTOS 不同，因為它是以文字形式接收此參數。如果此數值小於任務所需，應用程式便會閃退。
- 要傳遞給任務函式的 void* 參數。不過 monitor 不需要，所以傳 NULL 就好。
- 任務的優先順序，數值越小順位越低。
- 任務處置柄位址。如果有提供，xTaskCreate* 函式會設定其數值，我們便可以用任務處置柄來處理任務，例如暫停、恢復或刪除。
- 執行任務的核心。此參數特定於 xTaskCreatePinnedToCore，只存在於 ESP-IDF FreeRTOS 中。在此提供 APP_CPU_NUM 作為核心。

藉由使用緩衝作為參數來呼叫 vTaskList 便可以得到應用程式中現有的任務清單。輸出結果也列出了 monitor 任務。app_main 的最後一件事情為啟動觸控中斷。

在編譯程式碼之前，我們還需要編輯 platformio.ini，加入一些定義以啟用 vTaskList：

```
monitor_speed = 115200
build_flags =
    -DCONFIG_FREERTOS_USE_TRACE_FACILITY=1
    -DCONFIG_FREERTOS_USE_STATS_FORMATTING_FUNCTIONS=1
```

現在已經準備好編譯並燒錄至 ESP32 開發板了。只需要碰觸接線就可以進行測試。你應該會看到 monitor 任務每十秒顯示一次觸控統計結果於序列埠監控視窗上。

下一個範例將討論如何使用 FreeRTOS 佇列。

◉ 使用多個感測器作為產生器

此範例將從多個數位感測器中蒐集資料並作為消費者在 FreeRTOS 任務中進行處理。感測器將使用一個 FreeRTOS 佇列來傳遞資料。

當資料速率不高時，FreeRTOS 佇列作為中斷與任務之間分享資料的方法相當方便。佇列機制透過一種複製方法實現。這表示當一個資料元素被排進佇列時，同時會被複製到佇列中的記憶體位置。同樣地，消費者從佇列中提取資料時也會提供一個記憶體位置。這麼一來，我們便不用擔心資料的損壞或同步化，也讓軟體設計變得更簡單明瞭。

這個範例會用到以下感測器：

- 傾斜感測器（來自 Elegoo 感測器套組）
- 觸碰感測器
- 震動感測器

下圖為這三種感測器：

▲ 圖 3.8 傾斜、觸碰和震動感測器

接線如以下 Fritzing 示意圖：

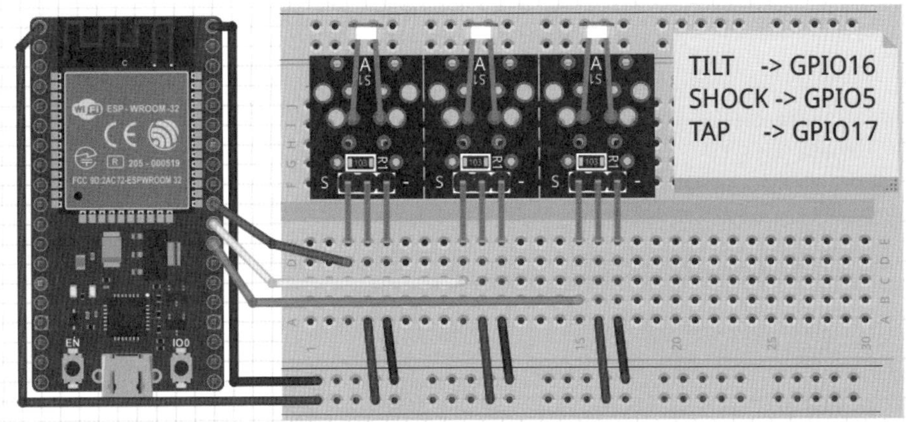

▲ 圖 3.9 本範例之 Fritzing 示意圖

硬體準備好之後，請使用以下 `platformio.ini` 配置檔案建立 PlatformIO 專題：

```
[env:az-delivery-devkit-v4]
platform = espressif32
board = az-delivery-devkit-v4
framework = espidf

monitor_speed = 115200
```

編輯 `main.c` 以開發程式碼：

```
#include <inttypes.h>
#include <stdio.h>
#include "freertos/FreeRTOS.h"
#include "freertos/task.h"
#include "freertos/queue.h"
#include "driver/gpio.h"
#include "esp_timer.h"

#define TILT_SWITCH_PIN 16
#define SHOCK_SWITCH_PIN 5
#define TAP_SWITCH_PIN 17
```

```
#define MS_100 100000

typedef struct
{
    gpio_num_t pin;
    int64_t time;
} queue_data_t;

static QueueHandle_t sensor_event_queue = NULL;

static bool filter_out(queue_data_t *);
```

首先匯入標頭檔。FreeRTOS 佇列的 API 在 freertos/queue.h 中。接著定義感測器的腳位編號。queue_data_t 為要被推送進 FreeRTOS 佇列的元素之資料類型，下一行則包含了佇列變數 sensor_event_queue。所有來自感測器的資料都會被保留在這裡。filter_out 會在處理之前先清除部分資料。

接下來將產生器定義為 ISR 處理器：

```
static void IRAM_ATTR producer(void *arg)
{
    queue_data_t data = {
        .pin = (uint32_t)arg,
        .time = esp_timer_get_time()};
    xQueueSendToBackFromISR(sensor_event_queue, &data, NULL);
}
```

producer 函式會將感測器資料推送到佇列的最後面。定義 data 變數並設定欄位。接著，透過呼叫 xQueueSendToBackFromISR 將其作為元素排進 sensor_event_queue，等待稍後在 FreeRTOS 任務中進行處理。在配置 GPIO 時，所有感測器中斷都會附加此處理器。

在以下程式碼中，consumer 被定義為 FreeRTOS 任務函式：

```
static void consumer(void *arg)
{
    queue_data_t data;
```

```
    while (1)
    {
        if (xQueueReceive(sensor_event_queue, &data, portMAX_DELAY))
        {
```

首先定義一個變數來保存資料元素。接著呼叫 xQueueReceive 移除在佇列最前面的元素。此函式會阻擋任務直到佇列中出現可用的資料元素為止。一旦推送感測器資料，xQueueReceive 便會開始執行並儲存該資料於 data 變數中：

```
            if (filter_out(&data))
            {
                continue;
            }
            switch (data.pin)
            {
            case SHOCK_SWITCH_PIN:
                printf("> shock sensor");
                break;
            case TILT_SWITCH_PIN:
                printf("> tilt sensor");
                break;
            case TAP_SWITCH_PIN:
                printf("> tap sensor");
                break;
            default:
                break;
            }
            printf(" at %" PRId64 "(us)\n", data.time);
        }
    }
    vTaskDelete(NULL);
}
```

data 有了資料元素後便可以開始處理，本範例會先過濾再將感測器事件顯示於序列埠監控視窗上。

以下程式碼實作了一個簡單的濾波器：

```
static bool filter_out(queue_data_t *d)
{
    static int64_t tilt_time = 0;
    static int64_t tap_time = 0;
    static int64_t shock_time = 0;

    switch (d->pin)
    {
    case TILT_SWITCH_PIN:
        if (d->time - tilt_time < MS_100)
        {
            return true;
        }
        tilt_time = d->time;
        break;
```

filter_out 函式會接收一個佇列元素作為唯一參數。我們在 switch 結構中從傾斜事件開始，將其時間戳記與傾斜感測器的前一個事件做比較。如果時間差小於 100 毫秒，便回傳 true 以告知呼叫程式跳過此資料點：

```
    case TAP_SWITCH_PIN:
        if (d->time - tap_time < MS_100)
        {
            return true;
        }
        tap_time = d->time;
        break;
    case SHOCK_SWITCH_PIN:
        if (d->time - shock_time < MS_100)
        {
            return true;
        }
        shock_time = d->time;
        break;
    default:
        break;
    }

    return false;
}
```

其他兩個感測器也進行相同的比較。如果回傳 false 則表示可以進一步處理資料。

接著要實作硬體初始化：

```
static void init_hw(void)
{
    uint64_t pin_select = 0;
    pin_select |= (1ULL << SHOCK_SWITCH_PIN);
    pin_select |= (1ULL << TILT_SWITCH_PIN);
    pin_select |= (1ULL << TAP_SWITCH_PIN);

    gpio_config_t io_conf;
    io_conf.intr_type = GPIO_PIN_INTR_POSEDGE;
    io_conf.pin_bit_mask = pin_select;
    io_conf.mode = GPIO_MODE_INPUT;
    io_conf.pull_up_en = 1;
    gpio_config(&io_conf);

    gpio_install_isr_service(0);
    gpio_isr_handler_add(SHOCK_SWITCH_PIN, producer, (void *)SHOCK_SWITCH_PIN);
    gpio_isr_handler_add(TILT_SWITCH_PIN, producer, (void *)TILT_SWITCH_PIN);
    gpio_isr_handler_add(TAP_SWITCH_PIN, producer, (void *)TAP_SWITCH_PIN);
}
```

首先，在 init_hw 中將感測器腳位配置為輸入。接著重點來了，我們要將 producer 附加為所有感測器腳位的 ISR 處理器。這麼一來，便可以將所有感測器設為佇列的資料來源。

最後實作 app_main：

```
void app_main(void)
{
    init_hw();
    sensor_event_queue = xQueueCreate(20, sizeof(queue_data_t));
    xTaskCreate(consumer, "consumer", 2048, NULL, 10, NULL);
}
```

初始化硬體後，呼叫 xQueueCreate 以建立可容納 20 個元素的佇列。在退出 app_main 之前，用 consumer 建立 FreeRTOS 任務以轉交控制權。

程式碼完成了，燒錄至開發板後便可以進行測試。感測器被搖晃時會產生資料，如果資料沒有被過濾掉的話就會以佇列方式顯示於序列顯示器中。

這是本章最後一個範例了。我們介紹了 FreeRTOS 許多重要的功能，雖然還有很多其他的功能，像是用於任務同步的訊號 API，或著用於週期性任務的軟體定時器 API 等等。FreeRTOS 的官網分享了許多關於這些 API 的優秀範例，你可以試著用 ESP32 玩玩看。

3.6 總結

我們在本章了解了許多常見的顯示技術，以及當需要向用戶提供即時訊息時，如何活用於 ESP32 專題中。了解這些技術之間的差異對於在專題中選擇正確的顯示器類型相當重要。FreeRTOS 是本章的另一個重點。它是 Espressif 支援的 ESP32 官方即時作業系統。我們也透過幾個範例了解了傳統 FreeRTOS 和 ESP-IDF 版本之間的差異。

下一章將討論 ESP32 的進階功能，像是多媒體週邊和電源管理子系統。在設計用電池供電的裝置時，ESP32 的 ULP 共同處理器在實現低功耗方面就會非常好用。這些都是下一章討論的重點。

3.7 問題

請回答以下問題來複習本章學習內容：

1. 以下何者非顯示技術？
   a) OLED
   b) LCD
   c) OECD
   d) TFT

2. 如果功耗是專題的重要評估因素，顯示器的選擇順序應為以下何者？

a) OLED、TFT、LCD

b) LCD、TFT、OLED

c) LCD、OLED、TFT

d) TFT、LCD、OLED

3. 如果圖像功能是專題的重要評估因素，顯示器的選擇順序應為以下何者？

a) LCD、OLED、TFT

b) LCD、TFT、OLED

c) TFT、OLED、LCD

d) TFT、LCD、OLED

4. 傳統 FreeRTOS 和 ESP-IDF FreeRTOS 之間最根本的差異為何？

a) 傳統 FreeRTOS 為單核心設計，而 ESP-IDF 可支援多核心

b) ESP-IDF FreeRTOS 不須使用配置標頭檔

c) 你不需要為傳統 FreeRTOS 指定核心，它會自動處理

d) ESP-IDF 強化了功能

5. 以下哪一個巨集 / 函式配對可用來保護 FreeRTOS 中的共享資源？

a) `xTaskCreate/vTaskDelete`

b) `portENTER_CRITICAL_SAFE/portEXIT_CRITICAL_SAFE`

c) `xQueueSendToBack/xQueueReceive`

d) `xTaskCreateStaticPinnedToCore/vTaskDelete`

CHAPTER

深入了解進階功能

ESP32 為一款成熟的物聯網（IoT）硬體載具。前幾章從基本功能以及和基礎感測器與致動器整合的週邊設備開始介紹，但這都只是 ESP32 強大功能的冰山一角。本章將帶你瞭解更多 ESP32 的週邊設備並整合一些更進階的裝置如喇叭或相機。

由電池供電的裝置會需要用到 ESP32 的節能功能。為此，我們可以將 ESP32 設定為休眠模式以延長電池的使用壽命。為了即使在休眠模式中仍可以進行計算，ESP32 整合了一個**超低功耗（Ultra-Low-Power, ULP）**的共同處理器。ULP 共同處理器可以存取部分用於整合感測器的週邊，好讓裝置在主要處理器處於休眠狀態時仍可以正常運作。如果你希望專題中的 ESP32 裝置是由電池供電，那麼你來對地方了。

本章內容如下：

- UART 通訊
- 利用 I²S 加入喇叭
- 開發影像應用程式
- 電源管理、深度休眠以及 ULP

4.1 技術要求

本章將繼續使用目前的工具鏈和開發環境，但各範例會需要用到新的函式庫。新函式庫的連結將提供於各個段落中。

除了正在使用的 ESP32 開發板之外，在**通用非同步接收發送器（Universal Asynchronous Receiver-Transmitter, UART）**的範例中還會再用到一塊，因為屆時我們要讓兩塊開發板互相通訊。

影像範例將用特殊套件 AiThinker 的 ESP32-CAM 來完成。之所以使用這個開發套件是因為它已經整合了影像感測器連接埠和 microSD 插槽，因此不需要擔心腳位接線的問題。而且這個套件還附帶了一顆可以輕鬆接上連接埠的影像感測器。

其他所需感測器與致動器將在各個範例中列出，方便你參照 Fritzing 示意圖。

本章範例請由本書 GitHub 取得：

https://github.com/PacktPublishing/Internet-of-Things-with-ESP32/tree/main/ch4

範例實際執行影片請參考：https://bit.ly/36nrbgI

4.2 UART 通訊

UART 是一種異步通訊技術，各通訊方使用預定的資料傳輸率（或鮑率）來通訊。I²C 和 SPI 之所以被稱為同步通訊是因為會有一個由總匯流排提供的通用時脈，通常由 MCU 擔任，且所有其他在匯流排上的裝置也是根據此通用時脈來傳送與接收資料。相反地，在 UART 通訊中各通訊方擁有自己獨立的時脈，而資料傳輸是透過裝置的應用程式中的通用 UART 設定來實現的。這些設定或 UART 參數如下：

- 鮑率：這是各通訊方交換資料的速度。例如，9600 鮑率表示每秒可傳送之資料為 9,600 位元。
- 封包定義

封包定義內容如下：

- 封包中的位元數
- 是否含有同位位元。同位位元是為了確保在傳輸的過程中位元不會發生改變。
- 停止位元的數量：1 或 2。

舉例來說，當我們看到一個 UART 通訊的定義為 *9600, 8N1*，就知道它的鮑率是 9,600、每個封包含 8 位元、沒有同位位元且有一個停止位元。

I²C 和 SPI 皆支援匯流排通訊，表示同一條線上可以有兩個以上的裝置。然而，UART 協定只會定義通訊中的兩個通訊方。信號線會有發送端 **TX** 和接收端 **RX**。兩邊互相接在一起，如下圖所示：

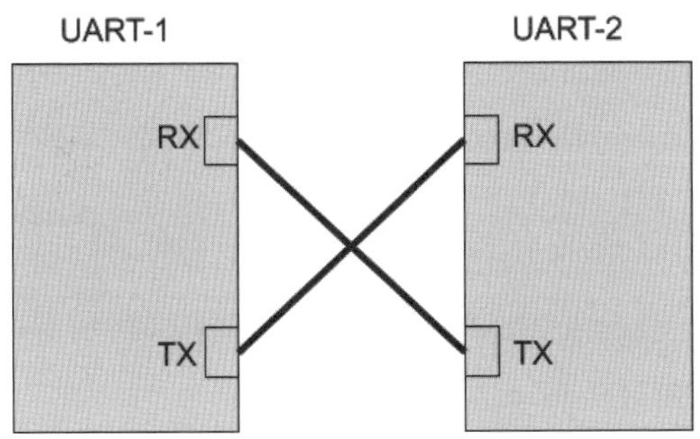

▲ 圖 4.1 UART 通訊

ESP32 整合了三個 UART 控制器，這表示在相同的硬體設置上可以同時擁有三個不同的 UART 接線。使用 ESP32 開發板時，UART 控制器之一會被保留起來，以便透過 USB 與電腦進行序列通訊來寫程式和序列顯示。應用程式中的 `printf` 函式會用到這個 UART 控制器。

本範例將用到兩塊開發板並透過 UART 連接。其中一塊會接上 DHT11 並將讀數傳給另一塊開發板。第二塊開發板將透過 USB 顯示此讀數，我們可藉由 PlatformIO 整合的序列埠監控視窗來監控它。Fritzing 示意圖如下：

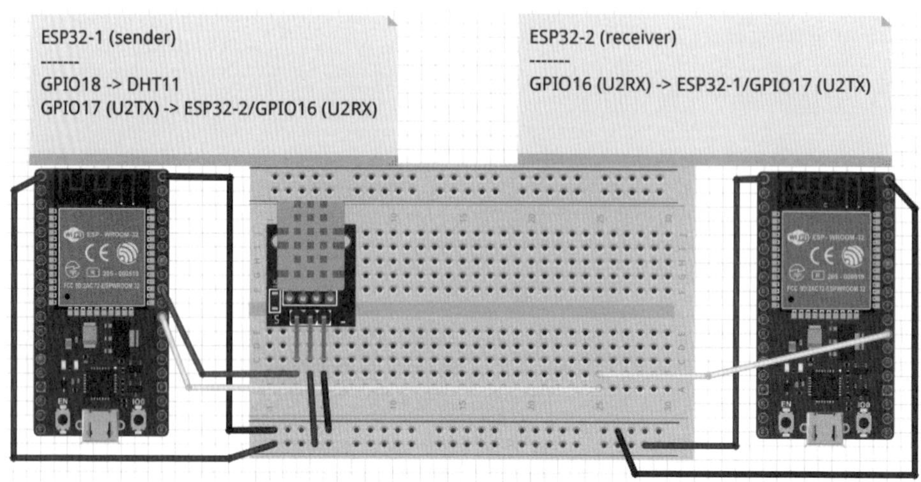

▲ 圖 4.2 UART 範例的 Fritzing 示意圖

我們需要為 ESP32-1（發送方）和 ESP32-2（接收方）開發兩個不同的應用程式。ESP32-1 將讀取 DHT11 並透過 UART2-TX 腳位發送讀數。ESP32-2 會等待來自 UART2-RX 腳位的資料，將在接收到之後將讀數顯示於序列埠監控視窗。先從 ESP32-1 的應用程式開始：

```
#include "dht.h"
#include <freertos/FreeRTOS.h>
#include <freertos/task.h>
#include <stdint.h>
#include "driver/uart.h"

#define DHT11_PIN 18

#define UART_PORT UART_NUM_2
#define TXD_PIN 17
#define RXD_PIN 16
#define UART_BUFF_SIZE 1024
```

首先匯入 **driver/uart.h** 以取得 UART 函式。接著定義要使用的 UART 控制器，就此範例而言為 **UART_NUM_2**。接著定義發送跟接收腳位分別為 17 和 16 腳位。另外還要定義接收緩衝區的大小。雖然我們根本不會用到，因為這個是發送端的應用程式，但 UART 驅動程式仍然需要此定義。

接下來要初始化硬體：

```
static void init_hw(void)
{
    const uart_config_t uart_config = {
        .baud_rate = 9600,
        .data_bits = UART_DATA_8_BITS,
        .parity = UART_PARITY_DISABLE,
        .stop_bits = UART_STOP_BITS_1,
        .flow_ctrl = UART_HW_FLOWCTRL_DISABLE,
        .source_clk = UART_SCLK_APB,
    };
    uart_driver_install(UART_PORT, UART_BUFF_SIZE, 0, 0, NULL, 0);
    uart_param_config(UART_PORT, &uart_config);
    uart_set_pin(UART_PORT, TXD_PIN, RXD_PIN, UART_PIN_NO_CHANGE, UART_PIN_NO_
CHANGE);
}
```

於 **init_hw** 定義配置變數 **uart_config**，它包含了 UART 通訊所需的設定，也就是 *9600,8N1*。**uart_driver_install** 函式保留了 UART 控制器和 RX/TX 緩衝記憶體。傳遞 **0** 作為 TX 的緩衝大小，這會讓發送函式阻擋呼叫任務直到所有資料都發送完畢為止。就本範例而言這是沒問題的。接著，藉由之前已定義好的 **uart_config** 變數來呼叫 **uart_param_config** 函式以設定 UART 通訊參數。最後用 **uart_set_pin** 函式設定 RX/TX 腳位。現在，我們可以透過 UART 將 DHT11 的讀數發送到接收方的 ESP32 了：

```
static void read_dht11(void *arg)
{
    int16_t humidity = 0, temperature = 0;
    char buff[1];

    while (1)
    {
```

```
        vTaskDelay(2000 / portTICK_PERIOD_MS);
        dht_read_data(DHT_TYPE_DHT11, (gpio_num_t)DHT11_PIN, &humidity,
&temperature);
        buff[0] = (char)(temperature / 10);
        uart_write_bytes(UART_PORT, buff, 1);
    }
}

void app_main()
{
    init_hw();

    xTaskCreate(read_dht11, "dht11", configMINIMAL_STACK_SIZE * 8, NULL, 5, NULL);
}
```

於 read_dht11 中，程式每兩秒會讀取一次 DHT11 的溫度值。我們用最新讀取的溫度來更新緩衝，並用 UART 通道、緩衝區和緩衝區大小作為參數來呼叫 uart_write_bytes。於 app_main 呼叫 init_hw 以建立任務並將控制權交給 read_dht11。發送端的部分就此結束。接著來看接收端的 ESP32-2：

```
#include <freertos/FreeRTOS.h>
#include <freertos/task.h>
#include <stdint.h>
#include "driver/uart.h"
#include <stdio.h>

#define UART_PORT UART_NUM_2
#define TXD_PIN 17
#define RXD_PIN 16
#define UART_BUFF_SIZE 1024

static void init_hw(void)
{
    const uart_config_t uart_config = {
        .baud_rate = 9600,
        .data_bits = UART_DATA_8_BITS,
        .parity = UART_PARITY_DISABLE,
        .stop_bits = UART_STOP_BITS_1,
        .flow_ctrl = UART_HW_FLOWCTRL_DISABLE,
        .source_clk = UART_SCLK_APB,
    };
    uart_driver_install(UART_PORT, UART_BUFF_SIZE, 0, 0, NULL, 0);
```

```
    uart_param_config(UART_PORT, &uart_config);
    uart_set_pin(UART_PORT, TXD_PIN, RXD_PIN, UART_PIN_NO_CHANGE, UART_PIN_NO_
CHANGE);
}
```

如你所見，接收端的每一個初始化程式碼都跟發送端一樣。事實上，我們可以設置不同的 UART 控制器，例如 **UART_NUM_1**，或讓 TX 和 RX 使用不同腳位。只要鮑率、位元數、同位位元和停止位元的配置參數都跟發送端一樣，那麼用什麼硬體都無所謂。

實作讀取 UART 連接埠的函式：

```
static void read_uart(void *arg)
{
    uint8_t buff[UART_BUFF_SIZE];

    while (1)
    {
        if (uart_read_bytes(UART_PORT, buff, UART_BUFF_SIZE, 2000 / portTICK_
PERIOD_MS) > 0)
        {
            printf("temp: %d\n", (int)buff[0]);
        }
    }
}
```

在 **read_uart** 函式中用 **buff** 參數呼叫 **uart_read_bytes**，將接收到的資料寫入其中。**uart_read_bytes** 函式會等待兩秒，如果有接收到資料便會顯示在序列埠視窗上。雖然我們可以任意設定逾時值，但由於發送端每兩秒會傳送溫度讀數一次，所以用這個逾時值就可以了。

在 **app_main** 函式中將硬體初始化，並藉由 **read_uart** 啟動 FreeRTOS 任務：

```
void app_main()
{
    init_hw();

    xTaskCreate(read_uart, "uart", configMINIMAL_STACK_SIZE * 8, NULL, 5, NULL);
}
```

程式碼大功告成，可以來測試了。透過序列埠監控視窗連接接收端後，便可以看到每兩秒會更新一次溫度讀數在螢幕上。

當我們需要連接兩個不同的 MCU 並交換資料時，UART 通訊便非常好用。它們甚至不必是相同型號或類型，只要用的是一樣的 UART 配置就可以了。

下一段將學習如何為 ESP32 專題加入音效功能。

4.3 利用 I^2S 加入喇叭

積體電路內置音頻匯流排（I^2S）是一種用於音頻的資料介面。主要包含以下三種接線：

- 資料線，**Data-In（DIN）**或 **Data-Out（DOUT）**
- 時脈或**位元時脈（BCLK）**
- 聲道選擇，**字元選擇（WS）**或**左右時脈（LRCLK）**

介面已標準化，但如你所見名稱沒有。資料線承載了左邊（聲道 0）和右邊（聲道 1）的立體音效資料。聲道選擇訊號會顯示目前正在傳輸哪個聲道的資料：左聲道為低電位，而右聲道為高電位。最後，時脈線是由主要裝置提供給左右聲道使用的通用時脈，在這類的通訊結構中，通常會由發送端擔任主要裝置。

ESP32 共有兩個 I^2S 週邊可配置為輸入或輸出。當配置為輸入時，可使用麥克風對聲音資料進行取樣並儲存於快閃記憶體以備後用。若配置為輸出，則可接上喇叭以產生音效。

本範例將使用 Maxim Integrated 公司的 MAX98357 模組作為 ESP32 和喇叭之間的 I^{2}S 揚聲器。下圖為含有 MAX98357 晶片的擴充板：

▲ 圖 4.3 MAX98357 模組

這款模組是一款低價卻高效能的揚聲器，可直接用於 ESP32 模組的 3.3V 輸出腳位，無須任何外部電源。它可以為 4Ω 的喇叭提供 3.2W 的功率，對我們來說已綽綽有餘。如需了解更多，請參考 Maxim Integrated 官網所提供的規格表[1]。

為了方便理解，我會將範例分成兩個部分。第一部分將定義 ESP32 快閃記憶體的分割，並上傳一份 *WAV* 音檔至該分割中。第二部分才會討論在喇叭上播放音檔的應用程式。先從上傳檔案開始。

⊙ 上傳音檔至快閃記憶體

雖然這部分不難，但還是有一些要注意的地方，一步一步來吧：

1. 建立好 PlatformIO 專題後，請於專題的根目錄中加入分割定義檔 `partitions.csv`：

1 https://datasheets.maximintegrated.com/en/ds/MAX98357A-MAX98357B.pdf

```
# Name,   Type, SubType, Offset,   Size, Flags
nvs,      data, nvs,     ,        0x6000,
phy_init, data, phy,     ,        0x1000,
factory,  app,  factory, ,        1M,
spiffs,   data, spiffs,  0x210000,       1M,
```

這是用來定義快閃記憶體分割的檔案。開機程式會尋找儲存應用程式的 factory 分割。音檔會在 spiffs 資料分割中。partitions.csv 還會包含其他訊息，像是快閃開始的偏移量和分割大小。如果未包含偏移量，那麼 *ESP-IDF* 會根據來自 sdkconfig 的訊息還有 partitions.csv 提供的大小來進行計算。在此必須提供所有必需的資訊。範例中的 spiffs 分割始於 0x210000，大小為 1MB。

由於我們希望自訂快閃記憶體的分割，因此還需要在 platformio.ini 和 sdkconfig 中指定定義檔案。

2. 編輯 platformio.ini 來指定分割檔案：

```
monitor_speed = 115200
board_build.partitions = partitions.csv
```

3. 開啟命令列，並啟動 pio 命令列工具的 Python 虛擬環境：

```
$ source ~/.platformio/penv/bin/activate
(penv)$ pio --version
PlatformIO, version 5.1.0
```

4. 用 pio 工具編輯 sdkconfig。如前所述，sdkconfig 包含了 ESP32 專題所有的應用程式設定。這次我們要在 sdkconfig 中設定自訂分割檔案：

```
(penv)$ pio run -t menuconfig
```

上述指令會顯示以下介面：

```
(Top)
                Espressif IoT Development Framework Configuration
    SDK tool configuration  --->
    Build type  --->
    Application manager  --->
    Bootloader config  --->
    Security features  --->
    Serial flasher config  --->
    Partition Table  --->
    Compiler options  --->
    Component config  --->
    Compatibility options  --->

[Space/Enter] Toggle/enter  [ESC] Leave menu           [S] Save
[O] Load                    [?] Symbol info            [/] Jump to symbol
[F] Toggle show-help mode   [C] Toggle show-name mode  [A] Toggle show-all mode
[Q] Quit (prompts for save) [D] Save minimal config (advanced)
```

▲ 圖 4.4 ESP-IDF 的 menuconfig

menuconfig 是一款選項式使用者介面，用以編輯 **Kconfig** 配置系統基礎的組態檔案。ESP-IDF 採用 menuconfig 來編輯 sdkconfig，而我們用 pio 來執行 menuconfig。

Tips

如果上下鍵無法使用，你還可以用鍵盤上的 *K* 和 *J* 或＋和－號來滾動 menuconfig。

5. 選擇 **Partition Table | Partition Table | Custom partition table CSV** 來設定 sdkconfig 中的分割檔案名稱：

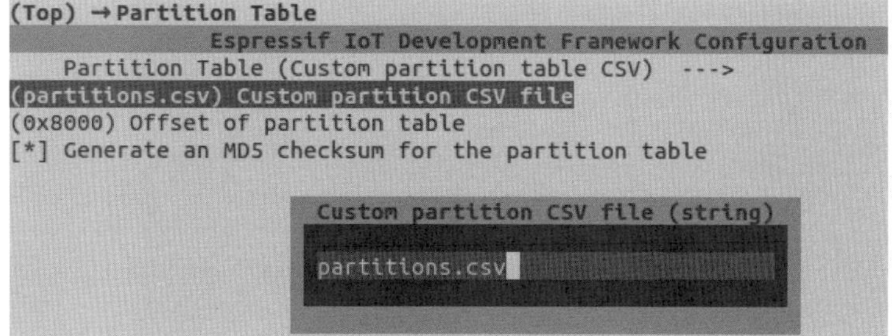

▲ 圖 4.5 自訂分割之 CSV 檔案名

於文字方塊中輸入檔案名稱 `partitions.csv`。

6. 請回到第一層並選擇 **Component Config | SPIFFS Configuration** 以設定最大分割數量為 5，這將支援在自訂分割檔案中定義的分割數量：

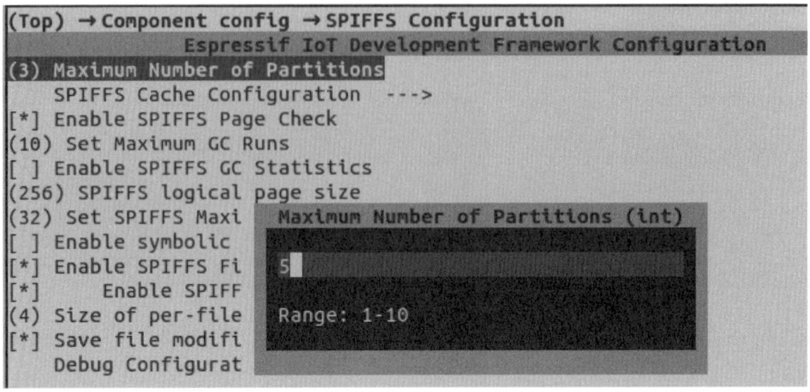

```
(Top) → Component config → SPIFFS Configuration
                Espressif IoT Development Framework Configuration
(3) Maximum Number of Partitions
    SPIFFS Cache Configuration  --->
[*] Enable SPIFFS Page Check
(10) Set Maximum GC Runs
[ ] Enable SPIFFS GC Statistics
(256) SPIFFS logical page size
(32) Set SPIFFS Maxi   Maximum Number of Partitions (int)
[ ] Enable symbolic
[*] Enable SPIFFS Fi    5
[*]     Enable SPIFF
(4) Size of per-file    Range: 1-10
[*] Save file modifi
    Debug Configurat
```

▲ 圖 4.6 最大分割數量

按 *Q* 鍵以退出，程式會提醒你要存檔。

7. 現在已準備好測試是否能成功建立 spiffs 分割。請執行一個簡單的應用程式來測試：

```
#include <stdio.h>
#include <sys/stat.h>
#include "esp_spiffs.h"
#include "esp_err.h"

void app_main(void)
{
    printf("Initializing SPIFFS\n");

    esp_vfs_spiffs_conf_t conf = {
        .base_path = "/spiffs",
        .partition_label = NULL,
        .max_files = 5,
        .format_if_mount_failed = true};
```

首先在 app_main 中建立配置變數以記錄 spiffs 分割：

```
    esp_err_t ret = esp_vfs_spiffs_register(&conf);
    if (ret != ESP_OK)
```

```
    {
        printf("Failed to initialize SPIFFS (%s)\n", esp_err_to_name(ret));
        return;
    }
```

接著用該變數呼叫 **esp_vfs_spiffs_register**。在程式碼首次執行時，紀錄函式便會將 **spiffs** 分割格式化：

```
    size_t total = 0, used = 0;
    ret = esp_spiffs_info(conf.partition_label, &total, &used);
    if (ret == ESP_OK)
    {
        printf("Partition size: total: %d, used: %d\n", total, used);
    }
    else
    {
        printf("Failed to get SPIFFS partition information (%s)\n", esp_
err_to_name(ret));
    }
}
```

esp_spiffs_info 會讀取分割資訊。如果一切順利，我們便能夠在序列埠視窗上看到分割大小。

8. **spiffs** 分割就緒後，請於專題的根目錄中新增 **data** 資料夾並複製音檔 **rooster.wav**。這個檔案存放於程式碼的儲存庫中，但你可以使用任何具備音響模組支援的 WAV 檔：

```
(penv)$ mkdir data && cp ~/Downloads/rooster.wav data/
```

9. 使用 **pio** 工具產生 SPIFFS 圖像。**pio** 工具會需要 **data** 資料夾並用其中的檔案來產生分割圖像：

```
(penv)$ pio run -t buildfs
```

10. 再次使用 **pio** 將圖像上傳到 **spiffs** 分割：

```
(penv)$ pio run -t uploadfs
```

11. 來更新程式碼檔案 main.c。請將以下程式碼片段加到 app_main 函式的末端以檢查檔案是否在分割中，接著重新執行程式：

```
struct stat st;
if (stat("/spiffs/rooster.wav", &st) == 0)
{
    printf(">> rooster.wav found. %ld\n", st.st_size);
}
else
{
    printf(">> rooster.wav NOT found\n");
}
```

12. 連接序列埠監控視窗，查看音檔是否在快閃記憶體中：

```
Initializing SPIFFS
Partition size: total: 956561, used: 100400
>> rooster.wav found. 99286
```

Note

pio 在幕後使用 Espressif 的 mkspiffs 和 esptool.py 來建立並上傳 SPIFFS 圖檔。你可以使用這些工具來自訂檔案的上傳程序。請由此取得最新的 mkspiffs 工具：

https://github.com/igrr/mkspiffs

esptool.py 位於 $HOME/.platformio 資料夾中。

終於準備好播放這個 WAV 音檔了。繼續看下去。

◉ 播放音檔

於 spiffs 分割中加入音檔後，一如往常，我們必須先在麵包板上建立原型。所需硬體元件如下：

- MAX98357 揚聲器模組，一個

- 喇叭（阻抗＞＝ 4Ω）Fritzing 示意圖如下：

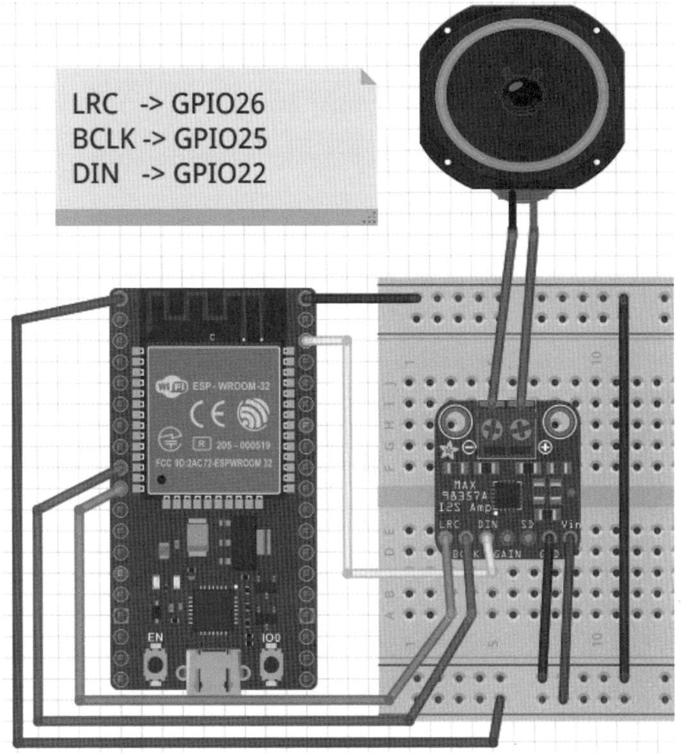

▲ 圖 4.7 音響範例的 Fritzing 示意圖

應用程式的程式碼如下：

```
#include "app.h"
#include <stdio.h>
#include <stdint.h>
#include <stdio.h>
#include <sys/stat.h>
#include "esp_spiffs.h"
#include "esp_err.h"
#include "driver/i2s.h"
#include "hal/i2s_types.h"

#define BCLK_PIN 25
#define LRC_PIN 26
```

```
#define DIN_PIN 22

static const int i2s_num = I2S_NUM_0;
static uint8_t buff[1024];
static FILE *wav_fp;
```

I^2S 驅動程式的標頭檔為 `driver/i2s.h`。定義 I^2S 腳位和 I^2S 週邊的常數為 `I2S_NUM_0`。另外還要為在應用程序中使用的音檔和聲音資料緩衝建立變數。

在 **init_hw** 函式中將 **spiffs** 分割初始化：

```
static esp_err_t init_hw(void)
{
    printf("Initializing SPIFFS\n");

    esp_vfs_spiffs_conf_t conf = {
        .base_path = "/spiffs",
        .partition_label = NULL,
        .max_files = 5,
        .format_if_mount_failed = true};

    return esp_vfs_spiffs_register(&conf);
}
```

另外需要一個函式來打開音檔。函式如下：

```
static esp_err_t open_file(wav_header_t *header)
{
    wav_fp = fopen("/spiffs/rooster.wav", "rb");
    if (wav_fp == NULL)
    {
        printf("err: no file\n");
        return ESP_ERR_INVALID_ARG;
    }

    fread((void *)header, sizeof(wav_header_t), 1, wav_fp);
    printf("Wav format:\n");
    printf("bit_depth: %d\n", header->bit_depth);
    printf("num_channels: %d\n", header->num_channels);
    printf("sample_rate: %d\n", header->sample_rate);

    return ESP_OK;
}
```

於 open_file 中打開存放於 spiffs 分割的音檔，並讀取其中的 WAV 標頭檔。每個 WAV 檔都含有實際聲音資料的元資料。在為輸出配置 I²S 週邊時，會使用到標頭檔中的一些訊息，如下：

- 取樣率或每秒內的取樣數
- 位元度或每個樣本的位元數量（ADC 解析度）
- 聲道數量，單一聲道或兩個左右聲道

初始化 I²S 週邊以播放音檔。初始化函式如下：

```
static esp_err_t init_i2s(wav_header_t *header)
{
    esp_err_t err;

    i2s_config_t i2s_config = {
        .mode = I2S_MODE_MASTER | I2S_MODE_TX,
        .sample_rate = header->sample_rate,
        .bits_per_sample = header->bit_depth,
        .communication_format = I2S_COMM_FORMAT_I2S_MSB,
        .channel_format = header->num_channels == 2 ? I2S_CHANNEL_FMT_RIGHT_LEFT
: I2S_CHANNEL_FMT_ONLY_LEFT,
        .intr_alloc_flags = 0,
        .dma_buf_count = 2,
        .dma_buf_len = 1024,
        .use_apll = 1,
    };
```

init_i2s 函式會將檔案中的音效詮釋資料作為引數。在函式中建立一個 **i2s_config_t** 類型的配置變數。此配置變數有著關於如何使用 I²S 週邊和要被播放的音檔之屬性以及各種資訊欄。我們另外指定 I²S 週邊使用**直接記憶體存取（DMA）**以直接從 DMA 緩衝區快速處理資料。準備好配置變數後，用 **i2s_driver_install** 來配置這個組態的驅動程式：

```
    err = i2s_driver_install(i2s_num, &i2s_config, 0, NULL);
    if (err != ESP_OK)
    {
        return err;
    }
```

接著透過呼叫 i2s_set_pin 來設定與 I²S 週邊一起使用的腳位：

```
    i2s_pin_config_t pin_config = {
        .bck_io_num = BCLK_PIN,
        .ws_io_num = LRC_PIN,
        .data_out_num = DIN_PIN,
        .data_in_num = I2S_PIN_NO_CHANGE,
    };
    err = i2s_set_pin(i2s_num, &pin_config);
    if (err != ESP_OK)
    {
        return err;
    }

    return i2s_zero_dma_buffer(i2s_num);
}
```

由於週邊用於輸出，我為了讓設定更清楚因此設定了 pin_config 的 data_out_num 欄位。最後，重置 DMA 緩衝區，I²S 就配置完成了。

完成所有初始化函式的實作之後，可以來看 app_main 了。首先在 init_hw 初始化 SPIFFS 驅動程式，並呼叫 open_file 以開啟音檔：

```
void app_main(void)
{
    esp_err_t ret;

    ret = init_hw();
    if (ret != ESP_OK)
    {
        printf("err: %s\n", esp_err_to_name(ret));
        return;
    }

    wav_header_t header;
    ret = open_file(&header);
    if (ret != ESP_OK)
    {
        printf("err: %s\n", esp_err_to_name(ret));
        return;
    }
```

接著用音效的詮釋資料初始化 I²S 週邊：

```
    ret = init_i2s(&header);
    if (ret != ESP_OK)
    {
        printf("err: %s\n", esp_err_to_name(ret));
        return;
    }
```

初始化完成，準備好來播放音檔了：

```
    size_t bytes_written;
    size_t cnt;

    while (1)
    {
        cnt = fread(buff, 1, sizeof(buff), wav_fp);
        ret = i2s_write(i2s_num, (const void *)buff, sizeof(buff), &bytes_
written, portMAX_DELAY);
        if (ret != ESP_OK)
        {
            printf("err: %s\n", esp_err_to_name(ret));
            break;
        }
```

在 **while** 迴圈中把檔案讀進 **buff**，然後使用 **i2s_write** 將聲音資料透過 DMA 緩衝區發送到 I²S 介面。所有資料都傳送完畢後，關閉檔案並用 **i2s_driver_uninstall** 函式將 I²S 驅動程式解除安裝：

```
        if (cnt < sizeof(buff))
        {
            break;
        }
    }

    fclose(wav_fp);
    i2s_driver_uninstall(i2s_num);
}
```

大功告成！現在你可以上傳應用程式並欣賞可愛的雞叫聲了。

下一段將介紹如何在 ESP32 中使用影像感測器。

4.4 開發影像應用程式

深入討論圖像技術不在本書的範疇內，不過，作為額外的背景知識，對於接下來要範例中使用的硬體及其功能能掌握基礎知識還是很有幫助的。

市面上常見的數位影像感測器主要有兩種：

- **電荷耦合元件（CCD）**
- **互補式金氧半導體（CMOS）**感測器

CMOS 感測器使用的技術較新，相較於 CCD 有著幾個重要的優勢。它們成本低、效能好又體積小，因此更適合用於手機或物聯網裝置等電池供電的設備。

本範例將使用 OmniVision 公司生產的一款 CMOS 影像感測器，OV2640。小小的封裝裡包藏了單一晶片的**超延伸圖形陣列（UXGA）**（1600 × 1200 = 2 百萬畫素）相機和影像處理器。待機時的功耗僅 900mA，使用時為 140mW。控制介面為串列介面，類似於 I^2C，且只需要資料和時脈兩條線。此介面稱為**序列攝影機控制匯流排（SCCB）**。OV2640 的影像連接埠可配置為 8 位元或 10 位元模式，取決於主機微控器上的可用資源。

為了讓大家更輕鬆，Ai-Thinker 公司的產品中另有一款搭配了 ESP32 的影像開發套件，叫做 Ai-Thinker ESP32-CAM。也就是本範例要使用的開發套件，它配有一顆 OV2640 感測器並整合了一個 MicroSD 插槽。下圖即為 ESP32-CAM：

▲ 圖 4.8 配有 OV2640 的 Ai-Thinker ESP32-CAM

ESP32-CAM 是專門為了影像應用程式而設計的，因此拿它來測試非常方便，可以省掉所有佈線的麻煩。我們當然也可以在 Az-Delivery 的 ESP32 套件上裝一顆相機模組，但 Ai-Thinker 已經將所有必要的硬體都準備妥當了。唯一的缺點就是它本身沒有 USB-UART 晶片來進行序列燒錄與監控；因此我們需要另外找一個 USB-UART 轉接器才能將開發板接上開發用電腦。範例所需硬體如下：

- Ai-Thinker 的 ESP32-CAM，一塊
- USB-UART 轉接器，一個
- MicroSD 記憶卡，一張（FAT32 格式化）

下一段將討論開發環境的準備。

◉ 為 ESP32-CAM 準備開發環境

可惜的是，在我撰寫本書時 PlatformIO 還沒辦法好好地處理 ESP32-CAM，這表示在進行開發之前還需要經過一些環境設定的步驟：

1. 首先，建立一個新的 PlatformIO 專題，並任選一種 ESP32 類型。雖然 Ai-Thinker 的 ESP32-CAM 有在支援選單上，但如果真的選了，PlatformIO 反倒會出現一些錯誤。新專題建立好後，更新 `platformio.ini` 檔如下：

```
[env:esp32cam]
platform = espressif32
board = esp32cam
framework = espidf
monitor_speed = 115200
board_build.partitions = partitions_singleapp.csv
```

2. 為相機驅動程式的函式庫更新根目錄中的 `CMakeList.txt` 檔。我們要用 Espressif 的一個外部函式庫來驅動影像感測器。不過，我在使用 ESP32-CAM 開發板時有發現一些錯誤，所以不得不進行了一些修改。請由以下連結取得修改後的函式庫：

   https://github.com/PacktPublishing/Internet-of-Things-with-ESP32/tree/main/common/esp32-camera

```
cmake_minimum_required(VERSION 3.16.0)
list(APPEND EXTRA_COMPONENT_DIRS "../../common/esp32-camera")
include($ENV{IDF_PATH}/tools/cmake/project.cmake)
project(camera_example)
```

   第二行粗體字的指令會將函式庫路徑作為元件目錄加進專題中。

3. 於存放 `main.c` 的 `src` 資料夾中加入一份檔名為 `Kconfig.projbuild` 的配置檔。它是為了讓 PlatformIO 透過像是腳位編號、支援影像感測器等相機組態定義 來更新 ESP-IDF 的 `sdkconfig.h` 的。這個檔案有點長，所以在此不貼出內容，但你可以從以下連結取得：

   https://github.com/PacktPublishing/Internet-of-Things-with-ESP32/blob/main/ch4/camera_example/src/Kconfig.projbuild

4. 開啟 pio 工具並執行 menuconfig：

```
$ source ~/.platformio/penv/bin/activate
(penv)$ pio run -t menuconfig
```

5. 在此要更新兩個金鑰，讓開發板可存取 microSD 記憶卡。請依照以下路徑找到第一支：**Component config | ESP32 specific | Support for external SPI RAM | SPI RAM config | Type**，請選擇 **Auto-detect**，如下圖所示：

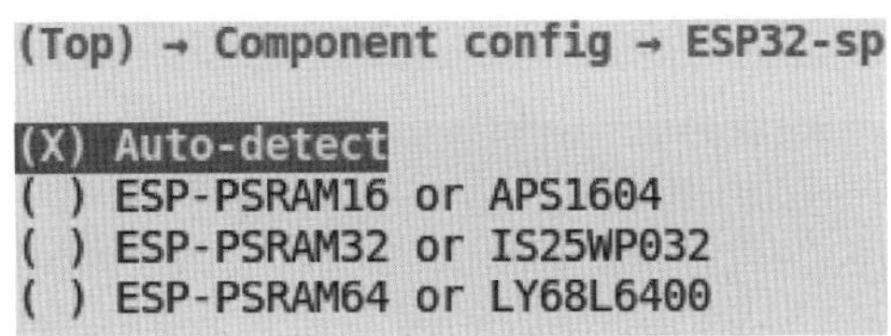

▲ 圖 4.9 將 SPI RAM 晶片類型變更為 Auto-detect

第二支是為了支援長檔名，路徑如下：**Component config | FAT FS support | Long filename support**：

```
(Top) → Component config → FAT Filesystem support → Long filename support
                                                        Espressif IoT De
( ) No long filenames
(X) Long filename buffer in heap
( ) Long filename buffer on stack
```

▲ 圖 4.10 長檔名支援

現在可以按下編譯鍵了，這麼一來編譯專題時便不會發生任何錯誤。

下一節將介紹如何使用外部 USB-UART 轉接器來對 ESP32-CAM 開發程式與監控。

◉ 燒錄與監控 ESP32-CAM

如本章一開始談到的，Ai-Thinker 的 ESP32-CAM 不包含任何板載之 USB-UART 晶片。這是權衡成本和功能後的結果，因此我們必須使用轉接頭來連接開發電腦。市面上有多種不同的轉接器任君挑選，我用的是搭載了 CP2102 晶片的一般款，如下圖所示：

▲ 圖 4.11 USB-UART 轉接器

來看看要如何開發程式和監控開發板：

1. 首先，請依照以下接線圖連接 USB-UART 轉接器與 ESP32-CAM：

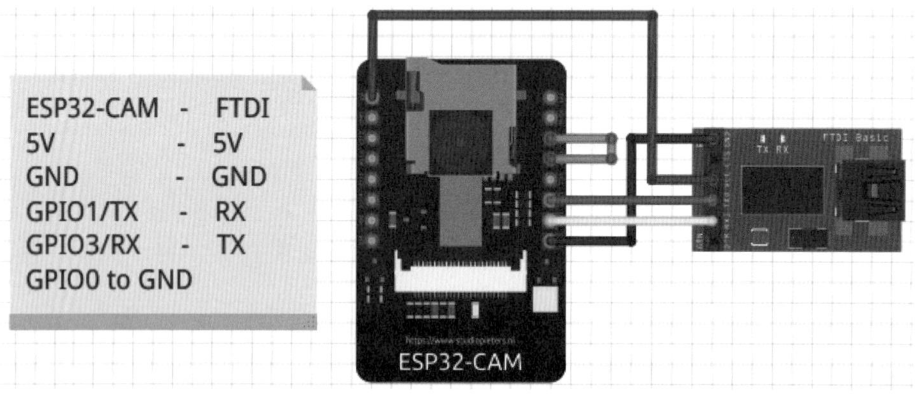

▲ 圖 4.12 連接 USB-UART 轉接器 —— 編碼模式

Note

ESP32-CAM 需要使用 5V 電源。大部分的 USB-UART 轉接器會提供一個 5V 的腳位做使用。不過，若是在燒錄或正常操作下還是遇到錯誤的話，建議你改用 5V 的外部電源為 ESP32-CAM 供電。

為了能夠對 ESP32-CAM 編寫程式，我們需要讓 GPIO0 在供電時保持在低電位。其實，所有 ESP32 晶片的作法都是這樣，只是搭載了 USB-UART 晶片的開發板會自動處理。燒錄完成後，請斷開 GPIO0 腳位好讓 ESP32 啟動應用程式。

2. 清除專題，然後用以下 `main.c` 中的程式碼重新編譯並燒錄 ESP32-CAM：

```
#include <esp_system.h>
#include <nvs_flash.h>
#include "freertos/FreeRTOS.h"
#include "freertos/task.h"

#include "driver/sdmmc_host.h"
#include "driver/sdmmc_defs.h"
#include "sdmmc_cmd.h"
#include "esp_vfs_fat.h"

#include "esp_camera.h"

void app_main()
{
    while (1)
    {
        printf("hi!\n");
        vTaskDelay(2000 / portTICK_PERIOD_MS);
    }
}
```

3. 拔掉轉接器，斷開 GPIO0 腳位後再重新插上。

4. 接著，打開 PlatformIO 的序列埠監控視窗以查看來自 ESP32-CAM 的訊息。

PlatformIO 的開發環境準備就緒，也用 USB-UART 轉接器連接 ESP32-CAM 測試了一個簡單的顯示程式。接著進入專題實作。

◉ 專題開發

本專題將開發一款使用**被動紅外線（PIR）**動作偵測模組和 ESP32-CAM 的相機陷阱裝置。每當 PIR 模組偵測到動作時，ESP32-CAM 便會拍照並將影像儲存於 microSD 記憶卡中。接線的 Fritzing 示意圖如下：

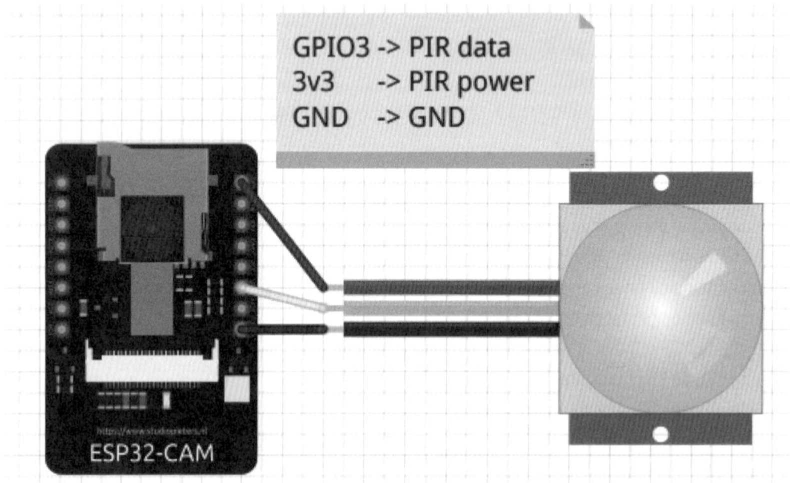

▲ 圖 4.13 相機接線的 Fritzing 示意圖

我們仍會需要用 5V 腳位為 ESP32-CAM 供電，將 U0TXD（GPIO1）腳位連接 USB-UART 轉接器便可以監控狀況。在此使用 GPIO3（U0RXD）作為 PIR 模組的腳位，因為其他腳位都被 SD 卡的驅動程式佔用了。如果沒有在 ESP32-CAM 上使用 SD 卡的話，那麼這些腳位就可以用在其他地方。請注意，剛才關於電源的警告依舊要注意，如果 ESP32-CAM 在上電後出現一些不穩定的狀況，建議你為它找一個外部電源。繼續來看應用程式：

```
#include <esp_system.h>
#include <nvs_flash.h>
#include "freertos/FreeRTOS.h"
```

```
#include "freertos/task.h"

#include "driver/gpio.h"
#include "driver/sdmmc_host.h"
#include "driver/sdmmc_defs.h"
#include "sdmmc_cmd.h"
#include "esp_vfs_fat.h"

#include "esp_camera.h"

#define PIR_MOTION_PIN 3

static void pir_handler(void *arg);
static void take_pic(void *arg);
```

esp_camera.h 標頭檔提供了所有 ESP32-CAM 類型的定義和函式宣告。另外還要匯入一些標頭檔來驅動 SD 卡。有一個用於 PIR 模組腳位的巨集定義。GPIO3 會在動作發生時提供中斷以通知應用程式。接著，為中斷處理器加入名為 **pir_handler** 的函式雛形，以及另一個函式雛形 **take_pic** 以拍攝中斷處理器呼叫的照片。

接著來看硬體的初始化。**init_hw** 有一點長，所以會分成幾個部分：

```
static esp_err_t init_hw(void)
{
    camera_config_t camera_config = {
        .pin_pwdn = CONFIG_PWDN,
        .pin_reset = CONFIG_RESET,
        .pin_xclk = CONFIG_XCLK,
        .pin_sscb_sda = CONFIG_SDA,
        .pin_sscb_scl = CONFIG_SCL,

        .pin_d7 = CONFIG_D7,
        .pin_d6 = CONFIG_D6,
        .pin_d5 = CONFIG_D5,
        .pin_d4 = CONFIG_D4,
        .pin_d3 = CONFIG_D3,
        .pin_d2 = CONFIG_D2,
        .pin_d1 = CONFIG_D1,
        .pin_d0 = CONFIG_D0,
        .pin_vsync = CONFIG_VSYNC,
```

```
        .pin_href = CONFIG_HREF,
        .pin_pclk = CONFIG_PCLK,

        .xclk_freq_hz = CONFIG_XCLK_FREQ,
        .ledc_timer = LEDC_TIMER_0,
        .ledc_channel = LEDC_CHANNEL_0,

        .pixel_format = PIXFORMAT_JPEG,
        .frame_size = FRAMESIZE_UXGA,

        .jpeg_quality = 12,
        .fb_count = 1};
```

在 camera_config 變數中使用 PlatformIO 的 Kconfig 檔案之腳位組態資訊，這在配置開發環境時就已加入該檔案了。PlatformIO 會讀取該配置檔案並將其中的所有進入點作為巨集加進 sdkconfig.h，以作為 CONFIG_* 定義來存許這些巨集。圖像格式的選項如下：

- PIXFORMAT_RGB565
- PIXFORMAT_RGB555
- PIXFORMAT_YUV422
- PIXFORMAT_GRAYSCALE
- PIXFORMAT_JPEG
- PIXFORMAT_RAW

雖然函式庫還支援一些其他的格式，但這類的影像感測器只能支援以上格式。我們要選 PIXFORMAT_JPEG 作為本專題的圖像格式。

接下來，用 camera_config 呼叫 esp_camera_init 函式以初始化影像感測器：

```
esp_err_t err = esp_camera_init(&camera_config);
if (err != ESP_OK)
{
    return err;
}
```

如果一切順利，便可以安裝 SD 卡：

```
    sdmmc_host_t host = SDMMC_HOST_DEFAULT();
    sdmmc_slot_config_t slot_config = SDMMC_SLOT_CONFIG_DEFAULT();
    esp_vfs_fat_sdmmc_mount_config_t mount_config = {
        .format_if_mount_failed = false,
        .max_files = 3,
    };
    sdmmc_card_t *card;
    err = esp_vfs_fat_sdmmc_mount("/sdcard", &host, &slot_config, &mount_config,
&card);
    if (err != ESP_OK)
    {
        return err;
    }
```

esp_vfs_fat_sdmmc_mount 函式負責完成此事。我們會需要一個 SD/MMC 主機、插槽配置和安裝配置才能裝上 SD 卡。

最後，為動作中斷配置 GPIO3 腳位：

```
    gpio_config_t io_conf;
    io_conf.mode = GPIO_MODE_INPUT;
    io_conf.pin_bit_mask = (1ULL << PIR_MOTION_PIN);
    io_conf.intr_type = GPIO_INTR_POSEDGE;
    io_conf.pull_up_en = 1;
    err = gpio_config(&io_conf);
    if (err != ESP_OK)
    {
        return err;
    }
    return gpio_isr_handler_add(PIR_MOTION_PIN, pir_handler, NULL);
}
```

初始化完成後，便可以實作 pir_handler 的 ISR：

```
static TickType_t next = 0;
const TickType_t period = 20000 / portTICK_PERIOD_MS;

static void IRAM_ATTR pir_handler(void *arg)
{
```

```
    TickType_t now = xTaskGetTickCountFromISR();

    if (now > next)
    {
        xTaskCreate(take_pic, "pic", configMINIMAL_STACK_SIZE * 5, NULL, 5, NULL);
    }
    next = now + period;
}
```

若 20 秒後偵測到新動作，**pir_handler** 便會建立一個 FreeRTOS 任務以呼叫 **take_pic**。這 20 秒內的所有動作都不會再觸發任何拍照動作，且繼續將時間推遲。

接著來實作拍照的函式：

```
static void take_pic(void *arg)
{
    printf("Say cheese!\n");

    camera_fb_t *pic = esp_camera_fb_get();

    char pic_name[50];
    sprintf(pic_name, "/sdcard/pic_%li.jpg", pic->timestamp.tv_sec);
    FILE *file = fopen(pic_name, "w");
    if (file == NULL)
    {
        printf("err: fopen failed\n");
    }
    else
    {
        fwrite(pic->buf, 1, pic->len, file);
        fclose(file);
    }

    vTaskDelete(NULL);
}
```

偵測到動作之後，**take_pic** 會觸發相機作動。在函式中呼叫 **esp_camera_fb_get** 以取得圖片格式的緩衝幀。**camera_fb_t** 結構包含了影像資料、像素格式以及時間戳記等資料。

所有函式都完成了，只剩 app_main：

```
void app_main()
{
    esp_err_t err;
    err = init_hw();
    if (err != ESP_OK)
    {
        printf("err: %s\n", esp_err_to_name(err));
        return;
    }
}
```

app_main 只需要初始化硬體就好。如前所述，剩下的部分 PIR ISR 處理器都會處理。

跟上一段一樣，將應用程式燒錄進 ESP32-CAM 後就可以測試了。燒錄完成後，便可以回頭看看這個裝置，看它是否真的會在偵測到動作時拍照。

Tips

如果上下鍵無法使用，你還可以用鍵盤上的 *K* 和 *J* 或 + 和 – 號來滾動 menuconfig。如果你不想要在每一次的寫程式 —— 燒錄 —— 測試的循環中重複拔掉 USB-UART 轉接器、將 PIR 和 UART 腳位對調、設定 GPIO0 為低電位，然後再重新插上轉接器的步驟的話，那麼你可以試試看在麵包板上準備一個簡單的裝置：只需要一個切換式開關，一個三向開關跟一些接線。按一下切換式開關可以讓 GPIO0 腳位在燒錄時保持低電位，再切換一次便釋放 GPIO0 回到正常操作。而三向開關是用來對調 PIR 和 UART 連線接的。

下一個主題將討論 ESP32 的省電模式和 ULP 共同處理器。

4.5 開發低功率應用程式

利用 ESP32 的電源管理技術我們便可以開發低功率的應用程式，技術包含：

- 低功率時脈
- **超低功率（ULP）**共同處理器
- 用於休眠模式的**即時控制（RTC）記憶體**
- 喚醒來源

透過 ESP32 的這些元件，我們便可以開發出高效能的電池供電物聯網裝置。ESP32 共有五種電源模式：

- **操作模式**：ESP32 的所有元件都通電，沒有節省任何電源。截至目前為止的範例都是使用這個模式。
- **數據機休眠模式**：Wi-Fi 和藍牙在此模式會被關閉，不提供無線通訊。**在此類晶片系統（SoC）**中，無線電是數一數二耗電的。因此只要把無線電關掉就可以節省不少電力。
- **輕度休眠模式**：此模式將停止高速時脈和所有相關元件。核心和 RAM 仍通電但無法使用。低功耗的功能和 ULP 處理器可以運作，ESP32 會保留應用程式的狀態以便輕鬆快速地喚醒。電流消耗為 800mA。
- **深度休眠模式**：此模式會讓整顆 ESP32 以低功率運轉。核心和 RAM 都被關閉，因此必須使用 RTC 記憶體來保留資料。電流消耗約為 6.5mA。
- **冬眠模式**：ULP 處理器也處於斷電狀態，ESP32 在此模式下沒有任何計算能力。只有 RTC 子系統還在運作以便在發生外部事件時可以喚醒系統。

接著來看兩個範例，分別讓 ESP32 進入輕度休眠和深度休眠模式。

◉ 從輕度休眠模式中喚醒

本範例將讓 ESP32 進入輕度休眠模式。至於喚醒來源，我們會用一個計時器做為週期性喚醒，以及觸碰感測器做為事件喚醒。除了用於觸碰感測器的接線外，不會用到其他硬體元件。直接進入 main.c 的程式碼：

```
#include "esp_sleep.h"
#include "driver/touch_pad.h"
#include "esp_timer.h"
#include <string.h>
#include <stdio.h>

#define SEC_MULTIPLIER 1000000l
```

在此匯入 esp_sleep.h 以存取 ESP32 的休眠功能，並在 driver/touch_pad.h 中宣告觸控板功能。

以下為硬體初始化函式：

```
static void init_hw(void)
{
    touch_pad_init();
    touch_pad_set_fsm_mode(TOUCH_FSM_MODE_TIMER);
    touch_pad_set_voltage(TOUCH_HVOLT_2V7, TOUCH_LVOLT_0V5, TOUCH_HVOLT_ATTEN_1V);

    touch_pad_config(TOUCH_PAD_NUM8, 0);
    touch_pad_filter_start(10);

    uint16_t val;
    touch_pad_read_filtered(TOUCH_PAD_NUM8, &val);
    touch_pad_set_thresh(TOUCH_PAD_NUM8, val * 0.2);
}
```

init_hw 僅用於初始化觸控板，我們要用 TOUCH_PAD_NUM8 通道做為喚醒來源。

接著實作 app_main 函式：

```
void app_main(void)
{
    init_hw();
    int cnt = 0;

    while (1)
    {
        esp_sleep_enable_timer_wakeup(5 * SEC_MULTIPLIER);
        esp_sleep_enable_touchpad_wakeup();

        esp_light_sleep_start();
```

在 app_main 的 while 迴圈中，首先啟用計時器和觸控板作為喚醒來源，接著呼叫 esp_light_sleep_start 讓 ESP32 進入輕度休眠。當 ESP32 被喚醒時，會從下一列程式碼開始執行應用程式，也就是顯示 cnt 值的 printf 語法：

```
        printf("cnt: %d\n", ++cnt);
        printf("active at (timer value): %lli\n", esp_timer_get_time() /
SEC_MULTIPLIER);
        printf("wakeup source: ");
```

可以看到，在每一次呼叫 printf 時，cnt 值都會被保留並遞增。

藉由 esp_sleep_get_wakeup_cause 可得知喚醒 ESP32 的來源：

```
        switch (esp_sleep_get_wakeup_cause())
        {
        case ESP_SLEEP_WAKEUP_TIMER:
            printf("timer\n");
            break;
        case ESP_SLEEP_WAKEUP_TOUCHPAD:
        {
            touch_pad_t tp;
            touch_pad_get_wakeup_status(&tp);
            printf("touchpad (%d)\n", tp);
            break;
        }
```

```
        default:
            printf("err: no other configured\n");
            break;
        }
    }
}
```

指定！將應用程式燒錄至開發板後就可以來看看輕度休眠模式是如何運作的。輕觸觸控板的腳位便可以喚醒應用程式。

接著是用到 ULP 共同處理器的深度休眠範例。

◉ 於深度休眠下使用 ULP 協同處理器

我們可以使用深度休眠以節省更多電力。在這個模式下，核心和 RAM 也會關閉。我們可以將 ESP32 設定成在外部事件發生時被喚醒，或是用低功率計時器定期喚醒。但是，如果喚醒 ESP32 的條件是當溫度或光照超過設定值呢？在這種情況下，ULP 共同處理器便派上用場了。本範例將透過 ULP 協同處理器使用光敏電阻來估算環境光的亮度，在 ESP32 處於深度休眠狀態時執行一些組合語言指令。如果光照亮度超過預設值，ULP 協同處理器便會喚醒 ESP32。這個應用程式唯一會用到的硬體元件便是光敏電阻模組：

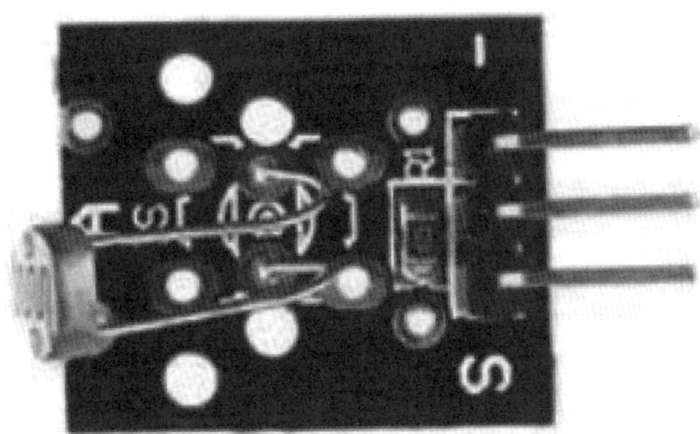

▲ 圖 4.14 光敏電阻模組

以下為 ESP32 開發板的 Fritzing 接線示意圖：

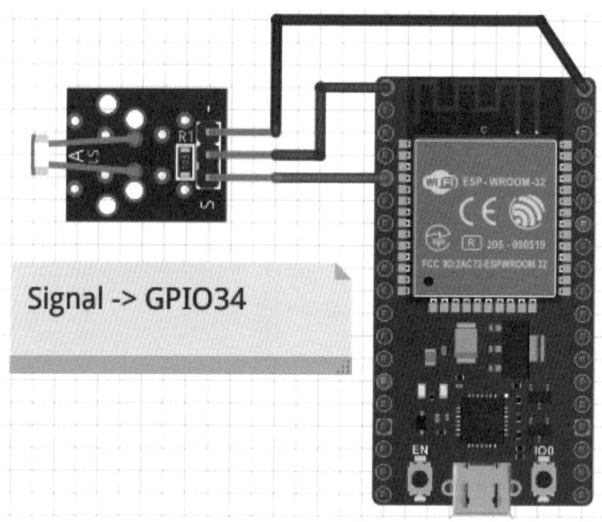

▲ 圖 4.15 本範例的 Fritzing 示意圖

在編寫程式前，還有一些準備工作，步驟如下：

1. 請用以下 platformio.ini 配置檔新增專題：

```
[env:az-delivery-devkit-v4]
platform = espressif32
board = az-delivery-devkit-v4
framework = espidf

monitor_speed = 115200
```

2. 接著在 sdkconfig.defaults 檔中提供預設的組態設定值：

```
CONFIG_ESP32_ULP_COPROC_ENABLED=y
CONFIG_ESP32_ULP_COPROC_RESERVE_MEM=1024

CONFIG_BOOTLOADER_LOG_LEVEL_WARN=y
CONFIG_BOOTLOADER_LOG_LEVEL=2
CONFIG_LOG_DEFAULT_LEVEL_WARN=y
CONFIG_LOG_DEFAULT_LEVEL=2
CONFIG_BOOTLOADER_SKIP_VALIDATE_IN_DEEP_SLEEP=y
```

ULP 共同處理器預設為關閉，因此需要另外去啟動它，用的便是 CONFIG_ESP32_ULP_COPROC_ENABLED 組態選項。藉由設定 CONFIG_ESP32_ULP_COPROC_RESERVE_MEM 來為 ULP 共同處理器保存一些記憶體。ESP32 上電時，ESP-IDF 中的函式庫會顯示出大量的除錯資訊。於 sdkconfig 中設定日誌級別便可清掉這些除錯資訊，還給序列埠監控視窗一個乾淨的畫面。CONFIG_BOOTLOADER_SKIP_VALIDATE_IN_DEEP_SLEEP 從深度睡眠喚醒後會停用啟動加載器的應用程式圖像驗證以獲得一些性能。

Tips

如果你的專題首頁沒有 sdkconfig 的話，PlatformIO 會透過 sdkconfig.defaults 的設定來建立一個。你也可以透過刪除現有的 sdkconfig、清理並重新編譯專題來強制 PlatformIO 建立一個新的 sdkconfig。

3. 將名為 adc.S 的 ULP 共同處理器程式碼加入 ulp 資料夾中。在此程式碼中 藉由讀取 ADC 通道來執行超取樣。接著將計算出的環境光照度與上限值做比較，如果超過上限的話便喚醒 ESP32。組合語言因已超出本書的範圍，故不深入討論程式碼。不過，這份文件 [2] 中有許多關於 ULP 的資訊。你可以從本書的 GitHub 下載程式碼並匯入專題中。

4. 最後，更新 src/CMakeLists.txt 把 ULP 應用程式告知 ESP-IDF：

```
idf_component_register(SRCS "app_main.c"
                    INCLUDE_DIRS ""
                    REQUIRES soc nvs_flash ulp driver)

set(ulp_app_name ulp_main)
set(ulp_s_sources "../ulp/adc.S")
set(ulp_exp_dep_srcs "app_main.c")
ulp_embed_binary(${ulp_app_name} ${ulp_s_sources} ${ulp_exp_dep_srcs})
```

2 https://docs.espressif.com/projects/esp-idf/en/latest/esp32/api-guides/ulp.html

ulp_embed_binary 指令藉由指定路徑和參考以連結主要應用程式和組合語言指令。

完成這些步驟之後，你會看到一個類似下圖的專題資料夾結構：

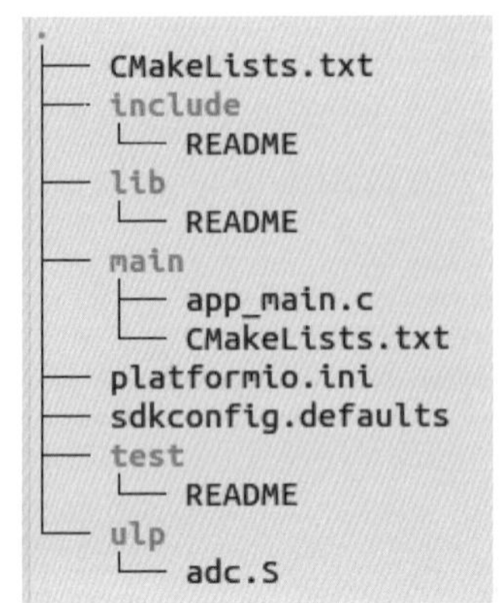

▲ 圖 4.16 編譯前專題檔案與資料夾

在此要編譯專題讓 PlatformIO 生成專題所需的所有檔案和配置。有一個特殊的標頭檔要匯入 app_main.c，我們之後會看到，此標頭檔也是編譯時會生成。接著繼續來看專題的主程式：

```
#include <stdio.h>
#include <string.h>
#include "esp_sleep.h"
#include "driver/gpio.h"
#include "driver/rtc_io.h"
#include "driver/adc.h"

#include "esp32/ulp.h"
#include "ulp_main.h"

extern const uint8_t ulp_main_bin_start[] asm("_binary_ulp_main_bin_start");
extern const uint8_t ulp_main_bin_end[]   asm("_binary_ulp_main_bin_end");

static RTC_DATA_ATTR int cnt1 = 0;
static int cnt2 = 0;
```

esp32/ulp.h 為用於 ULP 函式的標頭檔。ulp_main.h 在編譯專題的時候由 ESP-IDF 生成，它包含了於 ULP 組合語言指令中定義的全域變數。匯入這個標頭檔後，主程式便可以存取它們。ulp_main_bin_start 和 ulp_main_bin_end 標示了組合語言指令的開始與結束位址。我們要用這些變數將組合應用程式加載至 RTC 記憶體中。接下來兩個變數，cnt1 和 cnt2 是看 RTC_DATA_ATTR 的效果。當 ESP32 進入深度休眠，RAM 中的變數便無法保留其數值。RTC_DATA_ATTR 屬性會命令編譯器於 RTC 記憶體中保留目標變數，以免變數在深度休眠後失去數值。

於 init_hw 初始化 ADC 周邊和 ULP 協同處理器：

```
static void init_hw()
{
    ulp_load_binary(0, ulp_main_bin_start,
                (ulp_main_bin_end - ulp_main_bin_start) / sizeof(uint32_t));

    adc1_config_channel_atten(ADC1_CHANNEL_6, ADC_ATTEN_DB_11);
    adc1_config_width(ADC_WIDTH_BIT_12);
    adc1_ulp_enable();
```

首先藉由 ulp_load_binary 將 ULP 應用程式上傳至 RTC 記憶體。接著於通道 6（GPIO34）配置 ADC1 周邊，並啟用它以供 ULP 共同處理器存取。繼續 ULP 的初始化：

```
    ulp_high_thr = 2000;

    ulp_set_wakeup_period(0, 20000);

    rtc_gpio_isolate(GPIO_NUM_12);
    rtc_gpio_isolate(GPIO_NUM_15);
    esp_deep_sleep_disable_rom_logging();
}
```

ulp_high_thr 為在組合語言指令中定義的全域變數。任何具有 ulp_ 開頭的變數都是在組合語言指令中定義的。匯入 ulp_main.h 便可以存取這些變數。將 ulp_high_thr 初始化為 2000，當 ULP 應用程式從光敏電阻模組讀到超過 2000 的數值時便會喚醒 ESP32。ulp_set_wakeup_period 為設定 ULP 計時器逾時值的函式。這個計時器將協助 ULP 共同處理器每 20 毫秒執行一次程式碼以進行測量。初始化剩下的部分為停用任何不必要的功能和元件。

繼續來看 app_main：

```
void app_main()
{
    if (esp_sleep_get_wakeup_cause() != ESP_SLEEP_WAKEUP_ULP)
    {
        printf("Powered\n");
        init_hw();
    }
    else
    {
        printf("Wakeup (%d - %d)\n", ++cnt1, ++cnt2);
    }
```

在 app_main 中，首先檢查喚醒原因是否為 ULP。如果不是，這表示 ESP32 有過上電重新開機，我們要呼叫 init_hw 來初始化 ULP 和 ADC。如果 ESP32 是被 ULP 喚醒的，則要在序列埠監控視窗顯示 cnt1 和 cnt2 數值。請執行 ULP 應用程式：

```
    ulp_run(&ulp_entry - RTC_SLOW_MEM);
    esp_sleep_enable_ulp_wakeup();
    esp_deep_sleep_start();
}
```

ULP 應用程式從組合語言指令的 entry 符號開始。它是全域符號，且可透過 ulp_entry 變數進行存取。開啟 ULP 喚醒功能後進入深度休眠，接下來便完全由 ULP 接手。

在執行應用程式時可以看到 cnt1 順利保存了數值，因為我們已經在 RTC 記憶體中定義好，且 RTC 在深度休眠期間仍保持供電。

ESP32 供電模式的選擇為權衡了產品的電力需求與反應能力後的結果。當開發的是電池供電的感測器等裝置時，我們便可以讓 ESP32 進入深度休眠或冬眠模式以節省電力。但要是專題需要持續監控馬達系統以偵測位置或任何故障的話，那麼便需要讓 ESP32 保持操作模式，如果不需要用到無線通訊的話也可以設定為數據機休眠模式，並根據電源模式為 ESP32 供電。

這是本章最後一個主題了，下一章要開發一個完整的專題來應用目前為止所學到的知識。

4.6 總結

本章學會了許多 ESP32 的進階功能來開發專業又實用的物聯網裝置。UART 是一款傑出的通訊協定，可以在不使用通用時脈的情況下為不同的 MCU 提供穩定的通訊，只要它們都配置了相同的 UART 參數就行。我們也學會了如何開發多媒體應用程式。ESP32 支援 I^2S 協定，讓我們得以開發音訊應用程式。另外也介紹了常見的影像感測器技術，並使用 ESP32-CAM 套件開發了一個相機陷阱裝置。

最後一段的主題為 ESP32 一個很棒的功能：電源管理子系統。如果你想要設計一個由電池供電的物聯網裝置，絕對會需要認識 ESP32 的電源模式。ESP32 整合了一個 ULP 協同處理器，讓它即使在深度休眠模式中仍可以進行環境測量。

下一章要開發一個完整的專題。這項專題的成果將是一個可用於任何室內空間的多感測器裝置。我們將列出所有必需的功能，然後根據這些功能來選擇適合的硬體元件。討論完韌體結構後，會開發程式碼來操作具備了所需功能的多感測器裝置。

4.7 問題

請回答以下問題來複習本章學習內容：

1. UART 連線的定義為 *9600, 8N1*，以下何者的資訊無法從中得知？

a) 鮑率

b) 同位位元

c) 起始位元

d) 停止位元

2. 當比較 UART 與其他序列通訊協定如 I^2C 和 SPI 時，以下何者不正確？

a) UART 為非同步協定，其他不是。

b) UART 不需要通用時脈。

c) UART 為同級通訊，而其他協定可在同一條匯流排上支援多個裝置。

d) UART 使用兩條通訊線於接收與發送，而其他協定僅使用單一資料線。

3. 關於 I^2C 和 I^2S 之間的差異以下何者不正確？

a) I^2S 專門用於聲音資料，I^2C 則為通用協定

b) 兩者皆使用相同數量的腳位接線

c) I^2S 透過聲道選擇訊號

d) 兩者皆有主鐘

4. ESP32 的 RAM 在哪些模式下不會丟失既有資料（也就是完整保留於 RAM）？

a) 數據機與輕度休眠

b) 輕度與深度休眠

c) 深度休眠與冬眠

d) 冬眠與數據機休眠

5. 在一項電池供電的 ESP32 專題中，你需要知道環境光的亮度，但只有在特定情況下才需要採取行動。以下何者為最佳解決方案？

a) 輕度休眠：不時測量亮度狀況

b) 輕度休眠：使用中斷

c) 深度休眠：定期喚醒系統

d) 深度休眠：使用 ULP 共同處理器

CHAPTER

專題｜室內多感測器

練習是獲得新技能的關鍵，對開發者來說更是如此。前四章談論到了許多主題，從使用 ESP32 於**通用輸入 / 輸出（general-purpose input/output, GPIO）**腳位開始，接著是與感測器溝通，驅動不同類型的顯示器到 ESP32 的進階功能像是**超低功耗（ULP）**以及電源管理以開發優秀的**物聯網**產品。雖然市面上有數不盡的感測器和致動器，但可以配合使用的通訊技術卻有限。只要我們對這些通訊方法有一定程度的了解和熟悉，要運用在物聯網專題上便游刃有餘了。本章是一個練習的好機會，透過將多個感測器結合成單一裝置－多感測器，來測試目前為止所學到的知識。

本章內容如下：

- 多感測器功能列表
- 方案架構
- 實作

5.1 技術要求

本章範例請由本書 GitHub 取得：

`https://github.com/PacktPublishing/Internet-of-Things-with-ESP32/tree/main/ch5`

我們將使用與前幾章相同的裝置驅動程式，請由此取得：

`https://github.com/PacktPublishing/Internet-of-Things-with-ESP32/tree/main/common`

專題所需硬體元件如下：

- ESP32 **開發套件（devkit）**，一組
- BME280 感測器模組，一個
- TSL2561 感測器模組，一個
- **被動紅外線（PIR）**動作偵測器，一個
- 旋轉編碼器，一個
- 主動蜂鳴器，一個
- **有機發光二極體（OLED）**顯示器，一面

範例實際執行影片請參考：`https://bit.ly/3wmQjPj`

5.2 多感測器功能列表

大多數的物聯網專題都源自於商業需求。專題的產品經理會試著透過分析市場、競爭對手和業務需求，列舉出各種功能來實現業務目標。假設我們的產品經理為這個多感測器裝置提出了以下功能需求：

- 該裝置可測量溫度、濕度、壓力及環境光的亮度。
- 該裝置有一面顯示器可以顯示感測器的讀數，但一次只需顯示一種。
- 使用者可以透過旋轉編碼器切換感測器。
- 該裝置會針對高溫或低溫發出警報聲。
- 當周遭無人時，裝置會自動休眠以降低使用電力，並在偵測到動靜時被喚醒。

知道功能後，便可以為此專題提出解決方案了。

5.3 方案架構

根據功能列表我們會需要以下子系統：

- **感測器子系統**：包含感測器並提供讀數。這個子系統中會用到 BME280 和 TSL2561 硬體模組並於軟體模組中讀取讀數。
- **使用者互動子系統**：包含一顆旋轉編碼器以取得來自使用者的輸入，並藉由 OLED 顯示器來輸出讀數。此子系統也會驅動蜂鳴器作為警報。
- **電源管理子系統**：將使用 PIR 模組於此子系統中以偵測周邊動靜。如果在一段時間內未偵測到動作，便會讓裝置進入輕度休眠模式。旋轉編碼器同樣將提供來自使用者的輸入，因為如果有人在使用旋轉編碼器，那麼裝置應處於操作模式。

下圖為整體解決方案的執行概況：

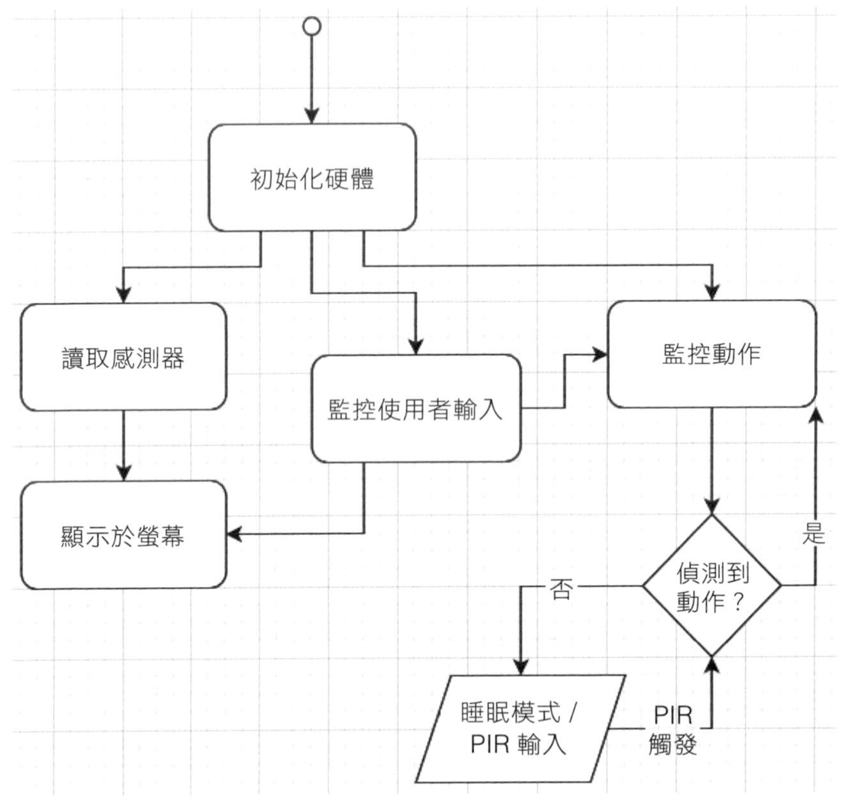

▲ 圖 5.1 方案流程圖

初始化硬體後，所有子系統將開始監控對應的感測器。感測器子系統會讀取 BME280 和 TSL2561 模組的讀數；使用者互動子系統會監控來自旋轉編碼器的用戶輸入；而電源管理子系統將透過 PIR 偵測器監控周邊的動靜以及來自使用者互動子系統的輸入資料。PIR 偵測器還會提供退出休眠模式的觸發器。

接下來是解決方案的實作。

5.4 實作

先來看硬體。以下 *Fritzing* 示意圖為 ESP32 與其他硬體元件之間的接線：

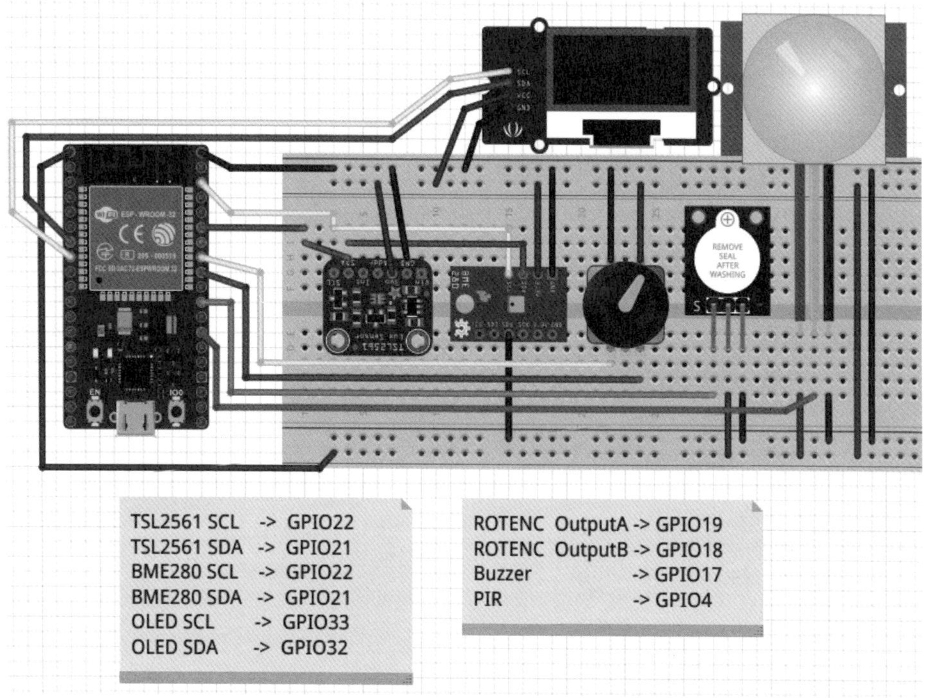

▲ 圖 5.2 本專題的 Fritzing 示意圖

在此有趣的是**內部整合電路（I^2C）**之接線。I^2C 為匯流排，所以我們可以將多個裝置接在同一個匯流排上，只要它們各自使用不同的匯流排位址即可。因此我把 BME280 和 TSL2561 接在相同的 ESP32 腳位上，也就是 `GPIO21` 和 `GPIO22`。OLED 螢幕同樣是 I^2C 裝置，但因為它的驅動器使用的是 ESP32 第二個 I^2C 通道，所以為了避免配置衝突，我們要把 OLED 螢幕接到不同的 GPIO 腳位。

進入程式碼前另外需要更新配置檔案。先從 `platformio.ini` 開始：

```
[env:az-delivery-devkit-v4]
platform = espressif32
board = az-delivery-devkit-v4
framework = espidf

monitor_speed = 115200
lib_extra_dirs =
    ../../common/esp-idf-lib/components
    ../../common/components
```

PlatformIO 在建立專題的時候便會生成 platformio.ini 的第一部分。我們要為 monitor_speed 和 lib_extra_dirs 添加第二部分以指定專題中的外部函式庫路徑。

接著在專題的根目錄中建立 Kconfig.projbuild，好讓額外的 sdkconfig 參數可以合併到最終的 sdkconfig.h 檔案中。以下為 Kconfig.projbuild 之內容：

```
menu "Misc"

config I2CDEV_TIMEOUT
  int "I2C timeout"
  default "100000"
  help
      I2C device timeout

config I2C_FREQ_HZ
  int "I2C bus frequency"
  default "400000"
  help
      I2C bus frequency, default 400kHz

endmenu
```

此配置共有兩個 I²C 函式庫進入點：I2CDEV_TIMEOUT 和 I2C_FREQ_HZ，皆位於 Misc 目錄之下。編譯項目時產生出來的 sdkconfig.h 檔就會有這兩個新定義。BME280 和 TSL2561 的驅動程式會用到它們。執行 menuconfig 也可以看到這個目錄：

```
$ source $HOME/.platformio/penv/bin/activate
(penv)$ pio run -t menuconfig
```

這兩個定義在 Misc 分類之下，如下圖所示：

```
(Top) → Misc

(100000) I2C timeout
(400000) I2C bus frequency
```

▲ 圖 5.3 menuconfig 中的 Misc 目錄

準備好配置後就可以來看程式碼了。首先，將旋轉編碼器的驅動程式複製到專題的 lib 資料夾，你可以從本書的 GitHub 取得。或者也可以把驅動函式儲存在 ../../common/components 資料夾中，以免每次需要的時候都要再複製一次，不過我為了讓它與專題相容，確實有做了些微的調整。

應用程式會為子系統提供不同的原始碼檔案好讓程式模組化。多感測器應用程式中的檔案如下：

```
$ ls -1 *.{c*,h}
common.h
main.cpp
pmsub.cpp
pmsub.h
sesub.cpp
sesub.h
uisub.cpp
uisub.h
```

common.h 定義了模組間的共用架構。main.cpp 為 app_main 所在的主程式，且所有模組都被整合起來成為多感測器應用程式。其他檔案包含了子系統的實作。pmsub.h 和 pmsub.cpp 為電源管理子系統，sesub.h 和 sesub.cpp 為感測器子系統，而 uisub.h 和 uisub.cpp 則是使用者互動子系統。從感測器子系統開始。

◉ 感測器子系統

感測器子系統在專案中負責提供環境測量值。將 BME280 和 TSL2561 初始化後便會開始定期取得讀數。其介面實作於 sesub.h 中：

```
#ifndef sesub_h_
#define sesub_h_

#include "common.h"

typedef void (*sensor_reading_f)(sensor_reading_t);
typedef void (*temp_alarm_f)(void);

typedef struct
{
    int sensor_sda;
    int sensor_scl;

    float temp_high;
    float temp_low;

    sensor_reading_f new_sensor_reading;
    temp_alarm_f temp_alarm;
} sesub_config_t;

extern "C"
{
    void sesub_init(sesub_config_t);
    void sesub_start(void);
}

#endif
```

感測器子系統在介面中包含了兩個函式，第一個是 sesub_init，用以初始化子系統。它需要 sesub_config_t 參數，我們可以在其中提供 I²C 腳位、警報的高溫和低溫值、以及兩個用以取得新讀數和警報情況的回呼函式。第二個函式用以啟動環境讀數。sesub.cpp 原始碼檔案包含了以下程式碼：

```
#include <freertos/FreeRTOS.h>
#include <freertos/task.h>
#include <freertos/semphr.h>
```

```
#include <tsl2561.h>
#include <bmp280.h>
#include <esp_err.h>
#include <string.h>

#include "sesub.h"

static tsl2561_t light_sensor;
static bmp280_t temp_sensor;
static sesub_config_t config;

static void read_ambient(void *arg);
```

先從匯入必要的標頭檔與全域變數定義開始。接著實作 sesub_init，會由客戶端程式所呼叫，用於初始化感測器子系統。從以下程式碼片段可看到：

```
void sesub_init(sesub_config_t c)
{
    config = c;

    i2cdev_init();

    memset(&light_sensor, 0, sizeof(tsl2561_t));
    light_sensor.i2c_dev.timeout_ticks = 0xffff / portTICK_PERIOD_MS;

    tsl2561_init_desc(&light_sensor, TSL2561_I2C_ADDR_FLOAT, 0, (gpio_num_t)
c.sensor_sda, (gpio_num_t)c.sensor_scl);
    tsl2561_init(&light_sensor);

    memset(&temp_sensor, 0, sizeof(bmp280_t));
    temp_sensor.i2c_dev.timeout_ticks = 0xffff / portTICK_PERIOD_MS;

    bmp280_params_t params;
    bmp280_init_default_params(&params);

    bmp280_init_desc(&temp_sensor, BMP280_I2C_ADDRESS_0, 0, (gpio_num_t)c.sensor_
sda, (gpio_num_t)c.sensor_scl);
    bmp280_init(&temp_sensor, &params);
}
```

light_sensor 和 temp_sensor 共用相同的 I²C 腳位，如配置參數所提供的，因此要將相同的腳位編號作為參數傳給相應的初始化函式。

sesub_start 是感測器子系統的另一個介面函式，如以下程式碼所示：

```
void sesub_start(void) {
    xTaskCreate(read_ambient, "read", 5 * configMINIMAL_STACK_SIZE, NULL, 5, NULL);
}
```

sesub_start 單純建立了一個 FreeRTOS 任務以取得感測器的讀數，而 read_ambient 便是為此目的在任務中呼叫的函式：

```
static void read_ambient(void *arg)
{
    float pressure, temperature, humidity;
    uint32_t lux;

    while (1)
    {
        vTaskDelay(10000 / portTICK_PERIOD_MS);
        ESP_ERROR_CHECK(bmp280_read_float(&temp_sensor, &temperature, &pressure,
&humidity));
        ESP_ERROR_CHECK(tsl2561_read_lux(&light_sensor, &lux));
        if (temperature > config.temp_high || temperature < config.temp_low)
        {
            if (config.temp_alarm)
            {
                config.temp_alarm();
            }
        }
        if (config.new_sensor_reading)
        {
            sensor_reading_t reading = {(int)temperature, (int)humidity, (int)
(pressure / 1000), (int)lux};
            config.new_sensor_reading(reading);
        }
    }
}
```

read_ambient 會讀取 BME280 和 TSL2561 並檢查溫度是否在範圍之內。如果是的話便會呼叫如配置所提供的 alarm 回呼函式。接著藉由 new_sensor_reading 回呼函式分享環境測量值。

◉ 使用者互動子系統

此子系統為使用者提供**輸入與輸出（I/O）**。旋轉編碼器、OLED 螢幕和蜂鳴器都在這個子系統中。以下標頭檔 uisub.h 列舉了各項功能：

```
#ifndef uisub_h_
#define uisub_h_

#include "common.h"

typedef void (*rotenc_changed_f)(void);

typedef struct
{
    int buzzer_pin;

    int rotenc_clk_pin;
    int rotenc_dt_pin;
    rotenc_changed_f rotenc_changed;

    int oled_sda;
    int oled_scl;
} uisub_config_t;

extern "C"
{
    void uisub_init(uisub_config_t);
    void uisub_sleep(void);
    void uisub_resume(void);
    void uisub_beep(int);
    void uisub_show(sensor_reading_t);
}

#endif
```

uisub_init 為使用指定組態初始化子系統的函式。組態結構包含所有用於蜂鳴器、旋轉編碼器和 OLED 螢幕的 GPIO 腳位訊息。它還包含了一個回呼函式用以通知其他元件旋轉編碼改變了位置。呼叫 uisub_show 即可顯示最新的感測器讀數。此函式接收感測器讀數作為參數並根據旋轉編碼器的位置來顯示。子系統會向系統提供包含了嗶聲計次參數的 uisub_beep 函式以產生嗶聲。uisub_sleep 和 uisub_resume 分別為休眠前和喚醒後會呼叫的函式。前者會關掉 OLED 螢幕以節省電力，後者會在多感測器被喚醒時恢復最新畫面。可惜原始碼有點長，在此就不全部放上來了，它們全都在本書 GitHub 的 uisub.cpp 中。

◉ 電源管理子系統

當周圍沒有動靜的時候，多感測器便會進入輕度休眠。為此我們在子系統中加入了 PIR 偵測器。當偵測到動作時，子系統便會讓裝置保持運作，如果一段時間內都沒有偵測到任何東西，便會讓裝置進入輕度休眠。pmsub.h 標頭檔之內容如下：

```
#ifndef pmsub_h_
#define pmsub_h_

typedef void (*before_sleep_f)(void);
typedef void (*after_wakeup_f)(void);


typedef struct
{
    int pir_pin;

    before_sleep_f before_sleep;
    after_wakeup_f after_wakeup;
} pmsub_config_t;

extern "C"
{
    void pmsub_init(pmsub_config_t);
    void pmsub_update(bool from_isr);
```

```
    void pmsub_start(void);
}

#endif
```

電源管理子系統提供的功能比較簡單。pmsub_init 會初始化子系統的硬體並將喚醒觸發器設定為來自 PIR 偵測器的訊號。pmsub_start 會檢查自上次動作後的閒置時間是否已經超過時限。如果超過，便會自動進入輕度休眠。此函式還會執行 before_sleep 和 after_wakeup 回呼函式，用以通知系統的其他部分。這個子系統最後一個函式為 pmsub_update，用來推遲下一次休眠。解決方案的其他元件可以透過這個函式來支援含有動作訊息的電源管理子系統，像是旋轉編碼器的位置變化等。你同樣可以在本書的 GitHub 中找到完整的實作。

◉ 主要應用程式

所有子系統都會在 main.cpp 檔中整合起來成為主程式，一起來看看：

```
#include "uisub.h"
#include "pmsub.h"
#include "sesub.h"

#define SENSOR_BUS_SDA 21
#define SENSOR_BUS_SCL 22
#define OLED_SDA 32
#define OLED_SCL 33
#define BUZZER_PIN 17
#define PIR_MOTION_PIN 4
#define ROTENC_CLK_PIN 19
#define ROTENC_DT_PIN 18
```

一樣是從匯入標頭檔和定義腳位巨集開始。不同的是，這次我們得以隱藏子系統實作中所有低階的實作細節。因此，只需要匯入它們的標頭檔就可以了。接著要為子系統實作回呼函式：

```
static void update_power_man(void)
{
    pmsub_update(false);
}

static void alarm(void)
{
    uisub_beep(3);
}
```

當旋轉編碼器轉動到新位置的時候，使用者互動子系統便會執行 update_power_man 函式。在此呼叫 pmsub_update 以通知電源管理子系統做更新。alarm 是另一個連結函式，用於在警報發生時呼叫感測器子系統，它也會呼叫 uisub_beep 來發出警報聲。

接著繼續實作初始化函式：

```
static void init_subsystems(void)
{
    uisub_config_t ui_cfg = {
        .buzzer_pin = BUZZER_PIN,
        .rotenc_clk_pin = ROTENC_CLK_PIN,
        .rotenc_dt_pin = ROTENC_DT_PIN,
        .rotenc_changed = update_power_man,
        .oled_sda = OLED_SDA,
        .oled_scl = OLED_SCL,
    };
    uisub_init(ui_cfg);
```

init_subsystems 最值得注意，它會初始化並整合所有元件。我們首先用配置呼叫 uisub_init 來初始化使用者互動子系統。配置變數指定了子系統裝置的腳位，rotenc_changed 回呼函式設定為 update_power_man。接著初始化其他子系統，如以下程式碼片段所示：

```
    sesub_config_t se_cfg = {
        .sensor_sda = SENSOR_BUS_SDA,
        .sensor_scl = SENSOR_BUS_SCL,
        .temp_high = 30,
        .temp_low = 10,
```

```
        .new_sensor_reading = uisub_show,
        .temp_alarm = alarm,
    };
    sesub_init(se_cfg);

    pmsub_config_t pm_cfg = {
        .pir_pin = PIR_MOTION_PIN,
        .before_sleep = uisub_sleep,
        .after_wakeup = uisub_resume,
    };
    pmsub_init(pm_cfg);
}
```

同樣地，呼叫 sesub_init 和 pmsub_init 來分別初始化其他兩個子系統——感測器和電源管理子系統。它們皆是透過回呼函式整合而成的。

初始化結束。接下來實作應用程式的進入點 app_main：

```
extern "C" void app_main(void)
{
    init_subsystems();

    uisub_beep(2);

    sesub_start();
    pmsub_start();
}
```

在 app_main 函式中只需要呼叫 init_subsystems 並啟動感測器和電源管理子系統即可。由於事先為子系統做了摘要，因此我們的應用程式相當簡潔有力。

範例到此告一段落，編譯韌體並將其燒錄進 ESP32 後就可以來看看它是如何運作的。

我們還可以添加很多不同功能讓這個專題更完整。例如，你可以試著整合**薄膜電晶體（TFT）**螢幕而非 OLED，為使用者提供有趣的圖示效果；又或者你可以用不同的警報音，像是兩個短聲後停滯一會兒。除了蜂鳴器之外，也可以為專題加一顆 LED 作為視覺化的警報指示。學習的關鍵在於不斷地練習，而這個專題提供了非常多練習的空間，好好享受吧！

5.4 總結

這類專題最重要的就是實作經驗，而本章提供了一個很好的機會。我們先從整理功能清單開始，接著設計了一個解決方案來實現這些功能。元件間的介面乾淨清楚是所有軟體設計的關鍵。我們清楚定義了各個子系統，也因此實作應用程式變得非常簡單。

本書的第一篇到此結束。下一章我們要來討論 ESP32 的無線網路功能。

PART

2

區域網路通訊

物聯網解決方案通常會需要多個物聯網裝置在同一個區域網路中互相配合並共享資料才能完成任務。為此，ESP32 內建了兩種通訊技術：Wi-Fi 及藍牙。

本篇包含以下章節：

- 第 6 章 永遠的好朋友｜ Wi-Fi
- 第 7 章 安全第一！
- 第 8 章 藍牙我也通
- 第 9 章 讓家變得更聰明

CHAPTER

6

永遠的好朋友｜Wi-Fi

Wi-Fi（**IEEE 802.11** 系列標準）是業界最主要的無線網路標準，因此 Espressif 的所有產品都整合了這項科技，ESP32 當然也不例外。本章要把 ESP32 連上區域 Wi-Fi 網路來學習如何在 Wi-Fi 環境中使用。連上區域 Wi-Fi 後，將開啟一個巨大無窮的物聯網世界，讓 ESP32 可以和伺服器和其他連線裝置溝通。ESP-IDF 提供了所有開發**傳輸控制協定 / 網路通訊協定（TCP/IP）**應用程式所需的軟體支援。

本章將介紹幾個基於 TCP/IP 的用戶 / 伺服器實用範例。我們會討論如何在 ESP32 上實作**超文件傳輸協定（HTTP）**伺服器和用戶應用程式以及其他應用層協定之範例，例如**群播網域名稱系統（mDNS）**和**簡易網路時間協定（SNTP）**，都是可能會在實際應用上碰到的東西。如果你對現代網路和 TCP/IP 家族仍不熟悉，可在本章的「延伸閱讀」中獲得更多相關的基礎知識。

本章內容如下：

- 使用站內 Wi-Fi 以及存取點模式
- 使用 lwIP —— 用於嵌入式裝置的 TCP/IP 通訊協定堆疊

6.1 技術要求

本章所需硬體元件為 ESP32 開發套件、OLED 顯示器和 DHT11 感測器各一個。另外需要一支手機或其他任何具有 Wi-Fi 功能的裝置來測試。本章範例請由本書 GitHub 取得：

https://github.com/PacktPublishing/Internet-of-Things-with-ESP32/tree/main/ch6

範例也需要用到一些第三方應用程式和命令列工具。*nix 作業系統電腦請用以下：

- **avahi-browse**：用於 mDNS 服務瀏覽。請由此取得使用手冊：

  https://linux.die.net/man/1/avahi-browse

- **nc**：netcat 公用程式提供了關於 TCP 和 UDP 協定的許多功能。請由此取得使用手冊：

  https://linux.die.net/man/1/nc

Windows 作業系統電腦請用以下：

- **Windows 用 Bonjour 瀏覽器**：此為 Windows 平台用於 mDNS 服務探索的選項之一。請由此下載：

  https://hobbyistsoftware.com/bonjourbrowser

- **Ncat**：Ncat 是 Nmap 專題中的另一個 netcat 實作。請由此下載：

  https://nmap.org/ncat/

範例實際執行影片請參考：https://bit.ly/2TM53Ko

6.2 使用 Wi-Fi

Wi-Fi 中的各節點組成了一個星狀網路，也就是說這個網路中有一個中心點，而其他節點皆透過這個中心點在 Wi-Fi 網路內通訊，如果該中心點連到了路由器或本身就是一個路由器，那麼這些節點便可以透過它與外界通訊。也因此我們可以在 Wi-Fi 網路中看到兩種不同的操作模式：

- 站內（**STA**）模式
- 存取點（**AP**）模式

兩種模式下皆可配置 ESP32。在 STA 模式中，ESP32 可以連上存取點並作為節點加入 Wi-Fi 網路。而在 AP 模式下，其他支援 Wi-Fi 的裝置像是手機，便可以連到身為存取點的 ESP32 所開啟之 Wi-Fi 網路。下圖顯示了兩種不同的 Wi-Fi 網路：

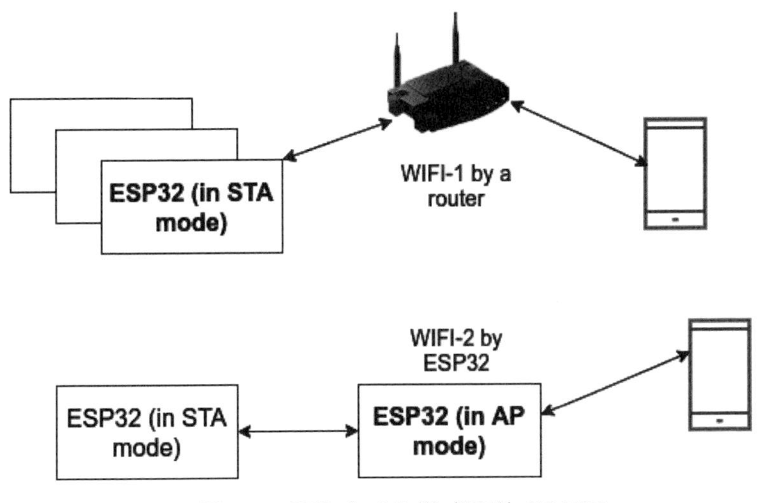

▲ 圖 6.1 STA 和 AP 模式下的 ESP32

先來看 STA 模式的範例。

◉ STA 模式

本範例將 ESP32 配置為 STA 模式後連上區域 Wi-Fi 網路，並向 URL 發出 GET 請求，並在接收到 URL 指向的資源後於序列控制台顯示內容。

一如往常，請先新建一個 PlatformIO 專題並編輯 platformio.ini 檔：

```
[env:az-delivery-devkit-v4]
platform = espressif32
board = az-delivery-devkit-v4
framework = espidf

monitor_speed = 115200
build_flags =
    -DWIFI_SSID=${sysenv.WIFI_SSID}
    -DWIFI_PASS=${sysenv.WIFI_PASS}
```

在此要傳遞兩個環境變數給應用程式，分別是 WIFI_SSID 和 WIFI_PASS。其實也可以在應用程式中指定，但就安全性的角度來看這麼做不是很恰當，因為程式碼是存放在任何人都可以查看的儲存庫中。

配置完成後，繼續來看應用程式：

```
#include "freertos/FreeRTOS.h"
#include "freertos/task.h"
#include "freertos/event_groups.h"
#include "esp_system.h"
#include "esp_wifi.h"
#include "esp_event.h"
#include "esp_log.h"
#include "nvs_flash.h"
#include "lwip/err.h"
#include "lwip/sys.h"
#include "esp_http_client.h"

static EventGroupHandle_t wifi_events;
#define WIFI_CONNECTED_BIT BIT0
#define WIFI_FAIL_BIT BIT1

#define MAX_RETRY 10
```

```
static int retry_cnt = 0;

static const char *TAG = "wifi_app";

static void request_page(void *);
static esp_err_t handle_http_event(esp_http_client_event_t *);
static void handle_wifi_connection(void *, esp_event_base_t, int32_t, void *);
```

首先匯入多個標頭檔以存取其中的函式和定義。接著定義全域變數 **wifi_events** 以在應用程式的不同區域之間傳遞 Wi-Fi 事件的訊息。這裡有一些函式原型，之後會一一討論。

接著來看如何初始化 ESP32 Wi-Fi。**init_wifi** 管理了整個 Wi-Fi 連線過程：

```
static void init_wifi(void)
{
    if (nvs_flash_init() != ESP_OK)
    {
        nvs_flash_erase();
        nvs_flash_init();
    }
```

首先初始化 Wi-Fi 函式庫會用到的 nvs 分割。接著建立一個事件群組並暫存事件處理函式來用於 Wi-Fi 事件，如以下程式碼片段所示：

```
    wifi_events = xEventGroupCreate();
    esp_event_loop_create_default();
    esp_event_handler_register(WIFI_EVENT, ESP_EVENT_ANY_ID, &handle_wifi_
connection, NULL);
    esp_event_handler_register(IP_EVENT, IP_EVENT_STA_GOT_IP, &handle_wifi_
connection, NULL);
```

wifi_events 是在啟動 Wi-Fi 連線過程後通知 **init_wifi** 變更的全域變數。接著，建立一個事件迴圈來監控變化並在預設的事件迴圈中暫存 **handle_wifi_connection** 函式以處理 **WIFI_EVENT** 和 **IP_EVENT**。現在可以來啟動連線過程了：

```
    wifi_config_t wifi_config = {
        .sta = {
            .ssid = WIFI_SSID,
            .password = WIFI_PASS,
            .threshold.authmode = WIFI_AUTH_WPA2_PSK,
            .pmf_cfg = {
                .capable = true,
                .required = false},
        },
    };

    esp_netif_init();
    esp_netif_create_default_wifi_sta();
    wifi_init_config_t cfg = WIFI_INIT_CONFIG_DEFAULT();
    esp_wifi_init(&cfg);
    esp_wifi_set_mode(WIFI_MODE_STA);
    esp_wifi_set_config(ESP_IF_WIFI_STA, &wifi_config);
    esp_wifi_start();
```

定義 wifi_config 變數以保留憑證，這在啟動 Wi-Fi 連線之前會用到。接著透過預設配置將介面和 Wi-Fi 初始化。將 Wi-Fi 模式設定為 WIFI_MODE_STA 並藉由呼叫 esp_wifi_set_config 以指定憑證。最後是呼叫 esp_wifi_start，然後在 xEventGroupWaitBits 上等待成功或失敗事件：

```
    EventBits_t bits = xEventGroupWaitBits(wifi_events, WIFI_CONNECTED_BIT | WIFI_
FAIL_BIT, pdFALSE, pdFALSE, portMAX_DELAY);

    if (bits & WIFI_CONNECTED_BIT)
    {
        xTaskCreate(request_page, "http_req", 5 * configMINIMAL_STACK_SIZE,
NULL, 5, NULL);
    }
    else
    {
        ESP_LOGE(TAG, "failed");
    }
}
```

當設定了 wifi_events 變數中的兩個位元其中一個後，xEventGroupWaitBits 便會回傳並檢查是設定了哪一個。如果是成功位元，便建立 FreeRTOS 任務並向 URL 發送 HTTP GET 請求。

來看看在預設事件迴圈中暫存的 handle_wifi_connection 函式發生了什麼事情：

```
static void handle_wifi_connection(void *arg, esp_event_base_t event_base,
int32_t event_id, void *event_data)
{
    if (event_base == WIFI_EVENT && event_id == WIFI_EVENT_STA_START)
    {
        esp_wifi_connect();
    }
```

handle_wifi_connection 是為 Wi-Fi 和 IP 事件而呼叫的暫存函式。當事件為 WIFI_EVENT_STA_START 時，呼叫 esp_wifi_connect 以連上 Wi-Fi 網路。另一個要處理的事件為 STA-disconnected，以下為處理方式：

```
    else if (event_base == WIFI_EVENT && event_id == WIFI_EVENT_STA_DISCONNECTED)
    {
        if (retry_cnt++ < MAX_RETRY)
        {
            esp_wifi_connect();
            ESP_LOGI(TAG, "wifi connect retry: %d", retry_cnt);
        }
        else
        {
            xEventGroupSetBits(wifi_events, WIFI_FAIL_BIT);
        }
    }
```

如果事件為 WIFI_EVENT_STA_DISCONNECTED，表示之前的連線嘗試失敗了。我們會重新嘗試連線直到次數達到 MAX_RETRY。如果在達到 MAX_RETRY 後連線仍失敗，便會透過設定 wifi_events 的失敗位元以放棄連線。

如果連線成功，一段時間後便會發生 IP_EVENT_STA_GOT_IP 事件，處理方式如下：

```
    else if (event_base == IP_EVENT && event_id == IP_EVENT_STA_GOT_IP)
    {
        ip_event_got_ip_t *event = (ip_event_got_ip_t *)event_data;
        ESP_LOGI(TAG, "ip: %d.%d.%d.%d", IP2STR(&event->ip_info.ip));
```

```
        retry_cnt = 0;
        xEventGroupSetBits(wifi_events, WIFI_CONNECTED_BIT);
    }
}
```

設定全域 wifi_events 變數之成功位元讓 init_wifi 函式知道這項改變，最終它會建立一個 FreeRTOS 任務來向指定 URL 發送 HTTP GET 請求。任務函式為 request_page，定義如下：

```
static void request_page(void *arg)
{
    esp_http_client_config_t config = {
        .url = "https://raw.githubusercontent.com/espressif/esp-idf/master/
examples/get-started/blink/main/blink.c",
        .event_handler = handle_http_event,
    };
    esp_http_client_handle_t client = esp_http_client_init(&config);

    if (esp_http_client_perform(client) != ESP_OK)
    {
        ESP_LOGE(TAG, "http request failed");
    }
    esp_http_client_cleanup(client);

    vTaskDelete(NULL);
}
```

藉由定義 HTTP 配置變數 config 來啟動函式。它含有 URL 資訊以及用於 HTTP 事件的處理器。我們不需要在 config 中指定 HTTP 方法因為預設為 HTTP GET。接著使用該配置建立一個 HTTP 用戶端，並以 client 作為參數呼叫 esp_http_client_perform。呼叫 esp_http_client_cleanup 以關閉 HTTP 對話。

接著實作 handle_http_event 函式以處理 HTTP 事件：

```
static esp_err_t handle_http_event(esp_http_client_event_t *http_event)
{
    switch (http_event->event_id)
    {
```

```
    case HTTP_EVENT_ON_DATA:
        printf("%.*s\n", http_event->data_len, (char *)http_event->data);
        break;
    default:
        break;
    }
    return ESP_OK;
}
```

在單一對話中會有多個 HTTP 事件，像是 on-connected、header-sent 和 header-received 等。在此函式中只處理 HTTP_EVENT_ON_DATA 以顯示伺服器回傳的資料。

最後編寫 app_main 以完成應用程式：

```
void app_main(void)
{
    init_wifi();
}
```

app_main 唯一要做的只有呼叫 init_wifi 以啟動整個過程。請從命令列編譯並上傳應用程式：

```
$ source ~/.platformio/penv/bin/activate
(penv)$ export WIFI_SSID='\"<your-wifi-ssid>\"'
(penv)$ export WIFI_PASS='\"<your-wifi-password>\"'
(penv)$ pio run
(penv)$ pio run -t erase
(penv)$ pio run -t upload
```

啟動虛擬環境後，定義做為 Wi-Fi 憑證的環境變數。接著執行 pio run 來使用這些憑證編譯應用程式並產生二進位檔。

Tips

在 *nix 系統上需使用 export 來設定環境變數。如果開發環境是 Windows 的話，則是由 set 指令來完成。

在上傳應用程式之前，我們要確保 ESP32 的快閃記憶體是乾淨的，因為 Wi-Fi 的函式庫使用了快閃記憶體的 nvs 分割，而此分割必須是空的才能正確執行。清除完整個快閃記憶體後，便可以上傳應用程式並在序列埠視窗上看到輸出顯示，也就是在 config 變數中所提供的一些存放於 GitHub 的 Espressif 範例程式碼。

> **Note**
>
> 如果憑證正確，ESP32 開發板卻仍無法連上 Wi-Fi 網路的話，很有可能是 nvs 分割出了問題。請再次清除整個快閃記憶體並重新上傳應用程式以排除此錯誤。

下一個範例將介紹如何在 AP 模式下啟動 ESP32。

◉ AP 模式

如果希望 ESP32 裝置能夠在任何 Wi-Fi 網路中運作，而無需事先知道憑證。在這種情況下，我們需要透過某種方式將憑證傳給 ESP32 裝置。其中一個方式是在 AP 模式下啟動設備並執行網頁伺服器以提供從用戶那裡蒐集來的區域 Wi-Fi 憑證表單。請依照以下步驟準備專題：

1. 請用 `platformio.ini` 建立一個 PlatformIO 專題：

```
[env:az-delivery-devkit-v4]
platform = espressif32
board = az-delivery-devkit-v4
framework = espidf

monitor_speed = 115200
```

2. 編輯 sdkconfig 以更新 HTTP 請求標頭的長度，因為 sdkconfig 中提供的預設緩衝長度不夠。請打開 Python 虛擬環境，接著開啟 menuconfig：

```
$ source ~/.platformio/penv/bin/activate
(penv)$ pio run -t menuconfig
```

3. 在 Component config/HTTP Server 選單中將 HTTP 請求標頭的長度改成 2048：

```
(Top) → Component config → HTTP Server
(2048) Max HTTP Request Header Length
```

▲ 圖 6.2 配置 HTTP 請求標頭長度

接著來看程式碼：

```
#include "freertos/FreeRTOS.h"
#include "freertos/task.h"
#include "esp_system.h"
#include "esp_wifi.h"
#include "esp_event.h"
#include "esp_log.h"
#include "nvs_flash.h"
#include "lwip/err.h"
#include "lwip/sys.h"
#include "esp_http_server.h"
#include <string.h>

#define WIFI_SSID "esp32_ap1"
#define WIFI_PWD "A_pwd_is_needed_here"
#define WIFI_CHANNEL 11
#define MAX_CONN_CNT 1

static const char *TAG = "ap-app";
```

首先匯入相關標頭檔，再為存取點服務定義一些巨集。在 AP 模式下啟動 ESP32 時，Wi-Fi SSID 會是 esp32_ap1：

```
static const char *HTML_FORM =
"<html><form action=\"/\" method=\"post\">"
"<label for=\"ssid\">Local SSID:</label><br>"
"<input type=\"text\" id=\"ssid\" name=\"ssid\"><br>"
"<label for=\"pwd\">Password:</label><br>"
"<input type=\"text\" id=\"pwd\" name=\"pwd\"><br>"
"<input type=\"submit\" value=\"Submit\">"
"</form></html>";
```

```
static void start_webserver(void);
static esp_err_t handle_http_get(httpd_req_t *req);
static esp_err_t handle_http_post(httpd_req_t *req);
static void handle_wifi_events(void *, esp_event_base_t, int32_t, void *);
```

HTML_FORM 包含了要收集區域 Wi-Fi 憑證之網路表單的 HTML 程式碼。網頁伺服器會發佈這個表單。之後會再討論這個函式原型。

接著來看 init_wifi 函式：

```
static void init_wifi(void)
{
    if (nvs_flash_init() != ESP_OK)
    {
        nvs_flash_erase();
        nvs_flash_init();
    }

    esp_event_loop_create_default();
    esp_event_handler_register(WIFI_EVENT, ESP_EVENT_ANY_ID, &handle_wifi_events,
NULL);
```

init_wifi 會負責整個過程。跟 STA 模式的範例一樣，我們首先要將 nvs 分割初始化。接著建立一個事件迴圈來監控 Wi-Fi 事件並為此暫存 handle_wifi_events。下一步為啟動 Wi-Fi 存取點，做法如下：

```
    esp_netif_init();
    esp_netif_create_default_wifi_ap();
    wifi_init_config_t cfg = WIFI_INIT_CONFIG_DEFAULT();
    esp_wifi_init(&cfg);

    wifi_config_t wifi_config = {
        .ap = {
            .ssid = WIFI_SSID,
            .ssid_len = strlen(WIFI_SSID),
            .channel = WIFI_CHANNEL,
            .password = WIFI_PWD,
            .max_connection = MAX_CONN_CNT,
            .authmode = WIFI_AUTH_WPA_WPA2_PSK},
    };
```

```
    esp_wifi_set_mode(WIFI_MODE_AP);
    esp_wifi_set_config(ESP_IF_WIFI_AP, &wifi_config);
    esp_wifi_start();

    start_webserver();
}
```

使用預設配置來初始化網路介面和 Wi-Fi 模組。定義 wifi_config 變數以保存存取點的配置。該變數會在啟動 Wi-Fi 前傳遞至 esp_wifi_set_config。開啟 Wi-Fi 並呼叫 start_webserver，這會讓裝置準備好從其他設備（例如手機）連線。

於以下函式中處理 Wi-Fi 事件：

```
static void handle_wifi_events(void *arg, esp_event_base_t event_base, int32_t
event_id, void *event_data)
{
    if (event_id == WIFI_EVENT_AP_STACONNECTED)
    {
        ESP_LOGI(TAG, "a station connected");
    }
}
```

handle_wifi_events 函式中會顯示一條日誌訊息，說明裝置已連上 ESP32 的存取點。

接著來看開啟網頁伺服器的方式：

```
static void start_webserver(void)
{
    httpd_uri_t uri_get = {
        .uri = "/",
        .method = HTTP_GET,
        .handler = handle_http_get,
        .user_ctx = NULL};

    httpd_uri_t uri_post = {
        .uri = "/",
        .method = HTTP_POST,
```

```
        .handler = handle_http_post,
        .user_ctx = NULL};

    httpd_config_t config = HTTPD_DEFAULT_CONFIG();
    httpd_handle_t server = NULL;
    if (httpd_start(&server, &config) == ESP_OK)
    {
        httpd_register_uri_handler(server, &uri_get);
        httpd_register_uri_handler(server, &uri_post);
    }
}
```

要開啟網頁伺服器很簡單。只要呼叫 httpd_start 並為 GET 和 POST 請求暫存函式即可。接著實作處理函式：

```
static esp_err_t handle_http_get(httpd_req_t *req)
{
    return httpd_resp_send(req, HTML_FORM, HTTPD_RESP_USE_STRLEN);
}
```

當用戶端發出 GET 請求時，程式會於 handle_http_get 函式中回覆 HTML_FORM。另一個 HTTP 處理器是 POST 請求處理器，如以下程式碼片段所示：

```
static esp_err_t handle_http_post(httpd_req_t *req)
{
    char content[100];
    if (httpd_req_recv(req, content, req->content_len) <= 0)
    {
        return ESP_FAIL;
    }
    ESP_LOGI(TAG, "%.*s", req->content_len, content);
    return httpd_resp_send(req, "received", HTTPD_RESP_USE_STRLEN);
}
```

使用者將區域 Wi-Fi 網路的憑證填入表單後按下表單上的 **Submit** 鍵。這個動作會在 ESP32 端產生一個 POST 請求。在 handle_http_post 函式中透過呼叫 httpd_req_recv 以接收憑證。這時，我們便可以解析在 content 陣列中的資料以找尋 SSID 和密碼，並在 STA 模式下啟動 ESP32 以連至區域 Wi-Fi 網路，正如我們在上一個範例中所做的。

加入 app_main 函式就完成應用程式了：

```
void app_main(void)
{
    init_wifi();
}
```

在 app_main 中只需要呼叫 init_wifi 以觸發整個過程。現在可以將程式燒錄進 ESP32 並測試了。

ESP32 重啟後會啟動一個名為 esp32_ap1 的存取點，如下圖所示：

▲ 圖 6.3 ESP32 的存取點

輸入密碼 A_pwd_is_needed_here 以連線：

▲ 圖 6.4 輸入 AP 密碼

打開瀏覽器並輸入 ESP32 的 IP 位址後會看到以下表單：

▲ 圖 6.5 網路表單

輸入區網的 SSID 和密碼後提交表單。於 ESP32 上運作之網頁伺服器的回應如下：

▲ 圖 6.6 網頁伺服器之回應

大功告成！我們成功地在 AP 模式下啟動了 ESP32 並執行了一個網頁伺服器以取得區域 Wi-Fi 憑證。透過這個方法，我們可以藉由切換到 STA 模式以及使用者提供的憑證，好在任何 Wi-Fi 網路中都能配置 ESP32 裝置。

下一個範例將介紹 ESP32 的 TCP/IP 通訊協定堆疊，以及開啟 UDP 伺服器以透過區域網路傳送溫度及濕度資料的方法。

6.3 用 lwIP 開發

輕量級 IP（lightweight IP, lwIP）為用於嵌入式系統的一種開放 TCP/IP 通訊協定堆疊，而 ESP-IDF 已將其導入框架。lwIP 的設計理念是建立一個占用空間較小的 TCP/IP 協定套件，讓資源有限的嵌入式系統可以使用該套件連接到 IP 基礎的網路並利用網路上的服務。lwIP 是市場上針對嵌入式系統最受歡迎的 TCP/IP 通訊協定堆疊之一。

基本上，ESP-IDF 連接埠支援以下 lwIP 的 API：

- **Berkeley Software Distribution（BSD）** Socket API，用於 TCP 和 UDP 連線。
- **動態主機配置協定（DHCP）**，用於動態 IP 定址。
- **簡易網路時間協定（SNTP）**，作為時間協定。
- **群播網域名稱系統（mDNS）**，用於主機名稱解析和服務訊息。
- **網際網路控制訊息協定（ICMP）**，用於網路監控和診斷。

其實之前的範例中已經使用過其中一些 API 了。在 STA 模式的範例中，ESP32 從本地 Wi-Fi 路由器的 DHCP 伺服器取得動態 IP 之後，我們可以 ICMP pin 它一下。在 AP 模式範例中，ESP32 用 IwIP 的 DHCP 伺服器 API 為工作站裝置提供動態 IP。Espressif 提供了許多關於 IwIP 的 ESP-IDF 連接埠的優質文件 [1]。

來看一些還沒有討論過的服務。下一個範例將介紹如何在 ESP32 上開發使用 mDNS 為基本協定的感測器服務。

◉ mDNS 基礎之感測器服務

本範例將在區域網路上開發一個感測器 UDP 服務。ESP32 會連接到 Wi-Fi 網路並透過**群播 DNS（mDNS）**宣傳這項服務。當用戶端連接上並要請資料時便會回傳一個 UDP 資料封包。感測器方面，請把 DHT11 感測器接在 ESP32 的 GPIO17 腳位上。

請用以下 `platformio.ini` 建立一個 PlatformIO 專題：

```
[env:az-delivery-devkit-v4]
platform = espressif32
board = az-delivery-devkit-v4
```

1 https://docs.espressif.com/projects/esp-idf/en/latest/esp32/api-guides/lwip.html

```
framework = espidf

monitor_speed = 115200
lib_extra_dirs =
    ../../common/esp-idf-lib/components
build_flags =
    -DWIFI_SSID=${sysenv.WIFI_SSID}
    -DWIFI_PASS=${sysenv.WIFI_PASS}
```

在 platformio.ini 中指定區域 Wi-Fi 憑證作為環境變數。

我已將 Wi-Fi 的 STA 模式連線程式碼重新建置成專題 lib 資料夾中的一個獨立函式庫。請由本書 GitHub 下載：

https://github.com/PacktPublishing/Internet-of-Things-with-ESP32/tree/main/ch6/udp_temp_service/lib/wifi_connect

函式庫檔案如下：

```
$ ls -R lib/
lib/:
README  wifi_connect

lib/wifi_connect:
wifi_connect.c  wifi_connect.h
```

光看 wifi_connect.h 應該就足以了解該如何在主程式中使用它：

```
#ifndef wifi_connect_h_
#define wifi_connect_h_

typedef void (*on_connected_f)(void);
typedef void (*on_failed_f)(void);

typedef struct {
    on_connected_f on_connected;
    on_failed_f on_failed;
} connect_wifi_params_t;

void connect_wifi(connect_wifi_params_t);

#endif
```

這個函式庫中只有一個函式，connect_wifi，它會使用一個參數來傳遞 Wi-Fi 連線失敗事件的回呼函式。

接著在 main.c 中開發應用程式：

```
#include "wifi_connect.h"
#include "esp_log.h"
#include "freertos/FreeRTOS.h"
#include "freertos/task.h"
#include "dht.h"
#include "hal/gpio_types.h"
#include "mdns.h"

#include "lwip/err.h"
#include "lwip/sockets.h"
#include "lwip/sys.h"

#define DHT11_PIN GPIO_NUM_17
#define SVC_PORT 1111

static const char *TAG = "sensor_app";

static int16_t temperature;
static int16_t humidity;
```

在此匯入必要的標頭檔，並定義 DHT11 腳位和服務埠號，SVC_PORT。它是用戶端連接和查詢溫度及濕度的感測器服務所需的 UDP 埠號。

接下來是啟動 mDNS 服務的函式：

```
static void start_mdns(void)
{
    mdns_init();
    mdns_hostname_set("esp32_sensor");
    mdns_instance_name_set("esp32 with dht11");

    mdns_txt_item_t serviceTxtData[4] = {
        {"temperature", "y"},
        {"humidity", "y"},
        {"pressure", "n"},
        {"light", "n"},
```

```
    };

    mdns_service_add("ESP32-Sensor", "_sensor", "_udp", SVC_PORT, serviceTxtData, 4);
}
```

在 start_mdns 函式中，首先初始化函式庫並將主機名稱設為 esp32_sensor，網路名稱將顯示為 esp32_sensor.local。ping 看看 esp32_sensor.local，如果一切順利便會得到回覆。另外加入一個名為 ESP32-Sensor 的服務。在服務敘述中指定可查詢之資料。就此感測器而言，用戶可以查詢溫度和濕度。

接著來看服務實作：

```
static void start_udp_server(void)
{
    char data_buffer[64];
    struct sockaddr_in server_addr = {
        .sin_family = AF_INET,
        .sin_port = htons(SVC_PORT),
        .sin_addr = {
            .s_addr = htonl(INADDR_ANY)}};
```

start_udp_server 函式實作了這項服務。雖然看起來很長，但邏輯很簡單。首先使用連接埠 SVC_PORT 定義伺服器 socket 位址。接著，開始一個 while 迴圈來建立並管理 UDP socket，如下：

```
    while (1)
    {
        int sock = socket(AF_INET, SOCK_DGRAM, IPPROTO_IP);
        if (bind(sock, (struct sockaddr *)&server_addr, sizeof(server_addr)) < 0)
        {
            ESP_LOGE(TAG, "bind failed");
        }
```

建立好 UDP socket 之後，將它綁定（使用 bind）到伺服器位址。這裡有兩個 while 迴圈。外層的迴圈是為了確保服務在出現錯誤時仍可正常運作。如果 bind 函式成功，則定義另一個 while 迴圈：

```
        else
        {
            while (1)
            {
                struct sockaddr_storage client_addr;
                socklen_t socklen = sizeof(client_addr);
                int len = recvfrom(sock, data_buffer,
                                   sizeof(data_buffer) - 1, 0,
                                   (struct sockaddr *)&client_addr,
                                   &socklen);
```

內層的迴圈會監聽用戶端的狀況。**recvfrom** 函式會等待來自用戶端的請求。收到請求後，必須檢查詢問的是溫度還是濕度：

```
                if (len < 0)
                {
                    ESP_LOGE(TAG, "recvfrom failed");
                    break;
                }
                data_buffer[len] = 0;

                if (!strcmp(data_buffer, "temperature"))
                {
                    sprintf(data_buffer, "%d", temperature);
                }
                else if (!strcmp(data_buffer, "humidity"))
                {
                    sprintf(data_buffer, "%d", humidity);
                }
                else
                {
                    sprintf(data_buffer, "err");
                }
```

接著安排相對應的回覆並透過呼叫 **sendto** 函式送出：

```
                len = strlen(data_buffer);

                if (sendto(sock, data_buffer, len, 0,
                           (struct sockaddr *)&client_addr,
                           sizeof(client_addr)) < 0)
                {
```

```
                    ESP_LOGE(TAG, "sendto failed");
                    break;
                }
            }
        }
```

內層迴圈負責處理所有的請求並回覆。儘管如此，如果任何函式呼叫失敗，迴圈便會中斷，程式也將進入外層迴圈：

```
        if (sock != -1)
        {
            shutdown(sock, 0);
            close(sock);
        }

        vTaskDelay(1000);
    }
}
```

如果內層迴圈沒有任何函式失敗，這部分的程式碼便不會執行。但是為了安全起見，還是會關掉 socket 以處理失敗情況並讓外層迴圈建立另一個 socket。

剩下的都很簡單，只需要在連上 Wi-Fi 後啟動服務即可。以下函式將負責啟動服務：

```
static void start_sensor_service(void *arg)
{
    start_mdns();
    start_udp_server();

    vTaskDelete(NULL);
}
```

`start_sensor_service` 作為 FreeRTOS 任務執行。它會呼叫之前實作的函式以啟動 mDNS 服務和 UDP 伺服器，然後從 FreeRTOS 任務清單中刪掉自己。

接著，為 Wi-Fi 連線事件實作一個回呼函式：

```
static void wifi_connected_cb(void)
{
    ESP_LOGI(TAG, "wifi connected");
    xTaskCreate(start_sensor_service, "svc", 5 * configMINIMAL_STACK_SIZE, NULL,
5, NULL);
}
```

區域 Wi-Fi 連線成功後會呼叫回呼函式 wifi_connected_cb。它也會用 start_sensor_service 建立 FreeRTOS 任務。我們還需要另一個回呼函式用於失敗的情況：

```
static void wifi_failed_cb(void)
{
    ESP_LOGE(TAG, "wifi failed");
}
```

在 wifi_failed_cb 中，於序列埠視窗顯示日誌訊息好讓我們知道 Wi-Fi 連線失敗了。

另外還有一個 FreeRTOS 任務函式，read_dht11，它會從 DHT11 讀取溫度和濕度並定期將讀數儲存在相對應的全域變數中：

```
static void read_dht11(void *arg)
{
    while (1)
    {
        vTaskDelay(2000 / portTICK_RATE_MS);
        dht_read_data(DHT_TYPE_DHT11, DHT11_PIN, &humidity, &temperature);
        humidity /= 10;
        temperature /= 10;
    }
}
```

最後在 app_main 中從專題函式庫呼叫 connect_wifi 並建立 DHT11 任務：

```
void app_main()
{
    connect_wifi_params_t p = {
        .on_connected = wifi_connected_cb,
        .on_failed = wifi_failed_cb};
    connect_wifi(p);
    xTaskCreate(read_dht11, "temp", 3 * configMINIMAL_STACK_SIZE, NULL, 5, NULL);
}
```

應用程式完成！可以編譯、上傳跟測試了：

```
$ source ~/.platformio/penv/bin/activate
(penv)$ export WIFI_SSID='\"<your_wifi_ssid>\"'
(penv)$ export WIFI_PASS='\"<your_wifi_passwd>\"'
(penv)$ pio run
(penv)$ pio run -t erase
(penv)$ pio run -t upload
```

應用程式上傳完畢後，ESP32 的感測器會開始運作，試著 ping 看看感測器：

```
(penv)$ ping esp32_sensor.local
PING esp32_sensor.local (192.168.1.82) 56(84) bytes of data.
64 bytes from espressif (192.168.1.82): icmp_seq=1 ttl=255 time=512 ms
64 bytes from espressif (192.168.1.82): icmp_seq=2 ttl=255 time=80.9 ms
64 bytes from espressif (192.168.1.82): icmp_seq=3 ttl=255 time=456 ms
```

看起來沒問題。列出網路中的所有 mDNS 服務，看看我們的感測器是否也在其中：

```
(penv)$ avahi-browse -a
+ wlp2s0 IPv6 HP OfficeJet [9CE993] _uscans._tcp         local
+ wlp2s0 IPv4 ESP32-Sensor _sensor._udp          local
```

沒錯，它也在。我們也可以看到感測器服務的詳細內容：

```
(penv)$ avahi-browse _sensor._udp -rt
+ wlp2s0 IPv4 ESP32-Sensor _sensor._udp        local
= wlp2s0 IPv4 ESP32-Sensor _sensor._udp        local
   hostname = [esp32_sensor.local]
   address = [192.168.1.82]
   port = [1111]
   txt = ["temperature=y" "humidity=y" "pressure=n" "light=n"]
```

伺服器名稱、IP 位址和連接埠，以及伺服器提供的服務在我們查詢感測器時都列出來了。正如我們在輸出中看到的，伺服器分享了溫度和濕度，但沒有關於壓力和亮度的資料。

最後，請求溫度和濕度數值。它會回覆最新的環境讀數。但如果是請求亮度的話，它會回覆 err，因為程式不提供此服務：

```
(penv)$ echo -n "temperature" | nc -4u -w1 esp32_sensor.local 1111
23
(penv)$ echo -n "humidity" | nc -4u -w1 esp32_sensor.local 1111
54
(penv)$ echo -n "light" | nc -4u -w1 esp32_sensor.local 1111
err
```

太棒了！現在你已獲得一款可以從網路上的任何裝置來查詢現況的感測器了。下一個範例將介紹如何開發從 SNTP 伺服器取得日期 / 時間訊息的數位時鐘應用程式。

◉ 具備 SNTP 的數位時鐘

SNTP 為一種網路設備的時間同步協定，其基層傳輸層協定為 UDP。用戶端從配置的 SNTP 伺服器請求通用時間並根據結果更新內部時間。本範例將開發一個數位時鐘。ESP32 會向 SNTP 伺服器查詢通用時間，接收到訊息後會在 OLED 螢幕上以時 - 分 - 秒的格式顯示出來。

硬體的設置很簡單：將 OLED 螢幕接在 GND、3v3、SDA 和 SCL 腳位上好讓它可作為 I^2C 裝置。SDA 和 SCL 分別接到 GPIO21 和 GPIO22 腳位。

架好硬體後，請依照以下步驟建立新專題：

1. 建立 PlatformIO 專題並編輯設定檔 platformio.ini：

```
[env:az-delivery-devkit-v4]
platform = espressif32
board = az-delivery-devkit-v4
framework = espidf

monitor_speed = 115200
lib_extra_dirs =
    ../../common/components
    ../../common/esp-idf-lib/components
build_flags =
    -DWIFI_SSID=${sysenv.WIFI_SSID}
    -DWIFI_PASS=${sysenv.WIFI_PASS}
```

2. 請從以下連結複製本專題所需的 wifi_connect 函式庫：

   https://github.com/PacktPublishing/Internet-of-Things-with-ESP32/tree/main/ch6/sntp_clock_ex/lib/wifi_connect

3. 將應用程式的原始碼檔名變更為 main.cpp 以使用 C++ 編譯器。

現在準備好在 main.cpp 中開發應用程式了：

```
#include <stdio.h>
#include <string.h>
#include <time.h>
#include <sys/time.h>

#include <freertos/FreeRTOS.h>
#include <freertos/task.h>

#include "esp_log.h"
#include "esp_sntp.h"

#include "ssd1306.h"
#include "wifi_connect.h"
```

```
#define TAG "sntp_ex"

#define OLED_CLK 22
#define OLED_SDA 21

extern "C" void app_main(void);
```

在此匯入所需之標頭檔。有兩個對專題的目的很重要。time.h 包含了標準 C 函式庫時間函式，像是取得時間訊息、轉換成不同時區和格式化為字串等。另一個標頭檔 esp_sntp.h 提供了 SNTP 連線和溝通的功能。

接著定義 OLED 的 I^2C 腳位並將 app_main 宣告為 extern "C"，這會命令 C++ 編譯器不去亂改名稱。讓我們跳到 app_main 來理解應用程式的流程：

```
void app_main()
{
    init_hw();
    connect_wifi_params_t p = {
        .on_connected = wifi_conn_cb,
        .on_failed = wifi_failed_cb};
    connect_wifi(p);
}
```

在 app_main 中首先呼叫 init_hw 來初始化硬體，接著連到本地 Wi-Fi 網路。connect_wifi 會使用一個參數來表示應用程式成功和失敗回呼。接著實作 init_hw 函式：

```
static void init_hw(void)
{
    ssd1306_128x64_i2c_initEx(OLED_CLK, OLED_SDA, 0);
}
```

init_hw 只會用 I^2C 腳位呼叫 OLED 的初始化函式。沒有其他外部裝置需要在應用程式中初始化。

應用程式的 Wi-Fi 回呼函式如下：

```
void wifi_conn_cb(void)
{
    init_sntp();
    xTaskCreate(sync_time, "sync", 8192, NULL, 5, NULL);
}

void wifi_failed_cb(void)
{
    ESP_LOGE(TAG, "wifi failed");
}
```

wifi_conn_cb 和 wifi_failed_cb 這兩個回呼函式會告知應用程式 Wi-Fi 連線嘗試的結果。如果連線失敗，便會在序列控制台顯示錯誤訊息。如果連線成功，便開啟 SNTP 作業。我們首先需要設定 SNTP API 然後建立一個任務來同步時間。接著來看 init_sntp 函式：

```
static void init_sntp(void)
{
    sntp_setservername(0, "pool.ntp.org");
    sntp_init();
}
```

init_sntp 會用到來自 esp_sntp.h 的 SNTP 函式庫。sntp_setservername 會把 SNTP 伺服器設為 pool.ntp.org，而 sntp_init 會開始同步處理。我們需要在任務中輪詢同步處理的狀態：

```
static void sync_time(void *arg)
{
    ssd1306_clearScreen();
    ssd1306_setFixedFont(ssd1306xled_font8x16);
    ssd1306_printFixed(0, 32, "Running sync...", STYLE_NORMAL);
```

sync_time 是完成同步的 FreeRTOS 任務函式，任務會在連上 Wi-Fi 時建立。我們首先透過在 OLED 螢幕上顯示訊息來通知使用者狀態。接著，試著讓時間與所設定的時間伺服器同步：

```
    int retry = 0;
    const int retry_count = 10;

    while (sntp_get_sync_status() == SNTP_SYNC_STATUS_RESET && ++retry < retry_
count)
    {
        vTaskDelay(2000 / portTICK_PERIOD_MS);
    }
    if (retry == retry_count)
    {
        ssd1306_clearScreen();
        ssd1306_printFixed(0, 32, "Sync failed.", STYLE_NORMAL);
        vTaskDelete(NULL);
        return;
    }
```

在 while 迴圈中輪詢狀態。處理成功的話，sntp_get_sync_status 會回傳 SNTP_SYNC_STATUS_COMPLETED。如果同步失敗，便再次顯示訊息以通知使用者並退出任務。如果同步成功，便開啟另一個任務 show_time，並於 OLED 螢幕上顯示時間：

```
    xTaskCreate(show_time, "show_time", 8192, NULL, 5, NULL);
    vTaskDelete(NULL);
}
```

以下為實作 show_time 函式的方式：

```
static void show_time(void *arg)
{
    time_t now = 0;
    struct tm timeinfo;
    memset((void *)&timeinfo, 0, sizeof(timeinfo));
    char buf[64];

    ssd1306_clearScreen();
    ssd1306_setFixedFont(ssd1306xled_font8x16);
```

先要從宣告變數和設定 OLED 螢幕開始。在 show_time 中，使用標準 C 時庫 time.h 中的定義。接著是每秒更新一次 OLED 螢幕的 while 迴圈：

```
    while (1)
    {
        vTaskDelay(1000 / portTICK_PERIOD_MS);
        time(&now);
        localtime_r(&now, &timeinfo);
        strftime(buf, sizeof(buf), "%a", &timeinfo);
        ssd1306_printFixed(0, 0, buf, STYLE_NORMAL);
        strftime(buf, sizeof(buf), "%H:%M:%S", &timeinfo);
        ssd1306_printFixed(0, 32, buf, STYLE_BOLD);
    }
}
```

為了更新螢幕上的時間，首先要透過呼叫 time 函式來取得以秒為單位的時間。localtime_r 會將 now 轉換成 timeinfo，後者是一個更好懂的格式以顯示年月日和時間等等資訊。我們要在螢幕上顯示兩條訊息。在第一行中，日期會以簡稱顯示，例如 *Mon*、*Tue* 等等。為此要用 strftime。第二行中，以 %H：%M：%S 之格式顯示現在時刻。這裡[2]有更多關於 strftime 格式字串的說明。

應用程式已準備就緒，將編譯好的韌體燒錄進 ESP32 開發板後就可以開始進行測試囉！

當 ESP32 專題需要日期 / 時間訊息時，SNTP 是最簡單的解決方案。完成同步後，ESP32 便會用計時器來計時。在 RTC 計時器的幫助下，即使 ESP32 處於深度休眠狀態計時功能仍會繼續運作。RTC 計時器在預設的 sdkconfig 設定中已設為開啟，sdkconfig 設定定義於 **Component config/ESP32-specific/Timers used for gettimeofday function**。

2 https://man7.org/linux/man-pages/man3/strftime.3.html

在結束本章之前，讓我們先談談新的 Wi-Fi 標準，**Wi-Fi 6（IEEE 802.11ax）**。Wi-Fi 6 的主要目的是於提高效率並增加網路通量。Wi-Fi 6 背後的調變技術為**正交分頻多重存取（OFDMA）**，與無線通訊使用的調變技術相同。另一個重大的改良是**目標喚醒時間（TWT）**，可降低網路節點的功耗。STA 裝置可以和 AP 協商網路的訪問時間，因此可以在任何無線通訊發生之前休眠很長一段時間。這項技術大大延長了連網物聯網裝置的電池壽命。Espressif 最近（2021 年 4 月）發表的新款 SoC，ESP32-C6，便可支援 Wi-Fi 6。與先前使用 Xtensa CPU 的晶片系列不同，ESP32-C6 為單核心，搭載了 RISC-V 32 位元微控器。Hackaday 發表過一篇不錯的評測[3]。

下一章將介紹 ESP32 的安全性功能。

6.4 總結

ESP32 廣受歡迎的其中一個原因在於它優異的連網功能。Wi-Fi 作為世界上最常見的無線通訊協定，也因此被整合在了 ESP32 當中，幫助開發者打造出色的產品。我們在本章學到了許多在專題中活用 ESP32 Wi-Fi 功能的相關知識。除了 Wi-Fi 之外，ESP32 還有先進的 ESP-IDF 框架，幾乎可以支援任何類型的 TCP/IP 應用程式。lwIP 通訊協定堆疊便包含在此框架之中。它讓我們能夠連上網路中的伺服器，進而和其他連網裝置進行通訊，這也是物聯網的核心關鍵。

下一章將專門介紹 ESP32 的安全性功能。如果沒有事先精心規劃、設計跟測試安全性便要上市一款物聯網產品，會是嚴重的錯誤。ESP32 提供了所有必要的硬體支援。我們將在下一章討論如何利用 ESP32 開發安全無虞的物聯網應用程式。

3 https://hackaday.com/2021/04/11/new-part-day-espressif-esp32-c6/

6.5 問題

請回答以下問題來複習本章學習內容：

1. 假設你想執行一個簡單的網頁伺服器，應該在下列哪一種 Wi-Fi 操作模式下配置 ESP32 呢？

   a) STA 或 AP

   b) 只能是 AP

   c) HTTP

   d) HTTPS

2. ESP32 無法連上區域 W-Fi 網路，以下何者不會是原因？

   a) Wi-Fi 憑證

   b) ESP32 記憶體分區

   c) 網頁的 URL

   d) Wi-Fi 認證模式

3. 你想在區域 Wi-Fi 網路上公開服務，應該要在 ESP32 上啟用下列何者協定？

   a) SNTP

   b) MQTT

   c) mDNS

   d) TCP/IP

4. 你想要檢查 ESP32 裝置是否已成功在區域網路中啟用及運作，lwIP 當中的哪一種協定最適合用來檢查？

   a) SNTP

   b) mDNS

c) DHCP

d) ICMP

5. 你需要記錄所有感測器讀數及其日期 / 時間訊息，應該在應用程式中使用以下何種協定？

a) SNTP

b) mDNS

c) DHCP

d) ICMP

6.6 延伸閱讀

- *Networking Fundamentals, Gordon Davies, Packt Publishing* (`https://www.packtpub.com/product/networking-fundamentals/9781838643508`)：第 4 章說明了從實體層開始所有關於 Wi-Fi 的基礎知識，包括了網路布局。第 10 章則討論到了 TCP/IP 協定。
- *Hands-On Network Programming with C, Lewis Van Winkle, Packt Publishing* (`https://www.packtpub.com/product/hands-on-network-programming-with-c/9781789349863`): 如果你想了解更多關於網路程式設計的知識，強烈推薦你這本書。第 2 章討論到了 Socket API，其中第二段談到了 HTTP 等應用層協定。第 14 章專門討論了物聯網功能的連接，更廣泛的探討可讓讀者獲得更宏觀且全面的了解。

CHAPTER

7

安全第一！

設計任何聯網專題都需要考量到安全性，否則就可能會暴露在網路攻擊的危機下。物聯網裝置尤其如此，因為它們通常是批量上市，並交給對於物聯網安全一無所知的終端使用者手上。

談到安全性的話，*ESP32* 針對加密子系統提供了良好的硬體支援。*ESP-IDF* 已經整合了企業級的加密函式庫也針對需要自訂安全性方案的情境提供了相當不錯的抽象化實作。本章會介紹使用 ESP32 平台在開發產品級物聯網裝置所需的相關重要功能，並介紹一些關於安全通訊協定的範例，好讓你了解如何將其用於本章專題中。本章需要一些背景知識才能快速進入這些範例。如果你對於安全性相關基礎還不太熟悉的話，本章的「延伸閱讀」有提供一些資源讓你更快上手。

本章主題如下：

- 安全開機與 OTA（**over-the-air**）更新
- 使用 TLS/DTLS 進行安全通訊
- 整合各種安全性元素

7.1 技術要求

硬體會繼續使用 ESP32 devkit，但談到安全性的話，就會用到新模組：OPTIGA™ Trust X Shield2Go Security。更多資訊請參考其原廠網站[1]。

軟體則會使用企業級標準的 openssl 工具來產生憑證並執行一個網路伺服器，在 OpenSSL 的官網上有關於二元碼的說明[2]。

本章範例請由本書 GitHub 取得：

https://github.com/PacktPublishing/Internet-of-Things-with-ESP32/tree/main/ch7

範例實際執行影片請參考：https://bit.ly/3hoUplJ

7.2 安全開機與 OTA 更新

原則上來說，安全開機是確認裝置只會執行所指定韌體的一種方式，並避免裝置遭到其他單位的損害或竄改。在介紹安全開機之前，先來看看 ESP32 的開機流程。

開機流程有三個階段：

1. **第一階段開機程式（bootloader）**：這會在重新開機時發生。ESP32 有兩個處理器，分別為 PRO CPU（cpu0）與 APP CPU（cpu1）。PRO CPU 會負責所有的硬體初始化，我們在這階段無法做任何介入。初始化完成之後，控制權會移交給第二階段開機程式。

1 https://www.infineon.com/cms/en/product/evaluation-boards/s2go-security-optiga-x/

2 https://wiki.openssl.org/index.php/Binaries

2. **第二階段開機程式**：第二階段開機程式的主要功能是找到並載入應用程式。它會讀取分割資料表、檢查出廠與 OTA 分割，並根據 OTA 資料將正確的分割載入為應用程式。它也負責控制快閃加密、安全開機與 OTA 更新。ESP-IDF 已提供了原始碼，所以可以根據自身需求來修改這份開機程式。
3. **啟動應用程式**：應用程式會在本階段開始執行。兩個處理器會執行各自的 FreeRTOS 排程器。PRO CPU 會接續執行主任務以及其中的 `app_main` 函式。

ESP-IDF 針對不同版本的 ESP32 提供了兩種的安全開機機制。Secure boot v1 是給較早期的 ESP32，而 secure boot v2 則是針對 ESP32 Rev3 以及 ESP-S2 系列晶片。麻煩的是，早期的 ESP32 有一些弱點。但好消息是必須與裝置有實體接觸才能做事情，因此攻擊者需要了解一種特殊的攻擊方法，稱為電壓故障注入（voltage fault injection），來跳過安全開機與快閃加密。不這樣做的話，ESP32 由於在生產階段採取了必要的安全措施，因此已可避開各種遠端攻擊了。

來看看這些安全開機機制的運作方式。

◉ Secure boot v1

Espressif 針對安全裝置所推薦的技術是根據以下步驟來設定裝置：

- 安全開機
- 快閃加密

安全開機會建立一個信任鏈，從開機一路涵蓋到應用程式韌體，並在每一個步驟都去認證所執行的軟體。整個流程聽起來有點複雜，但可簡單分段說明如下：

1. 使用 eFuses Block2 的對稱金鑰（AES-256）來認證開機程式：ESP32 具備一個 1,024 位元的**單次可程式（One-Time Programmable, OTP）**記憶體來保存系統設定與秘鑰。這個 OTP 是由四個 eFuses 區塊所組成。安全開機金鑰保存於 block 2 中。啟用安全開機之後就會連帶啟動讀寫保護，而無法再由軟體來讀取金鑰了。ESP32 會運用安全開機金鑰來驗證開機程式映像檔。
2. 驗證應用程式的方式是透過由**橢圓曲線數位簽章（Elliptic Curve Digital Signature, ECDSA）演算法**所生成的非對稱金鑰組：每個應用程式都會以這組鑰匙的私鑰來簽章，開機程式則擁有公鑰。將應用程式載入記憶體之前，開機程式就會運用自身的公鑰來驗證簽章。

想深入了解 secure boot v1 的話，就一定要看看原廠文件[3]。

第二個保護層為快閃加密。快閃加密金鑰（AES-256）存放於 eFuses Block1。再次強調，這個金鑰無法透過軟體來存取。快閃加密啟用之後，ESP32 會去加密開機程式、分割資料表與應用程式分割。Espressif 文件[4]也詳細說明了快閃加密。

⦿ Secure boot v2

Secure boot v2 可用於 ESP32 Rev3 與 ESP-S2 系列晶片。它與 secure boot v1 的主要差異在於開機程式認證也是透過對稱金鑰簽章驗證所完成，會用到 **Rivest–Shamir–Adleman 機率式簽章配置（RSA-PSS）**。這時，eFuses Block2 會存放公鑰的 SHA-256，並嵌入於開機程式中。ESP32 會先去驗證開機程式的公鑰，接著再使用這個公鑰去檢查開機程式的簽章。一旦開機程式認證完成，控制權就會交給開機程式來繼續應用程式認證。如果這些

3 https://docs.espressif.com/projects/esp-idf/en/latest/esp32/security/secure-boot-v1.html

4 https://docs.espressif.com/projects/esp-idf/en/latest/esp32/ security/flash-encryption.html

步驟中有任何簽章不符合的話，ESP32 就不會執行應用程式。這個機制的好處是 ESP32 無須保留任何私鑰；因此只要私鑰是保存在安全路徑下的話，基本上是不可能執行任何惡意程式碼的。想深入了解如何啟用 secure boot v2 的話，也請參考原廠文件[5]。

Note

安全開機與快閃加密皆無法回復，因此只用在產品階段的裝置就好。

在進入大量生產之前，有一些重點要提醒你：

- 必須確保韌體的鑑別性（authenticity）；也就是說，執行於 ESP32 的韌體就是我們所要的韌體。作法是啟用安全開機。在此的重點是如何產生加密金鑰以及私鑰的安全性。我們希望讓私鑰確實為私有，因此只能和第三方分享的只有公鑰，例如製造廠與組裝廠。
- 安全開機可以保證鑑別性，但它不會去加密韌體，也就是說它會以純文字去燒錄。任何人都可以讀取這個韌體並用於別處。再者，如果需要在其中嵌入一些敏感資料的話，這個弱點也意味著超出了裝置本身的管控。快閃加密是用來阻擋攻擊。但如果我們分享了應用程式韌體的話，韌體對於組裝廠來說依然有非法使用的風險。因此，比較好的做法是用兩個不同的韌體二元檔，第一個是給組裝廠用於驗證硬體，第二個則是用於真正的應用程式，在一個信任的廠區以快閃加密來燒錄。

本章範例不會在開發板上啟用安全開機或快閃加密，但會示範如何透過 HTTPS 來進行安全 OTA 更新。

5 https://docs.espressif.com/projects/esp-idf/en/latest/esp32/security/secure-boot-v2.html

◉ 更新 OTA

最好的安全性實作就是建立一個可更新場域中各裝置韌體的機制。如果在安裝之後發現某個弱點的話，回收所有裝置對於開發者與客戶端來說都是勞民傷財的事情，更別說服務會中斷多久了。反之，裝置可以連上伺服器來檢查有沒有新的韌體，接著下載並進行更新。本範例就會這麼做。開始之前，先簡單看看需要哪些東西：

- 需要一個負責處理韌體二元檔的安全網路伺服器。在此要用到 `openssl` 這款工具來產生私鑰 / 公鑰組，並運用這組金鑰來啟動一個安全網路伺服器。
- 快閃記憶體需要兩個 OTA 分割，一個用於存放執行中的韌體，另一個則是存放從網路伺服器下載的新韌體。
- 就 OTA 更新邏輯而言，需要去比對執行中的韌體與來自伺服器韌體的版本。當兩者版本相同時，代表沒有新的韌體所以也不需要更新。如果版本號碼有差異的話，就會下載韌體到 EPS32，並將其重新開機來執行。

大致了解之後，請新增一個 PlatformIO 專題，並根據以下步驟來設定：

1. 新增一個專題，並編輯 `platformio.ini`：

```
[env:az-delivery-devkit-v4]
platform = espressif32
board = az-delivery-devkit-v4
framework = espidf

monitor_speed = 115200
board_build.embed_txtfiles =
    server/ca_cert.pem

build_flags =
    -DWIFI_SSID=${sysenv.WIFI_SSID}
    -DWIFI_PASS=${sysenv.WIFI_PASS}
    -DAPP_OTA_URL=${sysenv.APP_OTA_URL}

board_build.partitions = with_ota_parts.csv
```

稍後會建立一個自簽章憑證，名為 ca_cert.pem，並將其嵌入應用程式所輸出的 hex 檔中。另外也要定義分割資料表並保留一個空間給新韌體。這些設定都是在 platformio.ini 中完成的。

2. 更新 src/CMakeLists.txt 中的憑證路徑：

```
FILE(GLOB_RECURSE app_sources ${CMAKE_SOURCE_DIR}/src/*.*)
idf_component_register(SRCS ${app_sources})
target_add_binary_data(${COMPONENT_TARGET} "../server/ca_cert.pem" TEXT)
```

3. 定義用於本機端 Wi-Fi 與伺服器 URL 的環境變數：

```
$ source ~/.platformio/penv/bin/activate
(penv)$ export WIFI_SSID='\"<your_wifi_ssid>\"'
(penv)$ export WIFI_PASS='\"<your_wifi_pass>\"'
(penv)$ export APP_OTA_URL='\"https://<server_ip>:1111/firmware.bin\"'
```

我們用來開發的電腦可作為伺服器，它可透過 1111 埠來發佈 firmware.bin。

4. 需要針對 ESP-IDF 提供一個分割定義檔，with_ota_parts.csv。一共需要兩個 OTA 分割才能下載新韌體：

```
# Name, Type, Subtyp, Ofs, Size, Flags
nvs, data, nvs, , 0x4000,
otadata, data, ota, , 0x2000,
phy_init, data, phy, , 0x1000,
factory, app, factory,, 1M,
ota_0, app, ota_0, , 1M,
ota_1, app, ota_1, , 1M,
```

只要有 data/ota 分割，開機程式就可使用該分割來決定哪一個 ota_[0-1] 要用於主應用程式，另一個 OTA 分割就可用於下載新韌體了。OTA 應用程式不會用到 app/factory。

5. 針對 HTTPS 伺服器產生一組公鑰 / 私鑰。韌體會運用公鑰來建立一個安全連線：

```
(penv)$ mkdir server && cd server
(penv)$ openssl req -x509 -newkey rsa:2048 -keyout ca_key.pem -out ca_cert.
pem -days 365 -nodes
```

我們採用企業級標準的 `openssl` 來產生金鑰組。上述指令會產生一個自簽章憑證並會被用於 HTTPS 伺服器。在執行該指令時，它會收集憑證的某些資訊。其中一個重要的項目為 **Common Name（CN, 通用名稱）**欄位。在此需要輸入開發用 PC 的本機端 IP，也就是用來執行 HTTPS 伺服器的那台電腦。

6. 建立 `version.txt` 版本檔，用來區別韌體版本。由於 ESP-IDF 會用到這個檔案來設定韌體版本，所以檔名很重要，另外版本號碼也會用於 OTA 的更新邏輯中，藉由比較現有的版本號碼來檢查伺服器上有沒有發布更新：

```
$ cat version.txt
0.0.1
```

版本號碼格式可自由選用，不過就本章範例來說可採用主版號 - 副版號格式。關鍵在於每當要建置新韌體來設定新的版本號碼時，都必須更新這個檔案並清理專題。否則 ESP-IDF 還是會使用前一個版本號碼。

7. wifi_connect 函式庫要放在 `lib` 資料夾中。程式原始碼請由本書 github 取得：

https://github.com/PacktPublishing/Internet-of-Things-with-ESP32/tree/main/ch7/ota_update_ex/lib/wifi_connect

8. 最後，請檢查是否已具備以下檔案：

```
$ ls -R
.:
CMakeLists.txt  include  lib  platformio.ini  sdkconfig  server  src  test
version.txt  with_ota_parts.csv
```

```
./lib:
README  wifi_connect

./lib/wifi_connect:
wifi_connect.c  wifi_connect.h

./server:
ca_cert.pem  ca_key.pem

./src:
CMakeLists.txt  main.c
```

接著來看程式碼，請開啟 main.c 來編輯：

```
#include "freertos/FreeRTOS.h"
#include "freertos/task.h"
#include "esp_system.h"
#include "esp_event.h"
#include "esp_log.h"
#include "esp_ota_ops.h"
#include "esp_http_client.h"
#include "esp_https_ota.h"
#include "string.h"

#include "nvs.h"
#include "nvs_flash.h"
#include "esp_wifi.h"

#include "wifi_connect.h"

static const char *TAG = "ota_test";
extern const uint8_t server_cert_pem_start[] asm("_binary_ca_cert_pem_start");
extern const uint8_t server_cert_pem_end[] asm("_binary_ca_cert_pem_end");

void exit_ota(const char *mess)
{
    printf("> exiting: %s\n", mess);
    vTaskDelay(1000 / portTICK_PERIOD_MS);
    vTaskDelete(NULL);
}
```

在此匯入了必要的標頭檔並定義了兩個全域變數，分別代表嵌入於韌體二元檔中的伺服器憑證之起始與結束位址。這個憑證是用於對 HTTPS 伺服器的安全連線。**exit_ota** 是一個簡易輔助函式，在退出 OTA 流程之前會先呼叫它。

OTA 更新實作於以下函式中：

```
void start_ota(void *arg)
{
    esp_http_client_config_t config = {
        .url = APP_OTA_URL,
        .cert_pem = (char *)server_cert_pem_start,
    };
    esp_https_ota_config_t ota_config = {
        .http_config = &config,
    };

    esp_https_ota_handle_t https_ota_handle = NULL;
    if (esp_https_ota_begin(&ota_config, &https_ota_handle) != ESP_OK)
    {
        exit_ota("esp_https_ota_begin failed");
        return;
    }
```

以上首先定義了用於連線到安全伺服器的 HTTP 客戶端設定。它會由 APP_OTA_URL 取得韌體 URL，再取得嵌入憑證的位址。接著呼叫 **esp_https_ota_begin** 來開始作業，並比對執行中的韌體版本以及伺服器所存放的映像檔版本，這樣就能知道伺服器端是否有新的韌體了，如下：

```
    esp_app_desc_t new_app;
    if (esp_https_ota_get_img_desc(https_ota_handle, &new_app) != ESP_OK)
    {
        exit_ota("esp_https_ota_get_img_desc failed");
        return;
    }

    const esp_partition_t *current_partition = esp_ota_get_running_partition();
    esp_app_desc_t existing_app;
    esp_ota_get_partition_description(current_partition, &existing_app);
```

```
    ESP_LOGI(TAG, "existing version: '%s'", existing_app.version);
    ESP_LOGI(TAG, "target version: '%s'", new_app.version);

    if (memcmp(new_app.version, existing_app.version, sizeof(new_app.version))
== 0)
    {
        exit_ota("no update");
        return;
    }
```

esp_https_ota_get_img_desc 函式負責從 OTA 伺服器取得應用程式說明。這段應用程式說明包含了版本資訊。我們會將其與現有的映像檔版本來比對。如果兩者相同就退出，否則就開始 OTA 流程：

```
    ESP_LOGI(TAG, "updating...");
    while (esp_https_ota_perform(https_ota_handle) == ESP_ERR_HTTPS_OTA_IN_
PROGRESS)
        ;

    if (esp_https_ota_is_complete_data_received(https_ota_handle) != true)
    {
        exit_ota("download failed");
        return;
    }

    if (esp_https_ota_finish(https_ota_handle) == ESP_OK)
    {
        ESP_LOGI(TAG, "rebooting..");
        vTaskDelay(1000 / portTICK_PERIOD_MS);
        esp_restart();
    }

    exit_ota("ota failed");
}
```

在此的關鍵角色為 esp_https_ota_perform 函式，它負責從伺服器下載韌體。如果下載成功，就呼叫 esp_https_ota_finish 來完成本流程，並讓 ESP32 重新開機好讓開機程式載入新韌體。如果過程中發生任何錯誤，就丟出錯誤訊息並退出流程。

Wi-Fi 回呼函式實作如下：

```
void wifi_conn_cb(void)
{
    xTaskCreate(&start_ota, "ota", 8192, NULL, 5, NULL);
}

void wifi_failed_cb(void)
{
    ESP_LOGE(TAG, "wifi failed");
}
```

當 ESP32 連上了本地端的 Wi-Fi 網路之後，就會執行 wifi_conn_cb 回呼函式。它會運用之前實作的 start_ota 函式來啟動一個 FreeRTOS 任務。

整個應用程式都實作於 app_main 函式中：

```
void app_main(void)
{
    ESP_LOGI(TAG, "this is 0.0.1");
    connect_wifi_params_t p = {
        .on_connected = wifi_conn_cb,
        .on_failed = wifi_failed_cb};
    connect_wifi(p);

    esp_wifi_set_ps(WIFI_PS_NONE);
}
```

app_main 函式會呼叫 connect_wifi 搭配對應的回呼函式。esp_wifi_set_ps 是用來關閉 Wi-Fi 節電選項，以便完成 OTA 韌體更新。

程式完成了，可以來測試啦：

```
(penv)$ pio run -t clean
(penv)$ pio run
(penv)$ pio run -t erase
(penv)$ pio run -t upload
```

我們透過 USB 埠來刷新第一個韌體。有了這個初始韌體，手邊的開發套件就準備好進行 OTA 更新了。下一個測試步驟是啟動 HTTPS 伺服器，需要用到字形工具：

1. 在另一個終端機中執行以下指令來啟動伺服器：

```
$ cd server
$ openssl s_server -WWW -key ca_key.pem -cert ca_cert.pem -port 1111
```

2. 現在安全韌體伺服器應該順利啟動並執行起來了，不放心的話可以使用 openssl 來檢查。另外還要檢查防火牆會不會把 1111 埠擋掉，有必要的話就要加入額外的例外處理：

```
$ openssl s_client -connect localhost:1111
CONNECTED(00000003)
```

3. 編譯另一個版本的韌體，並將其複製到 server 資料夾中：

```
(penv)$ pio run -t clean
(penv)$ echo "0.0.2" > version.txt
(penv)$ pio run
(penv)$ cp ./.pio/build/az-delivery-devkit-v4/firmware.bin server/
```

4. 檢查一下開發板有沒有下載新韌體，請按下 reset 按鈕並檢視序列埠視窗的訊息。應可看到，應用程式會在重新開機之後再次向伺服器檢查是否有新韌體，但這次版本號碼是相符的，所以會跳過這個步驟。

Tips

操作 openssl 網路伺服器時如果遇到任何問題，應該也可改用其他的安全網路伺服器。這裡有個簡易的 Python 範例供你參考：

https://gist.github.com/dergachev/7028596

下一段要看看使用 TLS 的安全網路通訊範例。

7.3 使用 TLS/DTLS 進行安全通訊

就本質上而言，**傳輸層安全性協定（Transport Layer Security, TLS）**是用於加密任何在開放網路（當然也包含網際網路）上傳輸的資料，藉此讓兩方可進行安全通訊。TLS 可運用非對稱金鑰或對稱金鑰來建立安全連線。當客戶端應用程式要連到伺服器時，就會啟動名為 TLS 握手（TLS handshake）的流程，包含以下步驟：

1. 雙方會交換可支援的加密演算法，並選用其中一個來進行後續通訊。
2. 客戶端會透過檢查這個憑證來認證伺服器，來檢查該憑證是否為憑證 **Authority（CA）**所核發。這個步驟相當重要，因為客戶端需要知道這個伺服器是否合法。CA 是一個有權核准 / 拒絕某個憑證之認證的機構。
3. 針對對話通訊以安全方式生成一個對稱金鑰。兩方都可使用同一把對稱金鑰對彼此的訊息來加密 / 解密。

如果 TLS 握手成功，兩方就可透過任何安全應用程式層通訊協定來溝通了，例如 HTTPS、secure-MQTT 或 **websockets over TLS（WSS）**。TLS 的最新版本為 TLS v1.3，相關資訊請參考：`https://tools.ietf.org/html/rfc8446`。

只要談到 UDP 這類的資料包通訊協定，就要換成**資料包傳輸層安全（Datagram Transport Layer Security, DTLS）**通訊協定來負責通訊安全了，其運作方式與 TLS 類似。在 DTLS 之上，舉例來說，可執行**受限型應用程式通訊協定（Constrained Application Protocol, CoAP）**讓多個無線感測器節點可以彼此交換 UDP 訊息。

來看看在應用程式中部署 TLS 的範例，本範例會對一個線上的 REST API HTTPS 伺服器發送一個 HTTP GET 請求，並讀取其回應。作法說明如下：

- 需要一個可被連線的安全伺服器。本範例使用 `https://reqbin.com`，這是一個線上的 REST/SOAP API 測試工具，針對各種測試目的提供了對應的端點。本範例會對 `/echo/get/json` 這個 GET JSON 端點發送一個請求。
- ESP32 需要伺服器的憑證才能進行 TLS 連線，會用到 `openssl` 手動下載並將其嵌入韌體中。
- 韌體會運用其憑證對伺服器開啟一個 TLS 連線，接著經由這個 TLS 連線對 GET JSON 端點發送一個 GET 請求。伺服器預期會回覆一筆 JSON 資料。我們將其顯示在序列埠顯示器之後就關閉連線。

本專題設定步驟如下：

1. 使用以下設定 `platformio.ini` 新增一個專題：

```
[env:az-delivery-devkit-v4]
platform = espressif32
board = az-delivery-devkit-v4
framework = espidf

monitor_speed = 115200
build_flags =
    -DWIFI_SSID=${sysenv.WIFI_SSID}
    -DWIFI_PASS=${sysenv.WIFI_PASS}
board_build.embed_txtfiles = server/server_cert.pem
```

   下一步要取得伺服器憑證。

2. 使用憑證 路徑來更新 `src/CMakeLists.txt`：

```
FILE(GLOB_RECURSE app_sources ${CMAKE_SOURCE_DIR}/src/*.*)
idf_component_register(SRCS ${app_sources})
target_add_binary_data(${COMPONENT_TARGET} "../server/server_cert.pem" TEXT)
```

3. 建立一個名為 `server` 的資料夾來存放伺服器憑證。下一步會從伺服器下載這個憑證，並要求應用程式運用這個憑證來與伺服器通訊：

```
$ mkdir server && cd server
```

4. 使用 openssl 來下載伺服器憑證，但這次的輸出會包含較多訊息，因此需要編輯一下輸出檔案，也就是 server_cert.pem，因為我們只需要伺服器的憑證即可。開啟檔案時會看到裡面有兩個憑證，第二個才是要保留的：

```
$ openssl s_client -showcerts -connect reqbin.com:443 < /dev/null > server_
cert.pem
$ vi server_cert.pem
```

5. 把 wifi_connect 函式庫複製到 lib 資料夾中。函式庫請由本書 github 取得：

https://github.com/PacktPublishing/Internet-of-Things-with-ESP32/tree/main/ch7/tls_ex/lib/wifi_connect

函式庫複製完成之後，請用以下指令檢查專題目錄是否相同：

```
$ ls -R
.:
CMakeLists.txt  include  lib  platformio.ini  sdkconfig  server  src  test
./lib:
README  wifi_connect

./lib/wifi_connect:
wifi_connect.c  wifi_connect.h

./server:
server_cert.pem

./src:
CMakeLists.txt  main.c
```

專題設定完成之後，來看看 main.c：

```
#include <string.h>
#include <stdlib.h>
#include "freertos/FreeRTOS.h"
#include "freertos/task.h"
#include "esp_wifi.h"
#include "esp_log.h"
#include "esp_system.h"
```

```
#include "esp_tls.h"
#include "wifi_connect.h"
#include "private_include/esp_tls_mbedtls.h"

static const char *TAG = "tls_ex";

static const char REQUEST[] = "GET /echo/get/json HTTP/1.1\r\n"
                              "Host: reqbin.com\r\n"
                              "User-Agent: esp32\r\n"
                              "Accept: */*\r\n"
                              "\r\n";

extern const uint8_t server_root_cert_pem_start[] asm("_binary_server_cert_pem_
start");
extern const uint8_t server_root_cert_pem_end[] asm("_binary_server_cert_pem_end");
```

匯入必要的標頭檔之後，接著定義當連線到伺服器時所要發送的 HTTP 請求。server_root_cert_pem_start 與 server_root_cert_pem_end 分別代表嵌入於韌體中之伺服器憑證的起始 / 結束位址。

do_https_get 函式會負責完成這件事，它會連上伺服器、發送請求並取得回應，如下：

```
static void do_https_get(void *arg)
{
    char buf[512];
    int ret, len;

    esp_tls_cfg_t cfg = {
        .cacert_buf = server_root_cert_pem_start,
        .cacert_bytes = server_root_cert_pem_end - server_root_cert_pem_start,
    };

    struct esp_tls *tls = esp_tls_conn_http_new("https://reqbin.com", &cfg);
    if (tls == NULL)
    {
        ESP_LOGE(TAG, "esp_tls_conn_http_new failed");
        vTaskDelete(NULL);
        return;
    }

    ret = esp_mbedtls_write(tls, REQUEST, strlen(REQUEST));
```

首先呼叫 esp_tls_conn_http_new 來建立一個 TLS 連線，接著呼叫 esp_mbedtls_write 來發送請求。ESP-IDF API 函式中負責本功能的函式為 esp_tls_conn_write，雖說是根據原廠文件來做的，但看起來 ESP-IDF 版本搭配 platformIO 會有一些問題。因此，我們改用更底層的 esp_mbedtls_write 函式來直接呼叫。如果寫入成功的話，就進入一個 while 迴圈來讀取回應，如以下程式片段：

```
if (ret > 0)
{
    while (1)
    {
        len = sizeof(buf) - 1;
        ret = esp_mbedtls_read(tls, (char *)buf, len);
        if (ret > 0)
        {
            buf[ret] = 0;
            ESP_LOGI(TAG, "%s", buf);
        }
        else
        {
            break;
        }
    }
}
```

發送請求之後，就可以呼叫 esp_mbedtls_read 來讀取回應了。我們會把回應讀到一個緩衝區中，直到伺服器回應中沒有任何位元為止。最後會先關閉 TLS 連線再退出函式，如下：

```
    esp_tls_conn_delete(tls);
    vTaskDelete(NULL);
}
```

esp_tls_conn_delete 函式會釋放 TLS 函式庫所分配的所有資源。

Note

mbedTLS 是一款由 ESP-IDF 所維護的預設 TLS 函式庫。另一個 TLS 函式庫選項是改用 **wolfSSL**。

其他地方就很簡單啦。在其餘程式碼中，就只要連到本地端 Wi-Fi，並在 EPS32 成功連線時，透過 **do_https_get** 啟動一個 FreeRTOS 任務即可：

```
void wifi_conn_cb(void)
{
    xTaskCreate(&do_https_get, "https", 8192, NULL, 5, NULL);
}

void wifi_failed_cb(void)
{
    ESP_LOGE(TAG, "wifi failed");
}

void app_main(void)
{
    connect_wifi_params_t p = {
        .on_connected = wifi_conn_cb,
        .on_failed = wifi_failed_cb};
    connect_wifi(p);
}
```

完成了！可以測試應用程式了：

```
$ source ~/.platformio/penv/bin/activate
(penv)$ export WIFI_SSID='\"<local_wifi_ssid>\"'
(penv)$ export WIFI_PASS='\"<local_wifi_password>\"'
(penv)$ pio run && pio run -t upload
(penv)$ pio device monitor
```

開啟序列顯示器視窗，應該在其中看到來自 REST API 伺服器的完整 HTTP 回應。回應訊息中會包含一段 JSON 資料作為 REST API 回應的一部份：

```
{"success":"true"}
```

下一段要介紹 ESP32 各項安全性元素的運作方式。

7.4 整合安全元件

如果希望裝置中的私鑰能隔絕任何形式的存取，就可使用安全性元素。假設我們的專題必須遵守 **IEEE 802.1AR-Secure Device Identity**。該標準指出，網路中的所有裝置都應具備一個**裝置唯一識別碼（unique device identifier, DevID）**，經由加密形式來綁定裝置以便管理整個生命週期。該標準中已清楚定義安全元件應該要有哪些功能，這樣就能保護私鑰免於任何外部存取，並提供一個加密運算介面。在這樣的情境下，安全元件就可以生成一組私鑰 / 公鑰，並把私鑰存放於自身金庫（安全且非揮發記憶體）中來避免任何外部存取，當然也包括執行於主端 MCU 的應用程式。所有加密函式也都是由安全元件所提供，所以像 ESP32 這樣的主端系統單晶片（**SoC**）就能透過安全性元素的加密 API 來進行查詢了。換言之，代表主端應用程式不需要知道私鑰也能進行安全性操作。

Espressif 系列產品已有這類模組，**ESP32-WROOM-32SE**（末端的 SE 就代表安全元件，**secure element**），其中已整合了 *Microchip* 公司的 **ATECC608A cryptoauth** 晶片。當專題需要整合安全性元素時，只要使用這個模組就可省去各種設計與移植上的問題，因為 Espressif 都幫你搞定了。

不過，本範例的開發板並不具備 ESP32-WROOM-32SE 模組，所以需要搭配一個 Optiga TrustX Security Shield2Go，實體照片如下：

▲ 圖 7.1 Optiga TrustX Security Shield2Go

根據其規格表[6]，可看到下列訊息：

> *With built-in tamper-proof NVM for secure storage and asymmetric/symmetric crypto engine to support ECC 256, AES-128 and SHA-256.*

這意思是說，這片板子採用了**橢圓曲線加密（ECC）**演算法進行非對稱加密，**進階加密標準（Advanced Encryption Standard, AES）**作為對稱區塊的密碼，而 **SHA-256 密碼雜湊（Cryptographic Hash）演算法**則負責產生簽章。有了這些功能之後，Optiga TrustX 就可針對各種物聯網應用程式，在安全且非揮發記憶體中提供了相當不錯的加密引擎。如果想深入了解這類應用情境的話，Infineon 在其 *OPTIGA™ Trust X1 Solution Reference Manual* 中提供了非常棒的說明文件，請參考本章的「延伸閱讀」段落。

Optiga 也提供了一份軟體函式庫以及相當不錯的文件[7]。函式庫針對開發者提供了相當清楚的 API。我們只會在平台抽象層（**Platform Abstraction Layer, PAL**）層與應用程式層來操作函式庫。幸好，上述 github 中已有針對 ESP32 的參考實作，我們可直接根據需求來修改。

本範例內容如下：

- 透過 I^2C 介面連到 Optiga TrustX，並由其第一個公鑰槽讀取憑證。它在其安全記憶體中可儲存最多四組私鑰與公鑰，並只能透過 I^2C 介面搭配其 API 才能存取。
- 我們會藉由覆寫 mbedTLS 的介面函式來整合 mbedTLS 與 Optiga TrustX。mbedTLS 預設設定會使用 ESP32 的加密功能，但我們可以更新 mbedTLS API 函式把這些呼叫導向到 Optiga TrustX。
- 使用 mbedTLS 來連上安全網路伺服器，並透過安全通道來發送資料。網路伺服器會執行於開發用的 PC 上，只要從命令列執行 `openssl` 即可。

---

6 https://www.infineon.com/cms/en/product/evaluation-boards/s2go-security-optiga-x/

7 https://github.com/Infineon/optiga-trust-x

Optiga TrustX 模組與 ESP32 之間的連線很簡單。由於安全元件實際上是一個 I^2C 裝置，要把它的 SDA 與 SCL 腳位分別接到 ESP32 的 GPIO21 與 GPIO22 腳位，還有一隻 RST 腳位則是接到 GPIO23。接好 GND 與 3.3 V 電源之後，就準備好驅動 Optiga TrustX 了。

新增一個專題並根據以下步驟來設定：

1. 編輯 `platformio.ini`：

```
[env:az-delivery-devkit-v4]
platform = espressif32
board = az-delivery-devkit-v4
framework = espidf

monitor_speed = 115200
board_build.embed_txtfiles =
    src/dummy_private_key.pem
    src/test_ca_list.pem

build_flags =
    -DPAL_OS_HAS_EVENT_INIT
    -DWIFI_SSID=${sysenv.WIFI_SSID}
    -DWIFI_PASS=${sysenv.WIFI_PASS}
    -DWEB_SERVER=${sysenv.TEST_WEB_SERVER}
```

ESP-IDF 在其元件清單中已具備 mbedTLS 來實作 TLS 通訊協定，好用於開發安全應用程式。因此需要在 PAL 層級來整合 mbedTLS 與 Optiga TrustX 函式庫，並在應用程式使用 mbedTLS API。mbedTLS 只會把 `src/dummy_private_key.pem` 用於設定，所有需要用到私鑰的運算則是由 Optiga TrustX 處理。

`src/test_ca_list.pem` 是建立信任鏈所需的 CA 憑證清單。測試用的網路伺服器也會用到同一份清單。`PAL_OS_HAS_EVENT_INIT` 則是一個巨集定義，Optiga TrustX 函式庫會用它來整合 ESP32 平台。最後，開發用的 PC 會做為測試性質的網路伺服器，而 `sysenv.TEST_WEB_SERVER` 則是這台 PC 的本機端 IP。

2. 使用安全金鑰匙來更新 src/CMakeLists.txts：

```
FILE(GLOB_RECURSE app_sources ${CMAKE_SOURCE_DIR}/src/*.*)
idf_component_register(SRCS ${app_sources})
target_add_binary_data(${COMPONENT_TARGET} "../src/dummy_private_key.pem"
TEXT)
target_add_binary_data(${COMPONENT_TARGET} "../src/test_ca_list.pem" TEXT)
```

3. 下一步是在應用程式中匯入 wifi_connect 與 optiga 函式庫。我修改了 platformIO 提供的 optiga 函式庫，這樣才能相容於 ESP-IDF。函式庫請由此取得：

   https://github.com/PacktPublishing/Internet-of-Things-with-ESP32/tree/main/ch7/optiga_ex/lib/optiga

4. 為了測試應用程式，需要執行一個測試用的網路伺服器。伺服器一樣需要一個憑證、一個私鑰以及針對應用程式的 CA 憑證。這些檔案都在同一個 github 的 server 資料夾中。

5. optiga 函式庫中中有一段 menuconfig 包含了所有參數，路徑為 src/Kconfig.projbuild。

所有必要的檔案都準備好之後，你的目錄架構應如下：

```
$ ls -R .
.:
CMakeLists.txt  include  lib  platformio.ini  sdkconfig  server  src

./lib:
optiga  README  wifi_connect

./lib/optiga:
include  src

./lib/optiga/include:
<optiga header files>

./lib/optiga/src:
<optiga source files>
```

```
./lib/wifi_connect:
wifi_connect.c  wifi_connect.h

./server:
OPTIGA_Trust_X_InfineonTestServer_EndEntity_Key.pem  OPTIGA_Trust_X_
InfineonTestServer_EndEntity.pem  OPTIGA_Trust_X_trusted_CAs.pem

./src:
CMakeLists.txt  dummy_private_key.pem  Kconfig.projbuild  main.c  test_ca_list.
pem
```

所有的標頭檔也都準備好了，來看看 main.c：

```
#include <string.h>
#include <stdlib.h>
#include "freertos/FreeRTOS.h"
#include "freertos/task.h"
#include "freertos/event_groups.h"
#include "esp_log.h"
#include "esp_system.h"

#include "mbedtls/platform.h"
#include "mbedtls/net.h"
#include "mbedtls/esp_debug.h"
#include "mbedtls/ssl.h"
#include "mbedtls/entropy.h"
#include "mbedtls/ctr_drbg.h"
#include "mbedtls/error.h"
#include "mbedtls/certs.h"
#include "mbedtls/base64.h"

#include "optiga/optiga_util.h"
#include "optiga/pal/pal_os_event.h"
#include "optiga/ifx_i2c/ifx_i2c_config.h"
#include "wifi_connect.h"
#include "driver/gpio.h"
```

首先匯入了一大串標頭檔。optiga/* 等標頭定義了用於與 Optiga TrustX 模組溝通的所有結構與函式。接著是應用程式所需的巨集與全域變數：

```
#define CERT_LENGTH 512
#define WEB_COMMONNAME "Infineon Test Server End Entity Certificate"
#define WEB_PORT "50000"

static const char *TAG = "optiga_ex";

static const char *REQUEST = ">> Super important data from the client |";
```

WEB_PORT 巨集定義了要連接的伺服器埠號，而 REQUEST 則是在成功建立 TLS 連線之後要發送給伺服器的資料。接著定義更多全域變數，如下：

```
optiga_comms_t optiga_comms = {(void *)&ifx_i2c_context_0, NULL, NULL, OPTIGA_
COMMS_SUCCESS};

extern const uint8_t server_root_cert_pem_start[] asm("_binary_test_ca_list_pem_
start");
extern const uint8_t server_root_cert_pem_end[] asm("_binary_test_ca_list_pem_
end");

extern const uint8_t my_key_pem_start[] asm("_binary_dummy_private_key_pem_start");
extern const uint8_t my_key_pem_end[] asm("_binary_dummy_private_key_pem_end");

uint8_t my_cert[CERT_LENGTH];
uint16_t my_cert_len = CERT_LENGTH;
```

optiga_comms 結構保存了對 Optiga TrustX 模組的 I^2C 連線資料。接著定義加密檔的起始與結束位址。my_cert 則是一個位元組陣列，用於存放由 Optiga TrustX 模組所下載的裝置憑證。

接著看到初始化函式：

```
static void init_hw(void)
{
    uint8_t err_code;

    gpio_set_direction(CONFIG_PAL_I2C_MASTER_RESET, GPIO_MODE_OUTPUT);
    pal_os_event_init();
    err_code = optiga_util_open_application(&optiga_comms);
    ESP_ERROR_CHECK(err_code);
```

pal_os_event_init 是一個平台專屬的 Optiga 函式，用於處理 optiga 函式庫中的所有事件。它基本上是建立一個 FreeRTOS 任務，並監控有沒有已註冊的程式在執行中。接著，optiga_util_open_application 會在安全元件中初始化一個 I^2C 通道並啟動應用程式，最後再對安全元件來讀取這個憑證：

```
    err_code = optiga_util_read_data(CONFIG_OPTIGA_TRUST_X_CERT_SLOT, 0x09, my_
cert, &my_cert_len);
    ESP_ERROR_CHECK(err_code);
```

optiga_util_read_data 函式是由安全元件的四個憑證槽其中之一把憑證讀取到 my_cert。槽位址設定於 sdkconfig 中。初始化流程的最後則是設定安全元件的電流限制，如下：

```
    uint8_t curlim = 0x0e;
    err_code = optiga_util_write_data(eCURRENT_LIMITATION, OPTIGA_UTIL_WRITE_
ONLY, 0, &curlim, 1);
    ESP_ERROR_CHECK(err_code);
}
```

呼叫 optiga_util_write_data 函式並搭配 eCURRENT_LIMITATION 可將安全元件的電流限制提高，這樣會讓它的執行效能更好。在低功耗的應用程式中，可把這筆數值設為最低。

接著定義一些輔助函式：

```
static void exit_task(const char *mesg)
{
    if (mesg)
    {
        ESP_LOGI(TAG, "%s", mesg);
    }
    vTaskDelete(NULL);
}

static void free_mbedtls(mbedtls_ssl_context *ssl, mbedtls_net_context *server_
fd, int ret)
{
```

```
    char buf[128];
    mbedtls_ssl_session_reset(ssl);
    mbedtls_net_free(server_fd);

    if (ret != 0)
    {
        mbedtls_strerror(ret, buf, sizeof(buf) - 1);
        ESP_LOGE(TAG, "Last error was: -0x%x - %s", -ret, buf);
    }
}
```

之前在退出 TLS 連線或處理錯誤時已經看過 exit_task 與 free_mbedtls 這兩個輔助函式了。在 free_mbedtls 中會呼叫 mbedtls_ssl_session_reset 來中斷對話，接著由 mbedtls_net_free 來關閉底層的 socket。本範例用到了許多 mbedTLS 函式，我們無法一一詳述，但如果你想要深入了解的話，它的 API 文件 [8] 寫得相當好。後續在看本範例程式碼時，建議開啟這個頁面來對照。

Tips

Secure Sockets Layer（SSL） 是針對 TLS 的前導通訊協定，SSL 與 TLS 在許多情形下代表同一件事。mbedTLS 文件中將安全連線稱 SSL 對話。相同地，TLS 憑證也常被稱為 SSL 憑證。

以下函式會透過必要的 mbedTLS 函式來連線到安全伺服器並發送資料：

```
static void connect_server_task(void *args)
{
    int ret = 0;

    mbedtls_entropy_context entropy;
    mbedtls_ctr_drbg_context ctr_drbg;
    mbedtls_ssl_context ssl;
    mbedtls_x509_crt cacert;
```

8 https://tls.mbed.org/api/

```
    mbedtls_x509_crt mycert;
    mbedtls_pk_context mykey;
    mbedtls_ssl_config conf;
    mbedtls_net_context server_fd;

    mbedtls_ssl_init(&ssl);
    mbedtls_x509_crt_init(&cacert);
    mbedtls_x509_crt_init(&mycert);
    mbedtls_pk_init(&mykey);
    mbedtls_ctr_drbg_init(&ctr_drbg);
    mbedtls_ssl_config_init(&conf);
    mbedtls_entropy_init(&entropy);
    mbedtls_ctr_drbg_seed(&ctr_drbg, mbedtls_entropy_func, &entropy, NULL, 0);
```

在與伺服器通訊之前，mbedTLS 初始化的東西還真多。到底做了哪些事情呢？為你整理如下：

- 亂數的熵來源（mbedtls_entropy_context）
- 亂數產生子系統（mbedtls_ctr_drbg_context）
- CA 憑證與裝置憑證（mbedtls_x509_crt）
- 與伺服器通訊 CP socket（mbedtls_net_context）
- 用於儲存連線狀態的 TLS 設定與上下文結構（mbedtls_ssl_context）

接著是解析金鑰：

```
if (mbedtls_x509_crt_parse(&cacert, server_root_cert_pem_start,server_root_cert_
pem_end - server_root_cert_pem_start) < 0)
    {
        exit_task("mbedtls_x509_crt_parse/root cert failed");
        return;
    }

    if (mbedtls_x509_crt_parse_der(&mycert, my_cert, my_cert_len) < 0)
    {
        exit_task("mbedtls_x509_crt_parse/local cert failed");
        return;
    }

    mbedtls_pk_parse_key(&mykey, (const unsigned char *)my_key_pem_start,my_key_
pem_end - my_key_pem_start, NULL, 0);
```

金鑰會被解析為 mbedTLS 變數，mbedTLS 後續在伺服器握手與通訊時會用到這些資訊。最後 mbedtls_pk_parse_key 的回傳值不太重要，因為安全元件會去處理加密相關操作，這時才會用到私鑰。mycert 包含了非對稱金鑰組的公開部份。之後，就會使用 mbedTLS 函式庫函式來初始化通訊：

```
    mbedtls_ssl_set_hostname(&ssl, WEB_COMMONNAME);
    mbedtls_ssl_config_defaults(&conf, MBEDTLS_SSL_IS_CLIENT,
MBEDTLS_SSL_TRANSPORT_STREAM, MBEDTLS_SSL_PRESET_DEFAULT);
    mbedtls_ssl_conf_authmode(&conf, MBEDTLS_SSL_VERIFY_REQUIRED);
    mbedtls_ssl_conf_ca_chain(&conf, &cacert, NULL);
    mbedtls_ssl_conf_rng(&conf, mbedtls_ctr_drbg_random, &ctr_drbg);
    mbedtls_ssl_conf_own_cert(&conf, &mycert, &mykey);
    mbedtls_ssl_setup(&ssl, &conf);

    mbedtls_net_init(&server_fd);
```

有一些地方要注意，才能與安全伺服器成功連線。在此有個重點在於，我們需要呼叫 mbedtls_ssl_conf_authmode 函式去設定 mbedTLS，使其可以去檢查伺服器憑證。在 TLS 握手過程中會去驗證伺服器憑證。為了順利完成初始化流程，呼叫了 mbedtls_ssl_setup 來初始化安全層，也呼叫了 mbedtls_net_init 來初始化底層的 BSD socket。現在已經可以來測試連線了：

```
    if ((ret = mbedtls_net_connect(&server_fd, WEB_SERVER, WEB_PORT, MBEDTLS_
NET_PROTO_TCP)) != 0)
    {
        exit_task("mbedtls_net_connect failed");
        free_mbedtls(&ssl, &server_fd, ret);
        return;
    }

    mbedtls_ssl_set_bio(&ssl, &server_fd, mbedtls_net_send, mbedtls_net_recv, NULL);

    while ((ret = mbedtls_ssl_handshake(&ssl)) != 0)
    {
        if (ret != MBEDTLS_ERR_SSL_WANT_READ && ret != MBEDTLS_ERR_SSL_WANT_WRITE)
        {
            exit_task("mbedtls_ssl_handshake failed");
            free_mbedtls(&ssl, &server_fd, ret);
```

```
            return;
        }
    }
```

呼叫 mbedtls_net_connect 來連到伺服器。如果成功建立 TCP 連線的話，就呼叫 mbedtls_ssl_handshake 來進行 TLS 握手。完成之後就可以檢查結果，如下：

```
    if ((ret = mbedtls_ssl_get_verify_result(&ssl)) != 0)
    {
        exit_task("mbedtls_ssl_get_verify_result failed");
        free_mbedtls(&ssl, &server_fd, ret);
        return;
    }

    while ((ret = mbedtls_ssl_write(&ssl, (const unsigned char *)REQUEST,
strlen(REQUEST))) <= 0)
    {
        if (ret != MBEDTLS_ERR_SSL_WANT_READ && ret != MBEDTLS_ERR_SSL_WANT_WRITE)
        {
            exit_task("mbedtls_ssl_write failed");
            free_mbedtls(&ssl, &server_fd, ret);
            return;
        }
    }
```

mbedtls_ssl_get_verify_result 函式是用來檢查伺服器憑證 是否有效。如果伺服器憑證通過驗證流程的話，就呼叫 mbedtls_ssl_write 來經由安全通道把 REQUEST 發送出去。最後，呼叫 mbedtls_ssl_close_notify 來通知伺服器，對話已經結束並關閉連線，如以下程式片段：

```
    mbedtls_ssl_close_notify(&ssl);
    free_mbedtls(&ssl, &server_fd, 0);
    exit_task(NULL);
}
```

現在，終於可以實作 Wi-Fi 連線回呼函式與 app_main 了：

```
static void wifi_conn_cb(void)
{
    xTaskCreate(&connect_server_task, "connect_server_task", 8192, NULL, 5, NULL);
}

static void wifi_failed_cb(void)
{
    ESP_LOGE(TAG, "wifi failed");
}

void app_main(void)
{
    init_hw();

    connect_wifi_params_t p = {
        .on_connected = wifi_conn_cb,
        .on_failed = wifi_failed_cb};
    connect_wifi(p);
}
```

app_main 中只呼叫了 init_hw 與 connect_wifi。連到本地端 Wi-Fi 之後，connect_server_task 會被 FreeRTOS 排程後執行。

在此最後一個重點就是如何讓 mbedTLS 函式庫與任何安全元件整合起來。mbedTLS 的 ESP32 埠所對接的是 ESP32 的加密加速器，而不是 Optiga TrustX 模組。

mbedTLS 針對第三方整合提供了一系列函式，並透過設定標頭來控制它們。ESP-IDF 會運用這些設定來完成整合。一般來說，在專題中所要做的事情是把 mbedTLS 的 ESP32 部分由 ESP-IDF 中移除，並將其換為 Optiga 模組的對應內容。我無法詳述所有移植內容，而只會介紹當亂數產生器需要種子時，對 Optiga 模組發送的熵呼叫。在此會用到 mbedtls_hardware_poll 這個 mbedTLS API 函式，是在 mbedTLS 設定標頭中藉由定義 MBEDTLS_ENTROPY_HARDWARE_ALT 巨集所完成的。設定標頭檔為 mbedtls/config.h。在此將其實作於 lib/optiga/src/trustx_random.c：

```
#if !defined(MBEDTLS_CONFIG_FILE)
#include "mbedtls/config.h"
#else
#include MBEDTLS_CONFIG_FILE
#endif

#include <sys/types.h>
#include <stdlib.h>
#include <stdio.h>
#include "optiga/optiga_crypt.h"
#include "mbedtls/entropy_poll.h"
#include "mbedtls/esp_config.h"
#include "esp_log.h"
```

首先匯入了必要的標頭檔來存取其中的函式，接著定義函式，如下：

```
#if defined(MBEDTLS_ENTROPY_HARDWARE_ALT)

int mbedtls_hardware_poll( void *data, unsigned char *output, size_t len, size_t
*olen )
{
    ESP_LOGI("optiga", "in mbedtls_hardware_poll");
    optiga_lib_status_t status = OPTIGA_LIB_ERROR;

    status = optiga_crypt_random(eTRNG, output, len);
    if ( status !=  OPTIGA_LIB_SUCCESS)
    {
            *olen = 0;
            return 1;
    }

    *olen = len;
    return 0;
}
#endif
```

mbedtls_hardware_poll 中會呼叫 optiga 函式庫的 optiga_crypt_random 來取得一個隨機位元組陣列。接著要看看 ESP-IDF 實作，路徑為 $HOME/.platformio/packages/framework-espidf/ components/mbedtls/port/esp_hardware.c：

```
#if !defined(MBEDTLS_CONFIG_FILE)
#include "mbedtls/config.h"
#else
#include MBEDTLS_CONFIG_FILE
#endif

#include <sys/types.h>
#include <stdlib.h>
#include <stdio.h>
#include <esp_system.h>
#include <esp_log.h>

#include "mbedtls/entropy_poll.h"

#ifndef MBEDTLS_ENTROPY_HARDWARE_ALT
#error "MBEDTLS_ENTROPY_HARDWARE_ALT should always be set in ESP-IDF"
#endif

extern int mbedtls_hardware_poll(void *data, unsigned char *output, size_t len,
size_t *olen);
```

函式實作已被換成 extern 定義，這樣編譯器就可以使用我們自改的 mbedtls_hardware_poll 了。

完工之後，開始編譯應用程式：

```
$ source ~/.platformio/penv/bin/activate
(penv)$ export WIFI_SSID='\"<wifi_ssid>\"'
(penv)$ export WIFI_PASS='\"<wifi_pwd>\"'
(penv)$ export TEST_WEB_SERVER='\"<pc_local_ip>\"'
(penv)$ pio run && pio run -t upload
```

同樣需要一個安全網路伺服器來測試應用程式。openssl 對於這類測試超級好用，請用以下指令來啟動伺服器：

```
$ cd server
$ openssl s_server -tls1_2 -cipher ECDHE-ECDSA-AES128-CCM8 -accept 50000
-cert OPTIGA_Trust_X_InfineonTestServer_EndEntity.pem -key OPTIGA_Trust_X_
InfineonTestServer_EndEntity_Key.pem -CAfile OPTIGA_Trust_X_trusted_CAs.pem -debug
-state
```

一切順利的話，ESP32 會連到網路伺服器、完成 TLS 握手、驗證憑證接著發送請求，並會在伺服器端顯示出來。

這是本章的最後一個範例，下一章要使用實作範例來介紹 ESP32 的**藍牙低功耗（Bluetooth Low Energy, BLE）**功能。

7.5 總結

網路安全性對於任何物聯網專題來說至關重要，且在設計開發各類物聯網產品時，把安全性納入考量是絕對必要的。對 ESP32 來說，這代表新產品在上市之前需要做到**安全開機**與**快閃加密**這兩件事。另外，應用程式韌體也需要支援 **OTA 更新**，才能更新到新版本來修補任何可能的安全性漏洞。**TLS/DTLS** 通訊協定可部署於應用層來與遠端伺服器或任何運算裝置進行安全通訊。本章已示範數種對物聯網裝置加諸安全性的技術。

然而，即便我們已自認採取了所有預防措施，也很難保證有百分百安全的裝置。最好能做到把裝置安裝於場域之後去檢查是否有任何可能的漏洞，有必要的話也可以設定某些機制來監控已安裝裝置的健康狀況。

下一章會繼續介紹 ESP32 的另一個連線功能。如前所述，ESP32 在無線網路方面也支援 BLE 技術。我們會看到 BLE 的運作方式，並透過一些有趣的範例來實作。

7.6 問題

請回答以下問題來複習本章學習內容：

1. 在把 ESP32 安裝於場域之前，下列何者不是一個好的安全性作法？

a) 在 ESP32 上啟動一個安全網路伺服器

b) 確保沒有任何外露的 GPIO 腳位或 JTAG 埠

c) 啟用安全開機

d) 快閃加密

2. 如果想要限制非對稱金鑰中對於私鑰的存取，下列哪種做法是不合適的？

a) 整合 Microchip ATECC608A

b) 整合 Optiga TrustX

c) 使用 ESP32-WROOM-32SE

d) 把金鑰嵌入於已加密的快閃記憶體中

3. 考量到修補已發現的漏洞，在裝置已安裝於場域之後，下列哪一個應用程式韌體的功能至關重要？

a) 安全開機

b) 快閃加密

c) TLS 通訊

d) OTA 更新

4. 下列哪個事件不包含在 TLS 握手過程中？

a) 交換支援的加密演算法

b) 安全資料交換

c) 憑證認證

d) 產生對稱金鑰

5. 如果安全 OTA 更新失敗的話，下列何者不是原因？

a) 伺服器認證失敗

b) 版本檔的內容出現差異

c) 開機程式錯誤

d) 分割定義檔錯誤

7.7 延伸閱讀

- *Practical Internet of Things Security – Second Edition, Brian Russell, Drew Van Duren, Packt Publishing* (https://www.packtpub.com/product/practical-internet-of-things-security-second-edition/9781788625821)：本書涵蓋了關於物聯網產品的所有安全性考量，其中第 6 章說明了密碼學的基礎，包含亂數產生、對稱 / 非對稱加密、數位簽章、雜湊與加密演算法等等。
- *OPTIGA Trust X1 – Solution Reference Manual*：可從網路上[9]免費取得。本文件整理了安全元件的主要用途，也列出了可與安全元件通訊的外部 API 函式與 I^2C 二元通訊協定，會用到本章最後一段所匯入的函式庫來實作。

9 https://github.com/Infineon/Assets/raw/master/PDFs/OPTIGA_Trust_X_SolutionReferenceManual_v1.35.pdf

CHAPTER

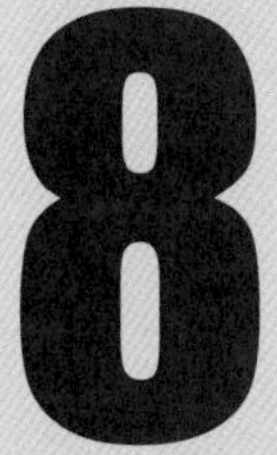

藍牙我也通

藍牙（Bluetooth）是一種針對可攜式裝置的短距離無線通訊標準。它最初的設計理念是作為 RS232 這類序列通訊協定的無線版本，好在兩個裝置提供無線通訊。藍牙相關規範是由**藍牙技術聯盟（Bluetooth Special Interest Group, SIG）**與全球數千位會員所制定。從藍牙 4.0 核心規範開始，藍牙技術聯盟特別鎖定物聯網應用，為裝置開發者提供低功耗、網格網路與定位服務等等最新功能。

目前共有兩種藍牙無線標準：傳統藍牙（Bluetooth Classic, BR/EDR）與藍牙低功耗（**Bluetooth Low Energy, BLE**）。ESP32 兩者都支援。本章會以實作範例來介紹 ESP32 的 BLE 功能，並學會如何在現實生活情境下來運用 BLE。BLE 這個主題非常大，很難在一章中講完。如果你想要深入了解本章範例所涵蓋的 BLE 觀念，本章的「延伸閱讀」段落中提供了一本書供你參考。

本章主題如下：

- BLE 基本觀念
- 開發簡易 BLE 信標
- 開發可做為環境溫度周邊裝置的 GATT 伺服器
- 使用 ESP32 建立 BLE 網格網路

8.1 技術要求

本章所有範例都只會用到 devkit 而已。不過，在 BLE 網格網路範例中，你可以對多套 devkit 燒錄對應的韌體來網路中加入更多節點，這樣就可以嘗試不同的 BLE 參數。

軟體的部分，會用到 Nordic Semiconductor 公司推出的 **nRF Connect** 與 **nRF Mesh** 這兩款行動軟體。Android 與 iOS 平台都可以免費下載。

本章範例請由本書 GitHub 取得：

`https://github.com/PacktPublishing/Internet-of-Things-with-ESP32/tree/main/ch8`

範例實際執行影片請參考：`https://bit.ly/3jUqGTj`

8.2 認識 BLE 基本觀念

理解 BLE 運作原理的最快方式就是參考下圖的架構：

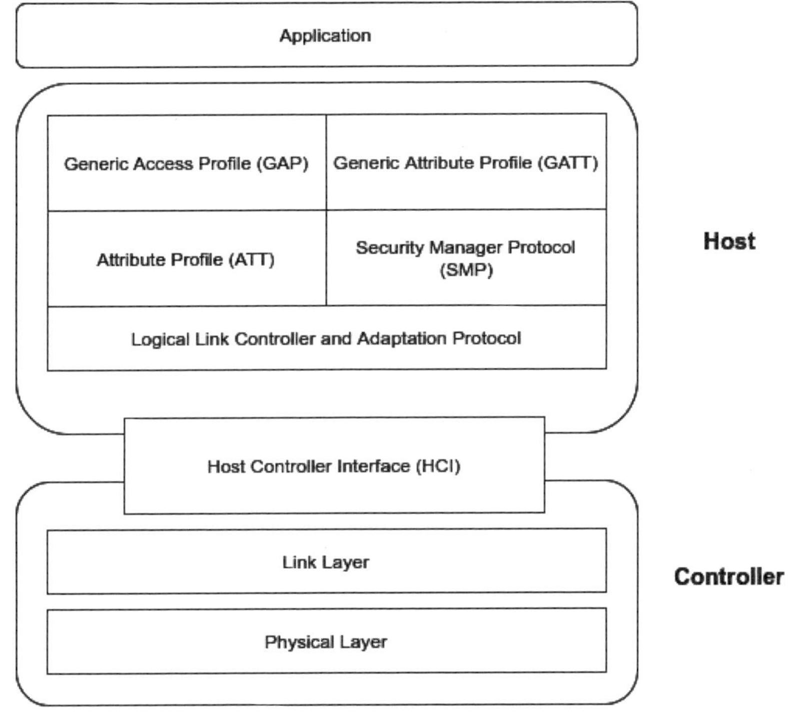

▲ 圖 8.1 藍牙技術堆疊

架構包含兩大部分：**控制器（Controller）**與**主機（Host）**。控制器負責管理無線通訊，而主機則負責實作堆疊作為應用程式的介面。因此，可設計成一個具備應用程式處理器的裝置搭配另一個獨立的藍牙網路協同處理器，或使用具備已嵌入藍牙無線通訊的單一系統單晶片（SoC）。ESP32 屬於後者。

至於主機端，ESP32 採用 **Bluedroid** 作為預設藍牙主機。Bluedroid 堆疊是一款開放原始碼藍牙實作，特別針對移植到 ESP-IDF 的 Android 裝置。現在很快看一下本章範例所需的主機層級功能。

◉ 通用存取規範

通用存取規範（Generic Access Profile, GAP）定義了堆疊的探索與連線服務。BLE 裝置的運作方式包含無連線模式（自身廣播或掃描其他 BLE 廣播），以及連線導向模式來運作。GAP 在這些模式中會指定四種不同的角色。無連線模式的角色說明如下：

- **廣播者（broadcaster）**，用於發送 BLE 廣播，例如信標。
- **接收者（observer）**，用於掃描鄰近的 BLE 廣播。

連線導向模式的角色說明如下：

- **周邊裝置（Peripheral）**，用於發送資料，例如感測器裝置。
- **中央裝置（Central）**，用於請求資料，例如行動電話。

在無連線模式，資料只能從廣播者單向發送到接收者，但如果是連線導向模式的話，資料流則可為雙向。

◉ 屬性規範

屬性（attribute）是組裝 BLE 的一個個小積木。BLE 裝置的所有功能都會以屬性清單來描述。每個屬性包含以下欄位：

- **Handle**：屬性的唯一識別碼
- **Type**：屬性的資料型態
- **Value**：屬性值
- **Permissions**：Value 欄位的讀 / 寫權限

屬性規範也會定義兩個角色：伺服器與用戶端。伺服器會對用戶端提供資料或一個請求介面。根據裝置功能需求，BLE 裝置可同時實作為這兩種角色或其中之一。

◉ 通用屬性規範

通用屬性規範（Generic Attribute Profile, GATT）藉由**服務（service）**與**特徵（characteristic）**來定義介接用戶端的邏輯介面。服務可包含一或多個 特徵。例如 `my-light-sensor` 服務就包含以下特徵：

- 光特徵
- 位置特徵
- 電池狀態特徵

服務與特徵會被描述為 BLE 應用程式的屬性。後續會透過範例來深入理解如何定義服務。

◉ 安全管理通訊協定

安全管理通訊協定（Security Manager Protocol, SMP）管理所有的配對、認證與金鑰產生等相關操作。

BLE 標準就介紹到此，我們要透過一個實作範例來看看如何使用 ESP32 來開發 BLE 應用程式。

8.3 開發 BLE 信標

BLE 信標是一個可把自身的唯一識別碼作為 BLE 廣播發送出去的裝置，這樣一來，當智慧型手機偵測到這個信標時，行動 app 就可以作出回應。當需要偵測接近程度時，這項技術超級好用，例如追蹤功能的應用程式或在逛博物館的時候可以顯示某個展品的更多資訊。

這項技術的一款實作就是由 Apple 公司所開發的 **iBeacon**。BLE 廣播中的 iBeacon 框架包含了與應用程式有關的三個資料欄位：

- **16 位元組 UUID**：應用程式的全域唯一識別碼。這個 UUID 會與所有裝置分享。
- **Major（長度 2 位元組）**：應用程式專屬的主識別碼，用於把多個 iBeacon 裝置按照區域編組。
- **Minor（長度 2 位元組）**：應用程式專屬的副識別碼，用於把指定區域中的 iBeacon 裝置按照位置編組。

更多關於 iBeacon 運作原理的資訊請參考 Apple 網站上的說明文件[1]。

iBeacon 框架也包含了裝置的 TX 發送功率值，這是在校正過程中以一公尺距離來測定。當位於 iBeacon 運作場域中時，行動 app 會去比對這個數值與所收到的訊號強度來估算出 iBeacon 裝置之間的距離。

具備基本觀念之後就可以自行開發 iBeacon 裝置，請根據以下步驟操作：

1. 新建一個 PlatformIO 專題之後，進入 menuconfig 來啟動 Bluetooth 元件與 Bluedroid：

```
$ source ~/.platformio/penv/bin/activate
(penv)$ pio run -t menuconfig
```

2. 上述指令會開啟 menuconfig 介面，請找到 **Bluetooth Host** 後選擇 **Bluedroid**：

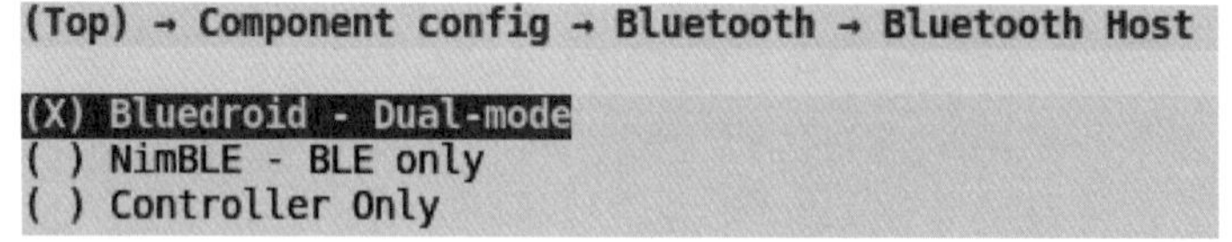

▲ 圖 8.2 在 menuconfig 中找到 Bluedroid

1 https://developer.apple.com/ibeacon/Getting-Started-with-iBeacon.pdf

3. 由本書 GitHub 下載函式庫，並將其加入 lib 資料夾中：

https://github.com/PacktPublishing/Internet-of-Things-with-ESP32/tree/main/ch8/beacon_ex/lib/ibeacon

但請注意這個函式庫隱藏了 iBeacon 的實作細節。現在，本專題資料夾應包含以下檔案：

```
(penv)$ ls -R
.:
CMakeLists.txt  include  lib  platformio.ini  sdkconfig  src  test

./lib:
ibeacon  README

./lib/ibeacon:
esp_ibeacon_api.c  esp_ibeacon_api.h

./src:
CMakeLists.txt  main.c
```

專題設定完成，接著看到 main.c：

```
#include "nvs_flash.h"
#include "esp_bt.h"
#include "esp_gap_ble_api.h"
#include "esp_bt_main.h"
#include "esp_bt_defs.h"
#include "esp_ibeacon_api.h"
#include "esp_log.h"
#include "freertos/FreeRTOS.h"

static const char *TAG = "ibeacon";

static esp_ble_adv_params_t ble_adv_params = {
    .adv_int_min = 0x20,
    .adv_int_max = 0x40,
    .adv_type = ADV_TYPE_NONCONN_IND,
    .own_addr_type = BLE_ADDR_TYPE_PUBLIC,
    .channel_map = ADV_CHNL_ALL,
    .adv_filter_policy = ADV_FILTER_ALLOW_SCAN_ANY_CON_ANY,
};
```

首先匯入了必要的標頭檔，並將各廣播參數定義在 ble_adv_params 變數中。包含以下內容：

- 廣播區間的最小與最大值。BLE 堆疊可讓使用者隨機設定這些最小最大值。
- 廣播類型，以 iBeacon 來說包含不可連接（non-connectable）、不可掃描（non-scannable）與不定向廣播（undirected advertising）等三種。任何行動裝置都可以偵測到 BLE 廣播，但無法連線到 iBeacon。
- 裝置位址類型，需指定為公開。
- 要被廣播的 BLE 頻道。BLE 定義了三種廣播頻道，本範例都會用到。
- 針對連線與掃描請求的篩選策略。

接下來要實作 GAP 事件 處理器：

```
static void ble_gap_event_handler(esp_gap_ble_cb_event_t event, esp_ble_gap_cb_
param_t *param)
{
    switch (event)
    {
    case ESP_GAP_BLE_ADV_DATA_RAW_SET_COMPLETE_EVT:
        esp_ble_gap_start_advertising(&ble_adv_params);
        break;

    case ESP_GAP_BLE_ADV_START_COMPLETE_EVT:
        if (param->adv_start_cmpl.status != ESP_BT_STATUS_SUCCESS)
        {
            ESP_LOGE(TAG, "advertisement failed");
        }
        break;

    default:
        break;
    }
}
```

在初始化過程中，會註冊一個 ble_gap_event_handler 來處理各個 GAP 事件。GAP 已定義了相當多的事件，但我們只關注當廣播資料設定完成與開始廣播之後這兩個事件。廣播資料設定完成之後，就呼叫 esp_ble_gap_start_advertising 來啟動廣播，並檢查 ESP_GAP_BLE_ADV_START_COMPLETE_EVT 事件中的結果。

初始化函式實作如下：

```
void init(void)
{
    nvs_flash_init();
    esp_bt_controller_mem_release(ESP_BT_MODE_CLASSIC_BT);

    esp_bt_controller_config_t bt_cfg = BT_CONTROLLER_INIT_CONFIG_DEFAULT();
    esp_bt_controller_init(&bt_cfg);
    esp_bt_controller_enable(ESP_BT_MODE_BLE);

    esp_bluedroid_init();
    esp_bluedroid_enable();

    esp_ble_gap_register_callback(ble_gap_event_handler);
}
```

init 函式負責三件事情：

- 在 BLE 模式初始化藍牙控制器
- 初始化主機堆疊，也就是 Bluedroid
- 設定 GAP 事件處理器與裝置名稱來初始化 GAP

接著看到 app_main 函式：

```
void app_main(void)
{
    init();

    esp_ble_ibeacon_t ibeacon_adv_data;
    esp_init_ibeacon_data(&ibeacon_adv_data);
    esp_ble_gap_config_adv_data_raw((uint8_t *)&ibeacon_adv_data, sizeof(ibeacon_
adv_data));
}
```

BLE 元件準備好之後，就要定義 iBeacon 廣播資料並將其傳送給 esp_ble_gap_config_adv_data_raw，後者會觸發 GAP 來啟動 iBeacon 廣播。

應用程式已經可以測試了。請將應用程式燒錄到 devkit，並在智慧型手機上啟動 nRF Connect app，看看是否可以偵測到我們的 ESP32 iBeacon：

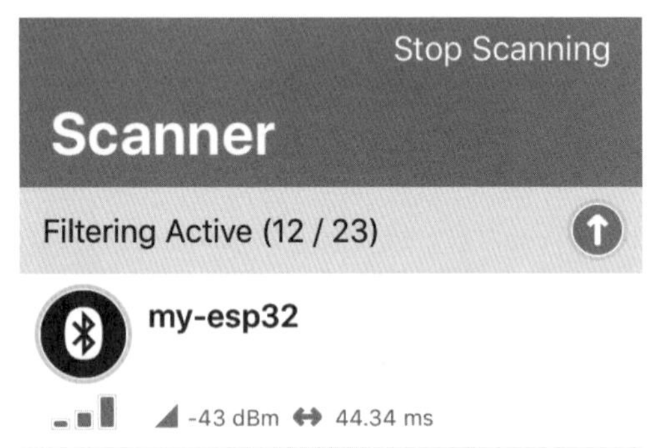

▲ 圖 8.3 nRF Connect app 中所掃描到的 ESP32 iBeacon

在 nRF Connect app 畫面中可看到已經找到我們的 EPS32 iBeacon 了。nRF Connect 也會顯示最新的**接收訊號強度指標（Received Signal Strength Indicator, RSSI）**數值以及 ESP32 iBeacon 的廣播區間。

下一段要看看如何使用 GATT API 把資料發送給其他 BLE 裝置。

8.4 開發 GATT 伺服器

當需要與用戶端應用程式分享感測器資料，單純只仰賴信標就不夠用啦。本範例會開發一款藍牙溫度感測器，我們可運用 nRF Connect 這類行動 app 來連到它並接收溫度讀數。本專題有個有趣的功能，就是當有新的感測器讀數時，感測器可把資料推送到用戶端應用程式。

硬體就相對簡單多了，只需要在 ESP32 的 GPIO17 腳位接上一顆 DHT 溫濕度感測器就好。硬體設定完成之後，就可設定新專題了：

1. 新增一個專題，並編輯 platformio.ini：

```
[env:az-delivery-devkit-v4]
platform = espressif32
board = az-delivery-devkit-v4
framework = espidf

monitor_speed = 115200
lib_extra_dirs =
    ../../common/esp-idf-lib/components
```

esp-idf-lib 中已包含了 DHT11 感測器的驅動程式，請由此取得：

https://github.com/PacktPublishing/Internet-of-Things-with-ESP32/tree/main/common/esp-idf-lib

2. 接著要在專題中加入 app.h 與 app.c 這兩個檔案，請由此取得：

https://github.com/PacktPublishing/Internet-of-Things-with-ESP32/tree/main/ch8/gatt_server_ex/src

這些檔案已經隱藏了部分 BLE 相關的實作細節，這樣主程式會更簡潔易懂。將這些檔案存放入 src 目錄之後，請先進入 menuconfig 設定 ESP-IDF 才能啟用 Bluedroid：

```
$ source ~/.platformio/penv/bin/activate
(penv)$  pio run -t menuconfig
```

3. 切換到 **Bluetooth Host**，選擇 **Bluedroid**：

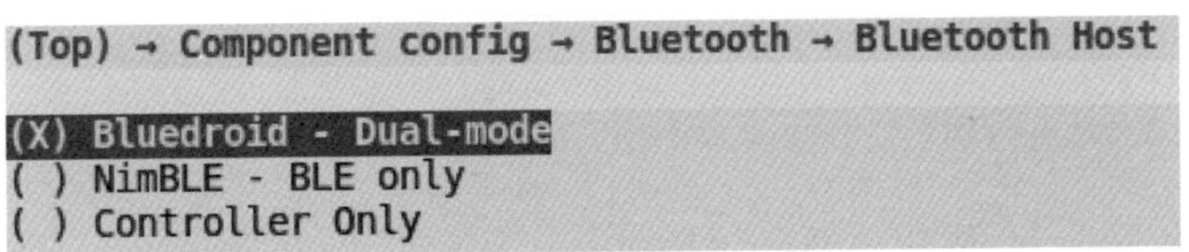

▲ 圖 8.4 啟用 Bluedroid

完成之後，接著要處理 main.c：

```
#include <string.h>
#include "freertos/FreeRTOS.h"
#include "freertos/task.h"
#include "freertos/event_groups.h"
#include "esp_system.h"
#include "esp_log.h"
#include "nvs_flash.h"
#include "esp_bt.h"

#include "esp_gap_ble_api.h"
#include "esp_gatts_api.h"
#include "esp_bt_defs.h"
#include "esp_bt_main.h"
#include "esp_gatt_common_api.h"

#include "sdkconfig.h"
#include "app.h"
#include "dht.h"

#define TAG "app"
#define SENSOR_NAME "ESP32-DHT11"
#define DHT11_PIN 17
```

首先匯入必要的標頭檔與應用程式巨集。其中一個巨集是用來定義本專題的藍牙感測器名稱。

接著宣告全域變數：

```
static int16_t temp, hum;

static esp_attr_value_t sensor_data = {
    .attr_max_len = (uint16_t)sizeof(temp),
    .attr_len = (uint16_t)sizeof(temp),
    .attr_value = (uint8_t *)(&temp),
};
```

temp 與 hum 是用來存放 DHT11 感測器讀數的兩個變數。sensor_data 則是把溫度讀數發送給 BLE API 來處理的一種方式。

接著是 app_main 函式，這裡是所有事情的起點：

```
void app_main(void)
{
    init_service_def();

    esp_err_t ret = nvs_flash_init();
    if (ret == ESP_ERR_NVS_NO_FREE_PAGES || ret == ESP_ERR_NVS_NEW_VERSION_FOUND)
    {
        ESP_ERROR_CHECK(nvs_flash_erase());
        ESP_ERROR_CHECK(nvs_flash_init());
    }
    esp_bt_controller_mem_release(ESP_BT_MODE_CLASSIC_BT);

    esp_bt_controller_config_t bt_cfg = BT_CONTROLLER_INIT_CONFIG_DEFAULT();
    esp_bt_controller_init(&bt_cfg);
    esp_bt_controller_enable(ESP_BT_MODE_BLE);
    esp_bluedroid_init();
    esp_bluedroid_enable();
    esp_ble_gap_set_device_name(SENSOR_NAME);
```

app.c 中定義了 init_service_def 函式，用於初始化一些 BLE 相關的全域變數。接著要初始化快閃記憶體中的 nvs 分割，並在 BLE 操作模式下啟用 BT 控制器。另外也要初始化 BLE 主機，也就是 Bluedroid。

app_main 函式實作完成如下：

```
    esp_ble_gap_register_callback(gap_handler);
    esp_ble_gatts_register_callback(gatt_handler);
    esp_ble_gatts_app_register(0);

    xTaskCreate(read_temp_task, "temp", configMINIMAL_STACK_SIZE * 3, NULL, 5,
NULL);
}
```

註冊 gap_handler 與 gatt_handler 回呼函式來分別處理 GAP 與 GATT 事件。接著呼叫 esp_ble_ gatts_app_register 來註冊 BLE 應用程式，它會在 BLE 的 GATT 層觸發第一個事件。最後，則是啟動一個 FreeRTOS 任務來定起讀取 DHT11 感測器。來看看 gatt_handler 中處理了哪些事件：

```
static void gatt_handler(esp_gatts_cb_event_t event, esp_gatt_if_t gatts_if, esp_
ble_gatts_cb_param_t *param)
{
    switch (event)
    {
    case ESP_GATTS_REG_EVT:
        esp_ble_gatts_create_service(gatts_if, &service_def.service_id, GATT_
HANDLE_COUNT);
        break;
```

gatt_handler 函式內容有點長，所以我們會逐一討論其中所處理的各 GATT 事件。第一個事件為 ESP_GATTS_REG_EVT，當 app_main 中註冊了 BLE 應用程式之後就會呼叫本事件。當本事件發生時，我們會建立一個可被 BLE 用戶端找到的 BLE 服務。service_def 是一個宣告於 app.h 中的變數，用於存放關於這個 BLE 服務的所有敘述性資訊。接著看到 ESP_GATTS_CREATE_EVT 事件：

```
    case ESP_GATTS_CREATE_EVT:
      service_def.service_handle = param->create.service_handle;
      esp_ble_gatts_start_service(service_def.service_handle);
      esp_ble_gatts_add_char(service_def.service_handle,
                             &service_def.char_uuid,
                             ESP_GATT_PERM_READ | ESP_GATT_PERM_WRITE,
                             ESP_GATT_CHAR_PROP_BIT_READ | ESP_GATT_CHAR_PROP_
BIT_NOTIFY,
                             &sensor_data, NULL);
```

在先前事件中建立好服務之後，就會接著呼叫 ESP_GATTS_CREATE_EVT 事件。在此會啟動服務並在其中加入一個特徵來處理 sensor_data。在此要把特徵設定為 **read（讀取）**與 **notify（通知）**。**Read** 代表用戶端可讀取該筆數值，而 **notify** 代表用戶端可將本特徵設定為不需要額外發送讀取請求就可發送數值變化。用戶端設定好通知位元之後，則所有溫度變化就會自動被發送出去。

加入特徵之後就會呼叫 ESP_GATTS_ADD_CHAR_EVT 事件，如以下程式片段：

```
case ESP_GATTS_ADD_CHAR_EVT:
{
  service_def.char_handle = param->add_char.attr_handle;
  esp_ble_gatts_add_char_descr(service_def.service_handle, &service_def.
descr_uuid, ESP_GATT_PERM_READ | ESP_GATT_PERM_WRITE, NULL, NULL);
  break;
}
```

本事件中針對上一步所加入的特徵，加入了一個特徵描述符。這個描述符為用戶端提供了一個啟用或關閉通知的介面。當用戶端對描述符寫入數值 0x00 時，該特徵的通知位元會被重置。任何非零數值都視為已設定了通知位元。

加入特徵描述符會觸發 ESP_GATTS_ADD_CHAR_DESCR_EVT 事件，處理方式如下：

```
case ESP_GATTS_ADD_CHAR_DESCR_EVT:
    service_def.descr_handle = param->add_char_descr.attr_handle;
    esp_ble_gap_config_adv_data(&adv_data);
    break;
```

這是設定 BLE 服務的最後一步了。服務設定完成之後，就可以呼叫 esp_ble_gap_config_adv_data 來設定廣播資料，並在 GAP 層觸發一個事件了。接著要說明當有用戶端連入時所發生的 GATT 事件：

```
case ESP_GATTS_CONNECT_EVT:
{
    update_conn_params(param->connect.remote_bda);
    service_def.gatts_if = gatts_if;
    service_def.client_write_conn = param->write.conn_id;
    break;
}
```

ESP_GATTS_CONNECT_EVT 是當有用戶端連入時所發生的第一個事件。在此會先呼叫於 app.c 中所實作的 update_conn_params 來更新連線參數。接著要把通訊處理器儲存在 service_def 中，後續在需要發送 BLE 訊息時會用到它們。

如果是讀取請求的話，會觸發 ESP_GATTS_READ_EVT 事件，處理方式如下：

```
    case ESP_GATTS_READ_EVT:
    {
        esp_gatt_rsp_t rsp;
        memset(&rsp, 0, sizeof(esp_gatt_rsp_t));
        rsp.attr_value.handle = param->read.handle;
        rsp.attr_value.len = sensor_data.attr_len;
        memcpy(rsp.attr_value.value, sensor_data.attr_value, sensor_data.attr_
len);
        esp_ble_gatts_send_response(gatts_if, param->read.conn_id, param->read.
trans_id, ESP_GATT_OK, &rsp);
        break;
    }
```

當收到來自用戶端的讀取請求時，則呼叫 esp_ble_gatts_send_response 並回傳當下的溫度值。

如果是寫入請求的話，則會觸發 ESP_GATTS_WRITE_EVT 事件，如以下程式片段：

```
    case ESP_GATTS_WRITE_EVT:
    {
        if (service_def.descr_handle == param->write.handle)
        {
            uint16_t descr_value = param->write.value[1] << 8 | param->write.
value[0];
            if (descr_value != 0x0000)
            {
                ESP_LOGI(TAG, "notify enable");
                esp_ble_gatts_send_indicate(gatts_if, param->write.conn_id,
service_def.char_handle, sensor_data.attr_len, sensor_data.attr_value, false);
            }
            else
            {
```

```
                ESP_LOGI(TAG, "notify disable");
            }
            esp_ble_gatts_send_response(gatts_if, param->write.conn_id, param-
>write.trans_id, ESP_GATT_OK, NULL);
        }
        else
        {
            esp_ble_gatts_send_response(gatts_if, param->write.conn_id, param-
>write.trans_id, ESP_GATT_WRITE_NOT_PERMIT, NULL);
        }
        break;
    }
```

當收到來自用戶端的寫入請求時，首先檢查該請求是否針對描述符。如果是，而且寫入值不為零，則立刻呼叫 **esp_ble_gatts_send_indicate** 來回傳 **sensor_data** 的當下數值。如果對應特徵的通知位元已被設定的話，這個函式就可以發送資料。

最後當用戶端斷線時，則會呼叫 ESP_GATTS_DISCONNECT_EVT 事件：

```
    case ESP_GATTS_DISCONNECT_EVT:
        service_def.gatts_if = 0;
        esp_ble_gap_start_advertising(&adv_params);
        break;

    default:
        break;
    }
}
```

這段事件處理程式其實只單純啟動了廣播來等候另一個連線。還有其他許多 GATT 事件，但本範例就先不處理了。對這些事件感興趣的話請參考 ESP-IDF 文件 [2]。接著看到 gap_handler 回呼函式：

2 https://docs.espressif.com/ projects/esp-idf/en/latest/esp32/api-reference/bluetooth/esp_gatts.html

```
static void gap_handler(esp_gap_ble_cb_event_t event, esp_ble_gap_cb_param_t
*param)
{
    switch (event)
    {
    case ESP_GAP_BLE_ADV_DATA_SET_COMPLETE_EVT:
        esp_ble_gap_start_advertising(&adv_params);
        break;
    default:
        break;
    }
}
```

gap_handler 就簡單多了，它只等候 ESP_GAP_BLE_ADV_DATA_SET_COMPLETE_EVT 事件來開始廣播，其他事件目前還用不到。接著要定義一個用於讀取環境溫度的函式：

```
static void read_temp_task(void *arg)
{
    while (1)
    {
        vTaskDelay(2000 / portTICK_PERIOD_MS);
        if (dht_read_data(DHT_TYPE_DHT11, (gpio_num_t)DHT11_PIN, &hum, &temp) ==
ESP_OK)
        {
            temp /= 10;
            ESP_LOGI(TAG, "temp: %d", temp);
            if (service_def.gatts_if > 0)
            {
                esp_ble_gatts_send_indicate(service_def.gatts_if, service_def.
client_write_conn, service_def.char_handle, sensor_data.attr_len, sensor_data.
attr_value, false);
            }
        }
        else
        {
            ESP_LOGE(TAG, "DHT11 read failed");
        }
    }
}
```

`read_temp_task` 函式是一個在 `app_main` 中所啟動的函式，可視為一個 FreeRTOS 任務。在其中會更新 `temp` 全域變數並呼叫 `esp_ble_gatts_send_indicate`，好讓已連線用戶端知道發生了變化。如果該特徵的通知位元已被設定的話，本函式會把新的溫度值作為 BLE 訊息發送出去。

應用程式完成了，開始進行測試。

1. 燒錄韌體之後，請在你的智慧型手機上開啟 nRF Connect app 來列出附近所有的藍牙裝置。
2. nRF Connect 中看到我們的 ESP32 了，請點選 **Connect** 按鈕：

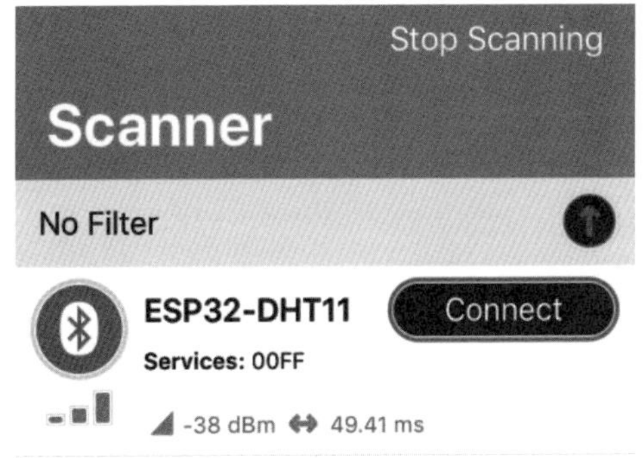

▲ 圖 8.5 nRF Connect 畫面中已列出 ESP32-DHT11

3. **Service** 標籤下可看到我們的服務，其 UUID 為 `00FF`。其下可以看到它的特徵。它沒有名稱，因為它是自定義的所以只會被列為未知（unknown）。由 app 擷圖可知，特徵屬性為**讀取（Read）**與**通知（Notify）**，這也正是先前所設定的。隨後，特徵描述符會以 **Client Characteristic Configuration** 這個名字顯示出來，並搭配 `2902` 這個 BLE 標準的預定義 UUID：

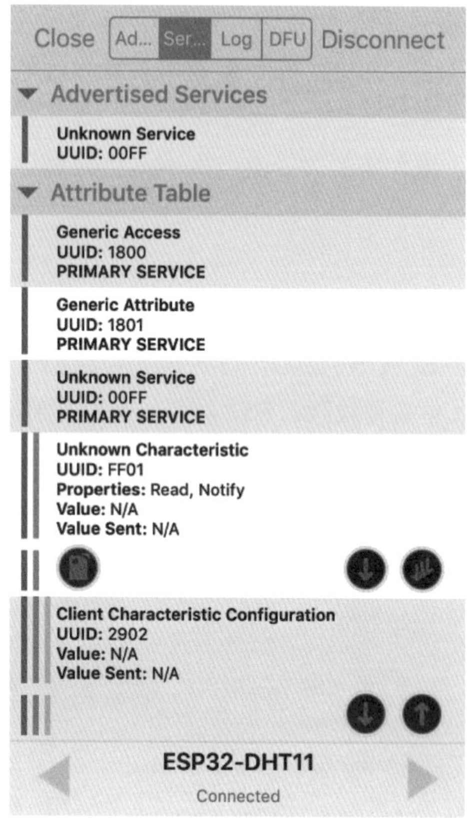

▲ 圖 8.6 nRF Connect 的服務標籤內容

4. 啟用或停用通知有兩種方法。可使用描述符的向上箭頭來輸入數值，或點選該特徵的向下箭頭按鈕來控制通知。先試試看後者：

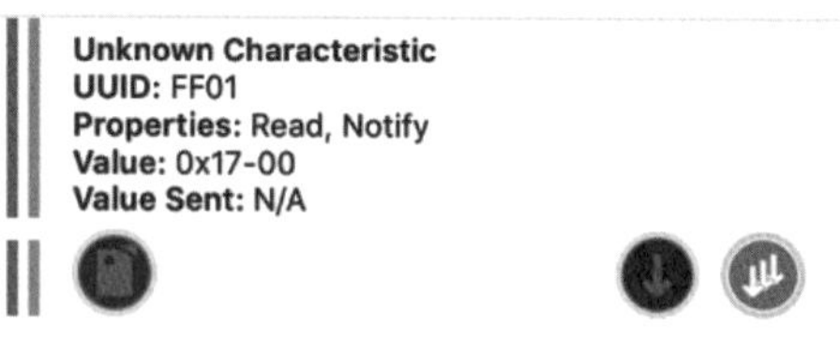

▲ 圖 8.7 通知切換

5. 啟用通知之後，溫度讀數就會陸續進來了。由上圖看到本特徵的數值為 `0x17`，代表環境溫度為 23°C。如果再次點選向下箭頭就會關閉通知。另一個控制通知的方法是直接透過描述符。點選描述符的向上箭頭會出現如下圖的對話框：

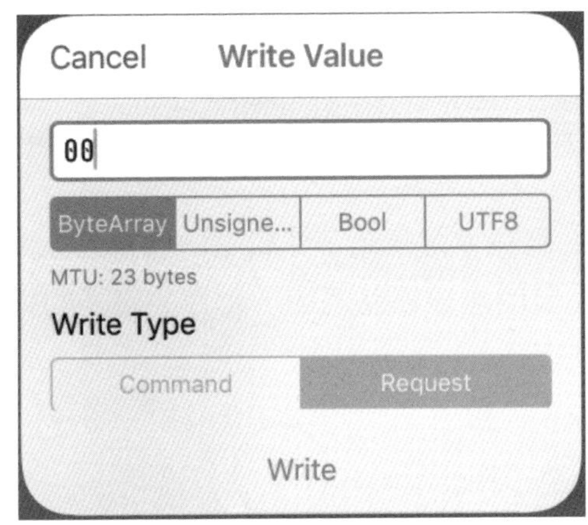

▲ 圖 8.8 寫入描述符數值的對話框

6. 請在欄位中輸入 `00`，並按下 **Write** 按鈕來送出。這樣會停用通知，**Value Sent** 欄位會顯示以下訊息：

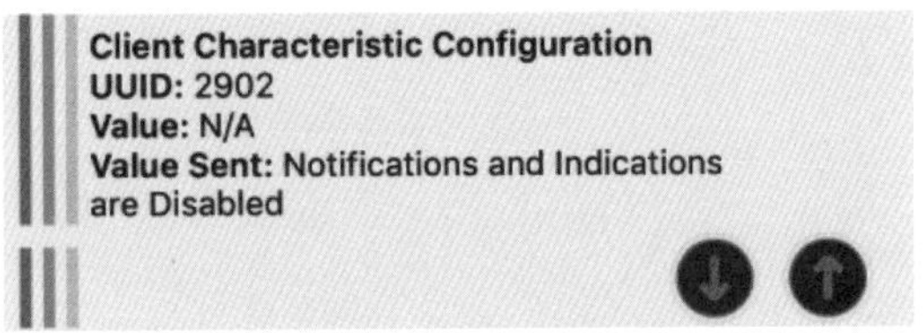

▲ 圖 8.9 已停用通知

7. 如果改為送出數值 `01` 就會啟用通知，當然本特徵的溫度值又會開始自動更新了。

Note

不同作業系統上的行動 app 畫面會有點不一樣。本範例是使用 iOS 版本的 nRF Connect。Android 版不支援對 **Client Characteristic Configuration** 的直接寫入，但還是可使用通知切換按鈕來啟用或停用（特徵的三個向下箭頭圖示），如步驟 4 所述。

讚喔！可搭配任何相容 BLE 裝置的溫度感測器完成了。下一個範例要說明如何建置一個 BLE 網格網路。

8.5 設定 BLE 網格網路

傳統藍牙與 BLE 通訊協定規範了點對點的裝置通訊。不過，BLE 網格通訊協定則是一個完整的無線網路規範，允許多對多的拓樸。BLE 網格網路示意圖如下：

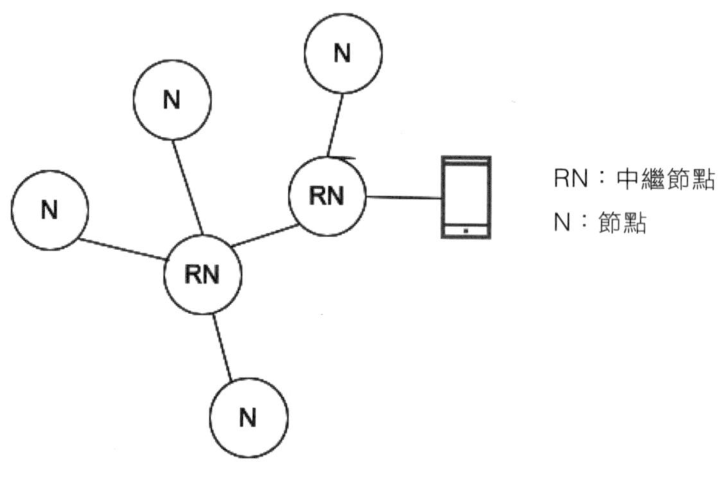

▲ 圖 8.10 BLE 網格網路

本圖中有兩種網路節點：

- **節點**：網路中的一般節點。
- **中繼（Relay）**節點：網路中可對其他節點發送中繼訊息的節點。

BLE 網格網路另外定義了：

- **低功耗（Low-power）**節點：可於低功耗模式的電池驅動節點。
- **好友（Friend）**節點：100% 運作模式節點，會把所支援的低功耗節點之訊息保留起來。

- **代理（Proxy）**節點：當沒有執行中的 BLE 網格堆疊時，這些節點提供了一個對行動裝置的通訊媒介。

BLE 網格網路會基於 BLE 通訊協定來運行，其堆疊架構如下：

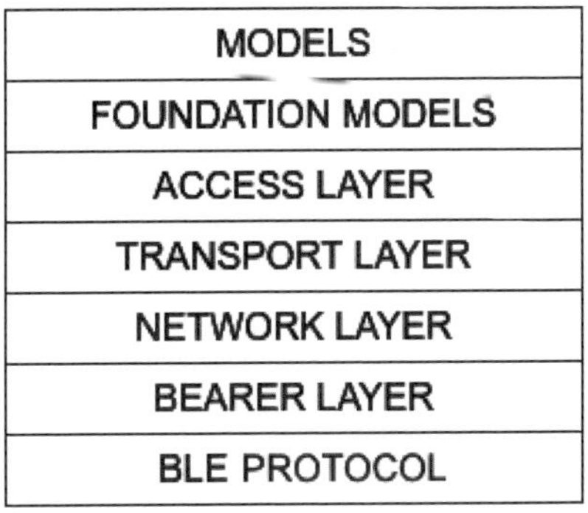

MODELS
FOUNDATION MODELS
ACCESS LAYER
TRANSPORT LAYER
NETWORK LAYER
BEARER LAYER
BLE PROTOCOL

▲ 圖 8.11 BLE 網格網路架構

作為開發者，我們最常操作的是模型層與基礎模型層。基礎模型提供了關於網路的設定與管理功能。模型層則是與應用程式功能有關，例如裝置行為、狀態與訊息等等。

網路中的各節點可包含一或多個元素。一個元素則是對應到節點中的一個獨立實體。例如在開發多感測器裝置時，不同類型的感測器可被實作為應用程式中的一個獨立元素。每個元素都在網格網路中擁有一個單播位址，代表網路中的其他節點可與某個元素直接互動。

BLE Mesh 也支援 group addressing。群組中的元素可透過發布 / 訂閱機制來彼此交換資料。藍牙技術聯盟定義了四個固定群組位址，包含全代理（All-proxies）、全好友（All-friends）、全中繼（All-relays）與全節點（All-nodes）。我們也可在個別應用程式中自行定義不同的 group addresses。

最後一個重要的觀念為**開通（provisioning）**。裝置必須被開通者開通之後才能加入 BLE 網格網路。開通者在開通過程中會把網路金鑰（NetKey）分享給裝置，這個裝置就會成為網路中的一個節點。節點還需要一個應用程式金鑰（AppKey）來加入特定的應用程式。因此，同一個網格網路就可包含多個獨立的應用程式了。例如可在同一個網格網路中執行光感測應用程式與安全應用程式。

關於 BLE 網格網路開發，藍牙官方網站上有一篇超讚的文章[3]。

自己做一個 BLE 網格網路範例。

本範例的目標是開發一個可在 BLE 網格網路中操作的 LED 節點。LED 元素可將自身的開 / 關狀態回報到網路中。本專題硬體的 Fritzing 示意圖如下：

▲ 圖 8.12 本專題硬體的 Fritzing 示意圖

LED 接到 GPIO2，按鈕則是 GPIO5。按鈕是用來切換 LED 狀態。

3 https://www.bluetooth.com/bluetooth-resources/bluetooth-mesh-networking-an-introduction-for-developers/

現在建立一個 PlatformIO 專題，並如下編輯 platformio.ini：

```
[env:az-delivery-devkit-v4]
platform = espressif32
board = az-delivery-devkit-v4
framework = espidf

monitor_speed = 115200
```

ESP-IDF 設定，也就是 sdkconfig，的內容如下：

```
CONFIG_BLE_MESH_CFG_CLI=y
CONFIG_BLE_MESH_FRIEND=y
CONFIG_BLE_MESH_GATT_PROXY_SERVER=y
CONFIG_BLE_MESH_GATT_PROXY=y
CONFIG_BLE_MESH_HCI_5_0=y
CONFIG_BLE_MESH_HEALTH_CLI=y
CONFIG_BLE_MESH_IV_UPDATE_TEST=y
CONFIG_BLE_MESH_MEM_ALLOC_MODE_INTERNAL=y
CONFIG_BLE_MESH_NET_BUF_POOL_USAGE=y
CONFIG_BLE_MESH_NET_BUF_TRACE_LEVEL_WARNING=y
CONFIG_BLE_MESH_NODE=y
CONFIG_BLE_MESH_PB_ADV=y
CONFIG_BLE_MESH_PB_GATT=y
CONFIG_BLE_MESH_PROV=y
CONFIG_BLE_MESH_PROXY=y
CONFIG_BLE_MESH_RELAY=y
CONFIG_BLE_MESH_RX_SEG_MSG_COUNT=10
CONFIG_BLE_MESH_SCAN_DUPLICATE_EN=y
CONFIG_BLE_MESH_SELF_TEST=y
CONFIG_BLE_MESH_SETTINGS=y
CONFIG_BLE_MESH_TEST_AUTO_ENTER_NETWORK=y
CONFIG_BLE_MESH_TRACE_LEVEL_WARNING=y
CONFIG_BLE_MESH_TX_SEG_MSG_COUNT=10
CONFIG_BLE_MESH_USE_DUPLICATE_SCAN=y
CONFIG_BLE_MESH=y
CONFIG_BT_BTU_TASK_STACK_SIZE=4512
CONFIG_BTDM_BLE_MESH_SCAN_DUPL_EN=y
CONFIG_BTDM_CTRL_MODE_BLE_ONLY=y
CONFIG_BTDM_CTRL_MODE_BR_EDR_ONLY=n
CONFIG_BTDM_CTRL_MODE_BTDM=n
CONFIG_BTDM_MODEM_SLEEP=n
CONFIG_BTDM_SCAN_DUPL_TYPE_DATA_DEVICE=y
CONFIG_BT_ENABLED=y
CONFIG_BT_GATTS_SEND_SERVICE_CHANGE_MANUAL=y
```

由專題 github 來複製 sdkconfig 會比較簡單：

https://github.com/PacktPublishing/Internet-of-Things-with-ESP32/blob/main/ch8/ble_mesh_ex/sdkconfig

另外還需要從本專題 github 取得一些函式庫與檔案，如下：

- lib/appbt_init/appbt_init.{c,h}：負責藍牙初始化。
- src/board.{c,h}：管理 LED 與按鈕。
- src/appmesh_setup.{c,h}：定義開通設定與 BLE 網格網路元素來實作 BLE 網格網路設定。

所有必要的檔案都準備好之後，你的目錄架構應如下：

```
$ ls -R
.:
CMakeLists.txt  include  lib  platformio.ini  sdkconfig  src  test

./include:
README

./lib:
appbt_init  README

./lib/appbt_init:
appbt_init.c  appbt_init.h

./src:
appmesh_setup.c  appmesh_setup.h  board.c  board.h  CMakeLists.txt  main.c
```

來看看 main.c 主程式的內容：

```
#include "esp_log.h"
#include "nvs_flash.h"

#include "esp_ble_mesh_defs.h"
#include "esp_ble_mesh_common_api.h"
#include "esp_ble_mesh_networking_api.h"
#include "esp_ble_mesh_provisioning_api.h"
#include "esp_ble_mesh_config_model_api.h"
```

```
#include "esp_ble_mesh_generic_model_api.h"
#include "esp_ble_mesh_local_data_operation_api.h"

#include "board.h"
#include "appmesh_setup.h"
#include "appbt_init.h"

#define TAG "app"
```

在 ESP-IDF 中，BLE Mesh API 會以 esp_ble_mesh* 來啟動。除此之外還匯入了一些輔助標頭，例如 board.h、appmesh_setup.h 與 appbt_init.h。

來看看 app_main 的內容，這樣就可以理解整個程式的運作架構：

```
void app_main(void)
{
    esp_err_t err;

    board_init(update_element_cb);
    err = nvs_flash_init();
    if (err == ESP_ERR_NVS_NO_FREE_PAGES)
    {
        ESP_ERROR_CHECK(nvs_flash_erase());
        ESP_ERROR_CHECK(nvs_flash_init());
    }
    ESP_ERROR_CHECK(appbt_init());

    esp_ble_mesh_register_prov_callback(provisioning_cb);
   esp_ble_mesh_register_config_server_callback(config_server_cb);
    esp_ble_mesh_register_generic_server_callback(generic_server_cb);
    ESP_ERROR_CHECK(appmesh_init());
}
```

先看到用來初始化 LED 與按鈕的 board_init 函式。按鈕的 ISR（中斷服務常式）會呼叫 update_element_cb 回呼函式，使用 LED 的當下狀態來更新網格元素。隨後在呼叫 appbt_init 來初始化 nvs 分割藍牙堆疊之後，我們設定了 BLE 網格網路的各個回呼函式。BLE 網格網路堆疊高度仰賴回呼函式來與應用程式互動。本範例使用了一個開通回呼函式來處理各開通事件，一個用於處理設定事件的設定回呼函式。還有一個用於處理來自用戶端的 LED 改變狀態請求的伺服器回呼函式。最後則是呼叫 appmesh_init 來初始化 BLE 網格網路堆疊並建立針對本應用程式的 BLE 網格網路元素。接著看看 provisioning_cb 發生了什麼事情：

```
static void provisioning_cb(esp_ble_mesh_prov_cb_event_t event, esp_ble_mesh_
prov_cb_param_t *param)
{
    switch (event)
    {
    case ESP_BLE_MESH_NODE_PROV_COMPLETE_EVT:
        ESP_LOGI(TAG, "provisioned. addr: 0x%04x", param->node_prov_complete.addr);
        break;
    case ESP_BLE_MESH_NODE_PROV_RESET_EVT:
        ESP_LOGI(TAG, "node reset");
        esp_ble_mesh_node_local_reset();
        break;
    default:
        break;
    }
}
```

在 provisioning_cb 中只有處理兩個事件。第一個是當裝置被開通者加入網路的時候，另一個則是當該裝置被移除的時候。當某個節點被移除之後，就呼叫 esp_ble_mesh_node_local_reset 來清除網路資訊，使其可用於後續的開通作業。

另一個實作的回呼函式是 config_server_cb，用於處理節點設定事件：

```
static void config_server_cb(esp_ble_mesh_cfg_server_cb_event_t event, esp_ble_
mesh_cfg_server_cb_param_t *param)
{
    if (event == ESP_BLE_MESH_CFG_SERVER_STATE_CHANGE_EVT)
    {
        switch (param->ctx.recv_op)
        {
        case ESP_BLE_MESH_MODEL_OP_APP_KEY_ADD:
            ESP_LOGI(TAG, "config: app key added");
            break;
        default:
            break;
        }
```

```
    }
}
```

實際上關於設定伺服器只有一個事件，就是 ESP_BLE_MESH_CFG_server_STATE_CHANGE_EVT。可由 param->ctx.recv_op 參數值來檢視其運作原理，會顯示所收到的 opcode，例如加入網路金鑰、加入應用程式金鑰與設定節點角色等等。

下一個回呼函式是用來處理一般性的伺服器事件：

```
static void generic_server_cb(esp_ble_mesh_generic_server_cb_event_t event, esp_
ble_mesh_generic_server_cb_param_t *param)
{
    switch (event)
    {
    case ESP_BLE_MESH_GENERIC_SERVER_STATE_CHANGE_EVT:
        ESP_LOGI(TAG, "event name: state-changed");
        if (param->ctx.recv_op == ESP_BLE_MESH_MODEL_OP_GEN_ONOFF_SET ||
            param->ctx.recv_op == ESP_BLE_MESH_MODEL_OP_GEN_ONOFF_SET_UNACK)
        {
            board_set_led(param->value.state_change.onoff_set.onoff);
        }
        break;
    default:
        ESP_LOGW(TAG, "unexpected event");
        break;
    }
}
```

這個回呼函式中處理了 ESP_BLE_MESH_GENERIC_server_STATE_CHANGE_EVT，且如果收到的 opcode 為一般的開 / 關模型設定指令的話，就會根據所收到的數值來更新 LED 狀態。Bluetooth SIG 在 BLE 網格網路通訊協定已定義了多種模型。本裝置採用了一般性開 / 關模型來搭配 LED 可說完美，因為 LED 只有兩種狀態（開與關）。有必要的話，BLE Mesh 通訊協定也允許由廠商所定義的模型。藍牙技術聯盟定義的所有模型請參考官網[4]。

4 https://www.bluetooth.com/bluetooth-resources/bluetooth-mesh-models/

還需要一個回呼函式來把 LED 真實狀態與元件連結起來：

```
static void update_element_cb(uint8_t led_s)
{
    esp_ble_mesh_model_t *model = appmesh_get_onoff_model();
    esp_ble_mesh_gen_onoff_srv_t *srv = appmesh_get_onoff_server();
    srv->state.onoff = led_s;

    esp_ble_mesh_model_publish(model, ESP_BLE_MESH_MODEL_OP_GEN_ONOFF_STATUS,
sizeof(srv->state.onoff), &srv->state.onoff, ROLE_NODE);
}
```

為了清楚說明抽象化階層。每個節點可具備一或多個元素，而各元素又可包含一或多個模型。這個功能可由伺服器與 / 或用戶端來提供，並封裝於模型中。`update_element_cb` 是在按鈕的 ISR 中作為 FreeRTOS 任務來呼叫。這個回呼函式會更新伺服器的開 / 關狀態，並呼叫 `esp_ble_mesh_model_publish` 把狀態改變通知給所有已綁定的用戶端。

應用程式完成了，可以進行測試了。請將韌體燒錄到 devkit，並啟動 nRF Mesh 行動 app：

1. nRF Mesh 已具備一個設定好的開通者。請點選 + **(add)** 在網路中新增一個裝置，就會透過這個開通者來開通：

▲ 圖 8.13 nRF Mesh 開通者

2. 這片 devkit 會被列為 `ESP-BLE-MESH`，點選它以繼續：

▲ 圖 8.14 準備好開通，且已啟用 BLE-Mesh 的裝置

3. 點選之後，應用程式會顯示本裝置的功能。在此將本裝置改名為 `dev1`，再點選右上角的 **Provision** 按鈕：

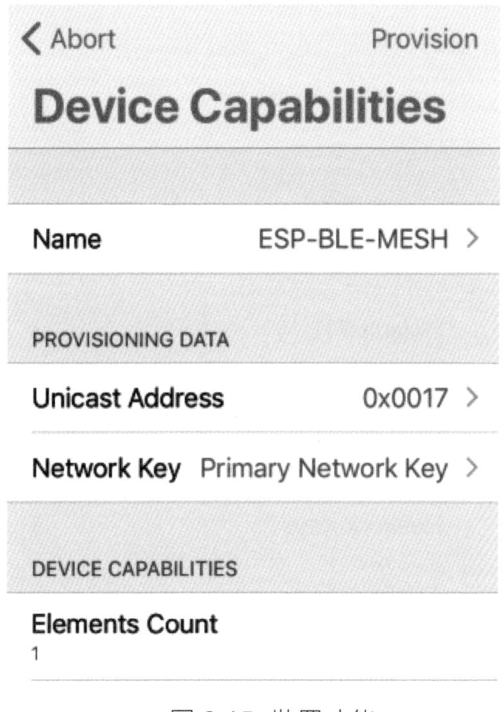

▲ 圖 8.15 裝置功能

4. 開通成功之後會跳出一個訊息視窗，我們的裝置從這時候開始就成為網路節點了。點選 **OK** 來繼續：

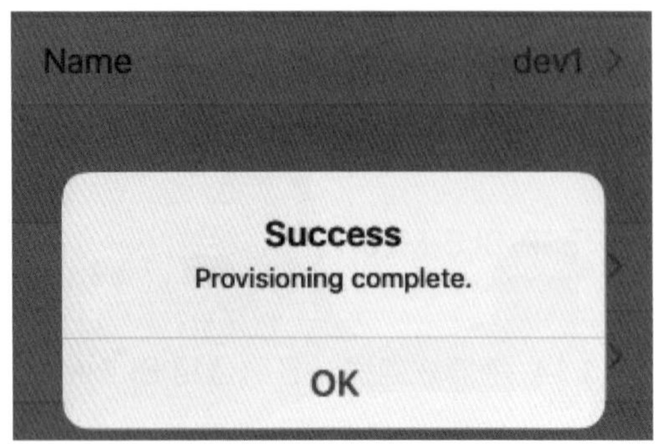

▲ 圖 8.16 開通完成

5. 本節點已經有一個網路金鑰，但還沒有應用程式金鑰。請點選 **Application Keys** 來賦予它一個金鑰：

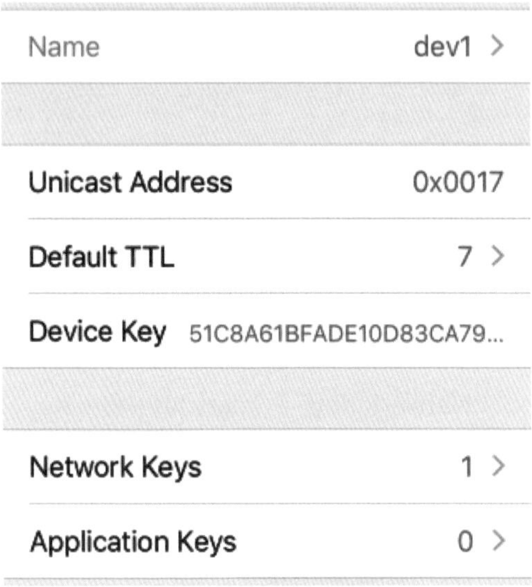

▲ 圖 8.17 已開通的節點

6. 點選右上角的 + 來加入應用程式金鑰。如果沒有已定義的應用程式金鑰，可能需要自行建立一個新的：

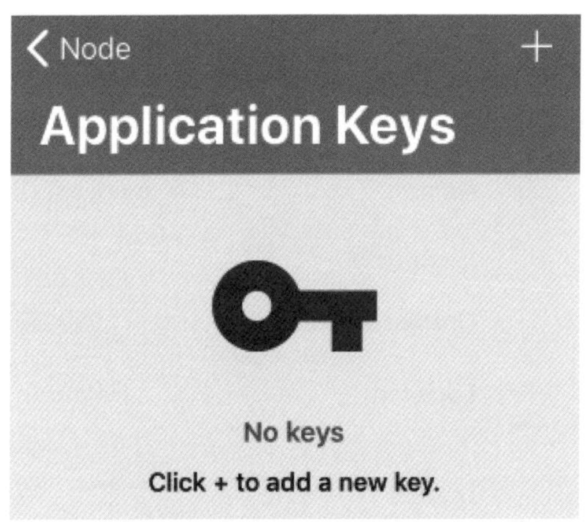

▲ 圖 8.18 加入應用程式金鑰

7. 現在可以設定這唯一的元素了，請在屬性畫面中點選它：

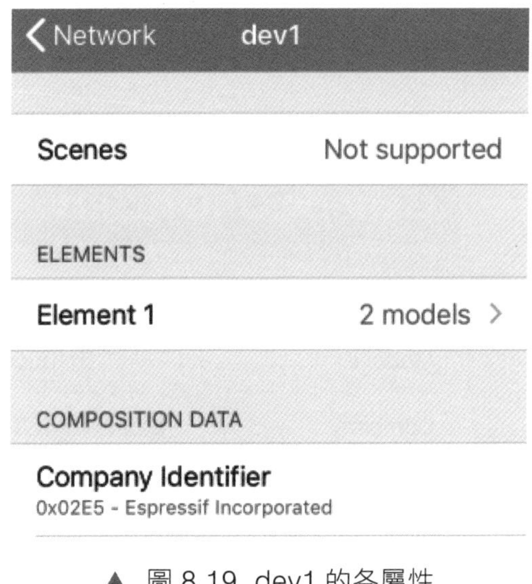

▲ 圖 8.19 dev1 的各屬性

8. 先把它改名為 `dev1-led`，接著要 設定 `Generic OnOff Server`：

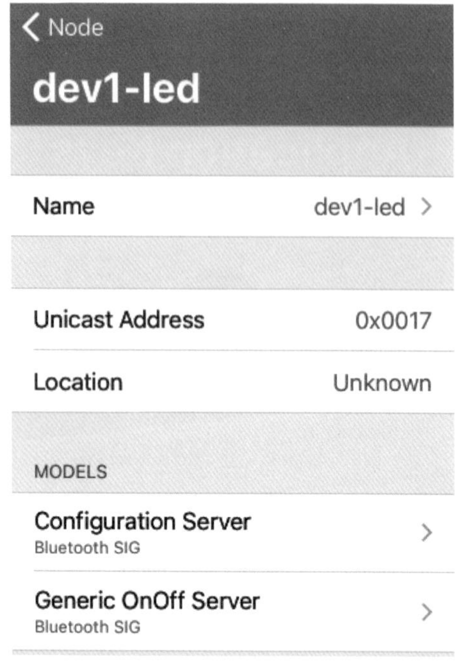

▲ 圖 8.20 已重新命名為 dev1-led 的元素

9. 也要把應用程式金鑰與 `Generic OnOff Server` 綁定起來：

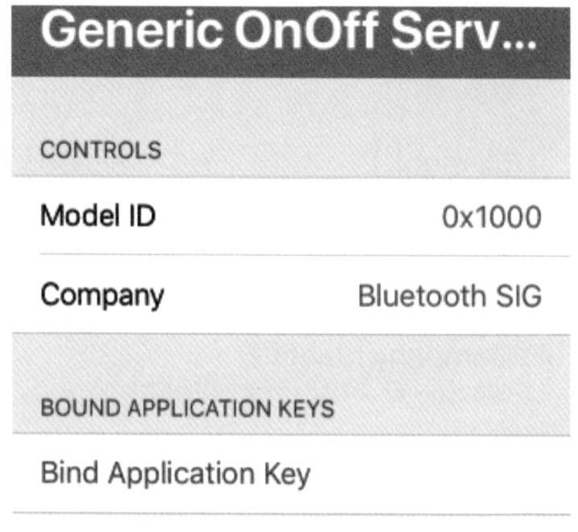

▲ 圖 8.21 設定 Generic OnOff Server

10. 接著要定義針對 `All Nodes` 群組的發佈（publication）動作。`All Nodes`（所有節點）是由 Bluetooth SIG 所定址的一個固定群組。在此設定下，所有狀態改變都會被發佈到網路上：

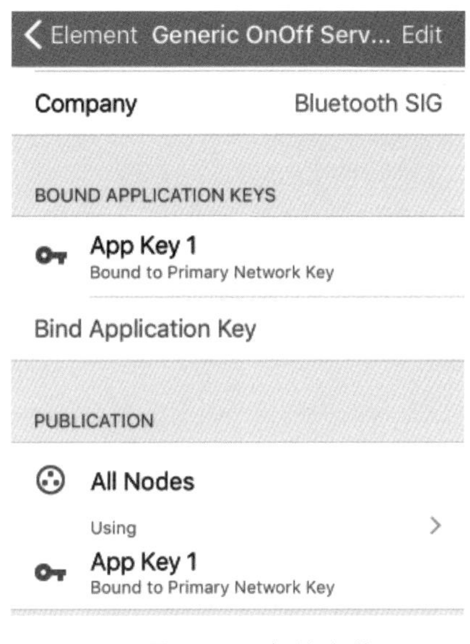

▲ 圖 8.22 定義發佈

設定完成之後，可以進行測試了：

1. 可進行幾項測試來看看我們的應用程式是否正確運作。首先，應該要能夠讀取元素狀態，請點選 app 右下角的 **Read**：

▲ 圖 8.23 元素控制

2. 查詢節點之後，nRF Mesh 會將狀態讀取結果顯示出來，如下圖的 **OFF**：

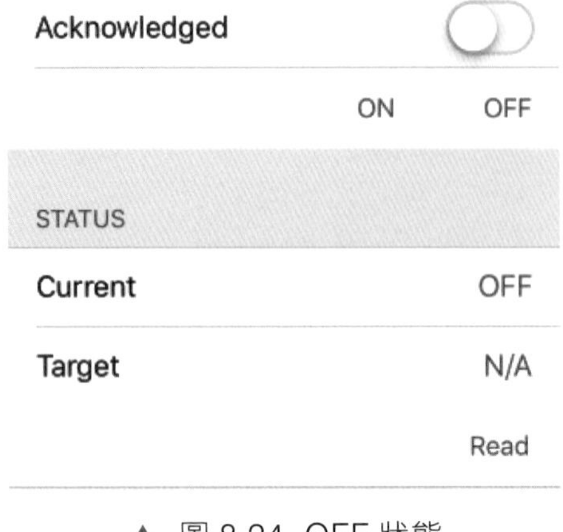

▲ 圖 8.24 OFF 狀態

還有一些可以玩玩看的項目：

- 按下裝置上的實體按鈕來切換 LED 狀態時，app 上的狀態也會自動更新。這是因為我們已經設定了元素發佈的緣故。
- app 中有兩個控制項：**ON** 與 **OFF**。點選這兩個按鈕，實體 LED 就會隨之亮或暗。

現在這個網格網路節點已經可透過行動 app 來控制與檢視了。你可以燒錄另一片 devkit，再於 BLE 網格網路中將其開通來進一步測試。例如在沒有發佈的情況下，看看會發生什麼事情。

本章就以這個範例作為總結。雖然我們已經說明了 ESP32 BLE 功能的許多面向，但可以學的東西還多著呢。例如，我們可以做一個開通者裝置，或在應用程式採用其他的預先定義模型。更多範例請參考 ESP-IDF 的 Github：

https://github.com/espressif/esp-idf/tree/master/examples/bluetooth/esp_ble_mesh

8.6 總結

本章介紹了 ESP32 的一項重要特色：BLE。相較於其他無線通訊協定，BLE 有許多優點。其中最關鍵的應該就是與行動裝置的相容性。所有行動裝置出廠時就支援了 BLE，這樣一來無須額外的閘道器也能與感測器網路通訊。因此，要為終端使用者開發一個具備強大圖形化介面的物聯網產品就變得很簡單了。雖然 BLE 是一個相當大的課題，但本章給了你一個相當好的起跑點，談到了藍牙信標、可獨立運作的 GATT 伺服器裝置，並建置了可用於多個物聯網裝置的 BLE 網格網路，後者在強調本地連結性的時候超級有用。

下一章運用 ESP32 優秀的網路功能來設計一個全方位的智慧家庭系統。

8.7 問題

請回答以下問題來複習本章學習內容：

1. 以下哪一層不在 BLE 堆疊的主端中？
   a) **通用存取規範（GAP）**
   b) **通用屬性規範（GATT）**
   c) 連結層
   d) **安全管理通訊協定（SMP）**

2. BLE 堆疊的哪一層提供了廣播社定與管理的 API ？
   a) **通用存取規範（GAP）**
   b) **通用屬性規範（GATT）**
   c) 連結層
   d) **安全管理通訊協定（SMP）**

3. BLE 堆疊的哪一層提供了定義各個特徵的 API？

   a) **通用存取規範（GAP）**

   b) **通用屬性規範（GATT）**

   c) 連結層

   d) **安全管理通訊協定（SMP）**

4. 關於 BLE 網格網路，下者何者敘述為非？

   a) 它是一種網路通訊協定

   b) 它是一種點對點的通訊協定

   c) 它具備多對多拓樸

   d) 可定義不同類型的節點

5. 下列何者定義了 BLE 網格網路節點的感測器功能？

   a) 節點類型

   b) 模型

   c) 應用程式金鑰

   d) 網路位址

8.8 延伸閱讀

請參考以下連結來進一步理解本章內容：

- *Building Bluetooth Low Energy Systems, Muhammad Usama bin Aftab, Packt Publishing* (`https://www.packtpub.com/product/building-bluetooth-low-energy-systems/9781786461087`)。該書第 1 章「**BLE and the Internet of Things**」闡述了諸多重要觀念，包含 ATT、GATT、安全性功能等等。而第 4 章「**Bluetooth Low Energy Beacons**」則介紹了 BLE 信標，而網格網路技術則是在第 6 章「Bluetooth Mesh Technology」中說明。

CHAPTER

9

讓家變得更聰明

本書的第二個專題是智慧家庭應用。在此，我們要把在前幾章中所學的無線通訊知識付諸實踐。常見的智慧家庭產品通常包含三大類裝置。有例如溫度、光及動作感測器的感測器裝置，例如警報器、開關及調光器的致動器裝置，最後則是負責存取這類裝置的閘道器。然而，這種分類方式不一定適用於所有智慧家庭方案。許多智慧家庭產品把感測器與致動器組合成單一裝置且直接透過 IP 連接到本地網路，讓它的使用者經由網路瀏覽器或行動 app 直接連接到裝置本身。市面上採用這類方法的產品包括智慧恆溫器（如 Google Nest Thermostat）或智慧門鈴（如 Ring Video Doorbell）。

不過，當感測器及致動器需要實際配置在房子的不同位置還要能彼此通訊時，**無線個人區域網路（WPAN）**就很好用了。這類網路屬於 IEEE 802.15 系列標準路。請參考維基百科中關於 WPAN 標準的詳細說明[1]。本專題中將開發一個可用於智慧家庭產品的光感測器、開關和閘道器，以及設置可搭配這些裝置的 BLE 網格網路。

---

1 https://wikipedia.org/wiki/IEEE_802.15

本章主題如下：

- 功能清單
- 解決方案架構
- 實作

9.1 技術要求

本章範例請由本書 GitHub 取得：

`https://github.com/PacktPublishing/Internet-of-Things-with-ESP32/tree/ main/ch9`

外部函式庫請由此取得：

`https://github.com/PacktPublishing/Internet-of-Things-with-ESP32/tree/main/common`

本章所需硬體如下：

- devkit，3 組：各自作為 BLE 網格網路中的一個節點
- LED，3 顆：每個節點各一個
- 繼電器，1 組：用於開關節點
- TLS2561 光感測器：用於光感測器節點

為了設置本專題所需的 BLE 網路，需要用到 **nRF Mesh** 這款由 Nordic Semiconductor ASA 公司所推出的行動 app，iOS 與 Android 平台皆可使用。

範例實際執行影片請參考：`https://bit.ly/3yxFBae`

9.2 功能說明

本章智慧家庭專題須具備以下功能：

- 支援 BLE 網格網路。
- 在開通過程中，節點會閃爍自身的 LED 作為視覺回饋。
- 具備光感測器。在亮度降到一定閾值以下時，廣播訊息至網路。
- 具備開關。當開關從光感測器接收到 ON/OFF 訊息或亮度變化通知時，它會打開 / 關閉燈泡。
- 具備閘道器，作為網路使用者介面來操作開關的狀態。

功能介紹完畢，來看看解決方案。

9.3 解決方案架構

本段要介紹各個節點類型，並示範如何整合所有元件來完成本專題的目標。儘管上述功能清單已說明了節點的一些常見功能，但單獨討論每個節點會更清楚。先從光感測器開始。

◉ 光感測器

光感測器裝置的功能如下：

- 整合 TLS2561 感測器來測量周遭亮度變化。
- 每秒讀取一次 TLS2561，並與預定的閾值進行比較。
- 當亮度低於或高於閾值時，它會廣播一筆代表光值之高 / 低狀態的訊息到 BLE 網路中。
- 使用者可利用行動 app 開通在 BLE 網路中的裝置。在開通期間，它自身的 LED 會閃爍。

對於這些功能，我們可於光感測器韌體中設計與實作以下軟體模組：

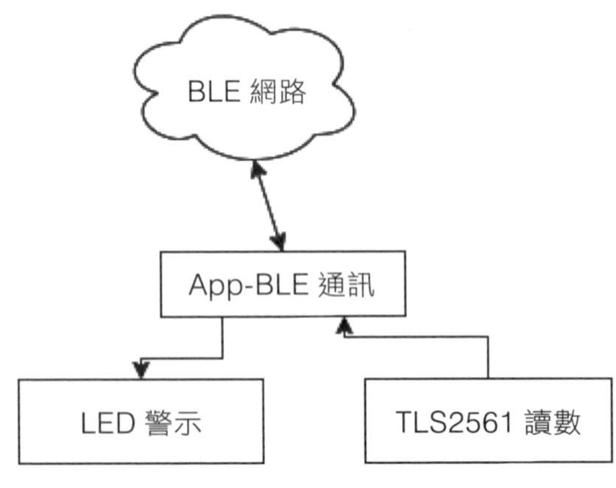

▲ 圖 9.1 光感測器韌體模組

LED 警示模組抽象化了 LED 狀態管理。BLE 通訊模組負責在開通期間呼叫 LED 警示 API 的 ON/OFF 函式。TLS2561 模組將亮度變化推播給 BLE 通訊模組，使得 BLE 網路可廣播它們。BLE 通訊模組在此完成所有的苦工，它要實作以下 BLE 網格網路模型來達成預期功能：

- **組態伺服器模型**：這個模型是相互運作的關鍵。設定用戶端（通常是行動 app）可透過此模型把包括金鑰的組態資料發送給裝置。
- **健康伺服器模型**：健康伺服器模型的主要目的是故障報告及診斷。除此之外，它也協助使用者警示的開通。為此，我們要實作健康伺服器事件的回呼函式來使用 LED 指示器。
- **Generic OnOff 伺服器模型**：負責在網格網路中傳輸高 / 低光值的模型。

在經由 **Generic OnOff 伺服器模型**在網格網路中廣播時，任何 **Generic OnOff 用戶端**都可收到來自光感測器節點的亮度變化。

下一個裝置是控制燈泡的開關節點。

◉ 開關

該開關為解決方案提供致動器角色。每當亮度變化或使用者要求改變時，開關會打開 / 關閉燈泡。其功能如下：

- 使用者可利用行動 app 來開通在 BLE 網路中的裝置。在開通期間，它自身的 LED 會閃爍。
- 它整合繼電器來控制所連接燈泡的電力。
- 當透過 BLE 網路收到一筆 ON/OFF 訊息時，它可改變繼電器狀態。訊息來源可為光感測器或使用者命令。

開關裝置的韌體包含以下軟體模組：

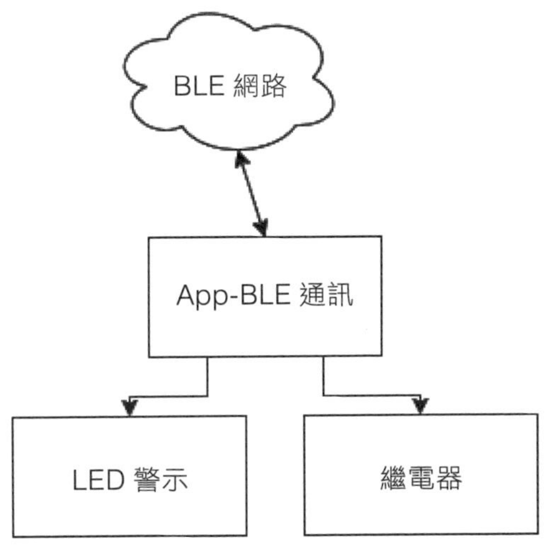

▲ 圖 9.2 開關軟體模組

BLE 通訊模組在韌體中扮演了中心角色，因為它介於 BLE 網路與所有其他模組之間。當狀態訊息來自 BLE 網路時，它呼叫繼電器模組函式控制實體繼電器。開關韌體使用了相同的 LED 警示模組來進行開通。

來看看 BLE 通訊模組的實作會用到哪些 BLE 網格模型：

- 組態伺服器模型。
- 健康伺服器模型。
- **Generic OnOff server model - 通用開關伺服器模型**：此模型提供通訊機構，可透過已實作 Generic OnOff 用戶端模型的其他網路節點來改變自身繼電器的狀態。
- **Generic OnOff - 通用開關客戶端模型**：此模型在網路中可連接或監聽 Generic OnOff 伺服器模型。以本專題來說，OnOff 資料源就是光感測器。當光感測器在網路中發佈狀態變化通知時，Generic OnOff 用戶端模型會取得相關訊息並觸發對應的動作。

由於開關裝置除了要控制繼電器，還要能夠取得光狀態變化，我們要在其韌體中實作 Generic OnOff 伺服器與用戶端兩者。

最後一個節點是閘道器。

◉ 閘道器

ESP32 的重要特徵之一是它允許我們同時啟用 Wi-Fi 和 Bluetooth，這使得它足以勝任本專題的閘道器節點。此閘道器為終端使用者提供了網路介面，可透過網路瀏覽器自行改變開關狀態。此閘道器的功能如下：

- 可連接到本地 Wi-Fi 網路。
- 可運行簡單的 HTML 網路伺服器，使用者可由此操作開關。
- 使用者可利用行動 app 來開通 BLE 網路中的裝置。在開通期間，它自身的 LED 會閃爍。

下圖為閘道器裝置韌體中的軟體模組：

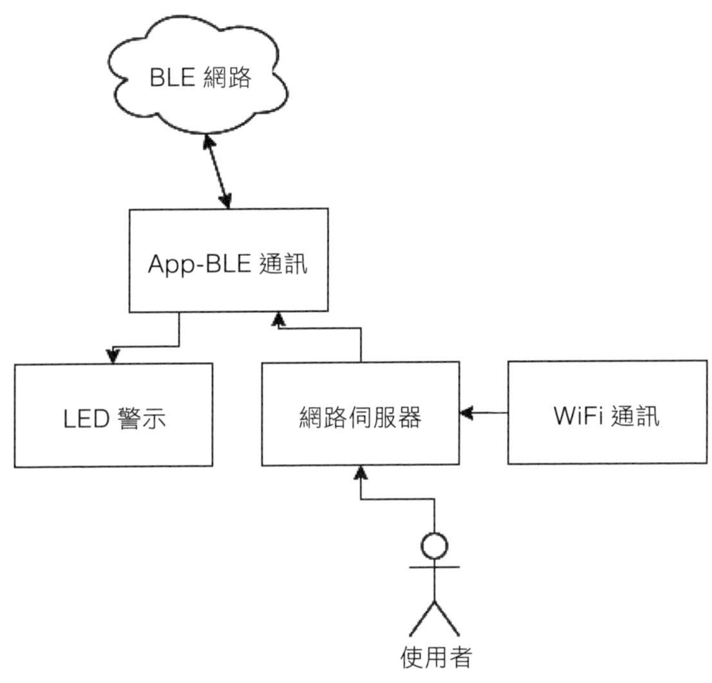

▲ 圖 9.3 閘道器軟體模組

閘道器韌體中還有用於 Wi-Fi 通訊與網路伺服器的兩個附加模組。在連接到本地 Wi-Fi 後，網路伺服器模組會處理來自使用者的所有請求，並將開關的 ON/OFF 命令傳到 BLE 通訊模組。

閘道器韌體中實作了以下 BLE 網格模型：

- 組態伺服器模型。
- 健康伺服器模型。
- **Generic OnOff 用戶端模型**：它會發送 **OnOff** 訊息給開關。**OnOff** 參數則是來自網路伺服器。

實作之前，先了解解決方案的整體樣貌：

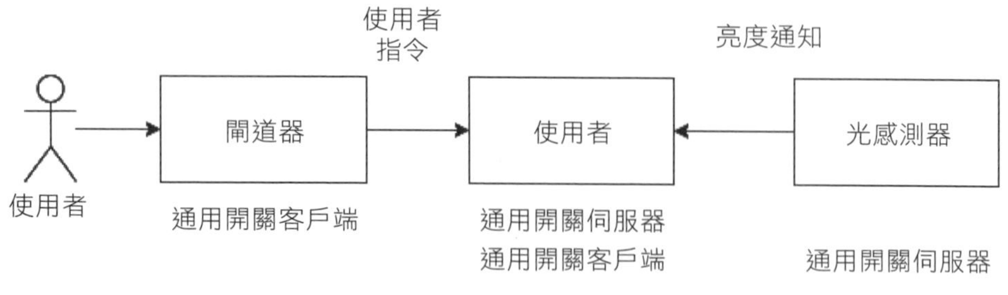

▲ 圖 9.4 閘道器韌體模組

對開關來說，會有來自閘道器與光感測器的輸入來改變繼電器的狀態。不過，閘道器與開關的關係與光感測器與開關的關係不同。作為伺服器的光感測器會以通知的方式丟資料給開關，而閘道器則是作為用戶端來發送 **OnOff** 請求。

下一段就要來開發專題了。

9.4 實作

在討論了解決方案架構之後，接下來要查看每個裝置的韌體。讓我們保留討論解決方案時使用的順序，從光感測器開始。

◉ 光感測器韌體

光感測器裝置需要整合一個 TLS2561 光感測器模組，還有一個在開通期間用於指示的 LED。硬體的 Fritzing 示意圖如下：

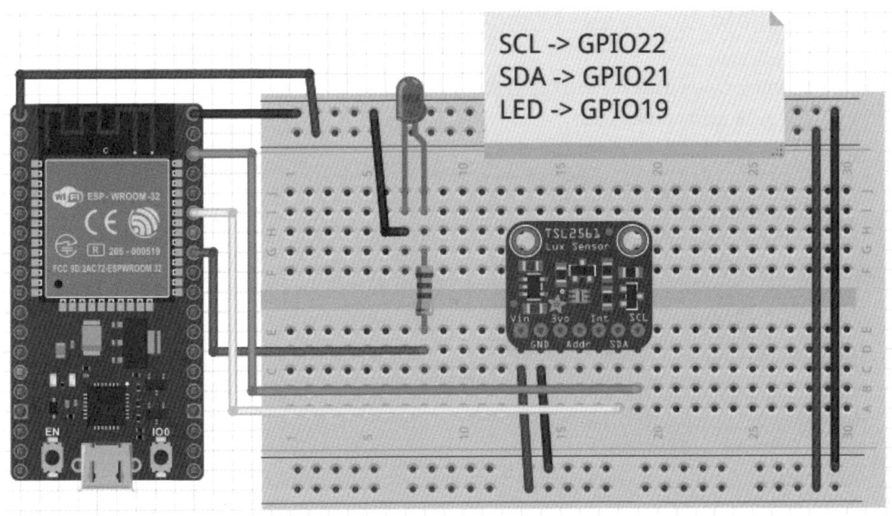

▲ 圖 9.5 光感測器的 Fritzing 示意圖

在編寫程式之前要先準備開發環境。步驟如下：

1. 新增一個專題，並編輯 platformio.ini：

```
[env:az-delivery-devkit-v4]
platform = espressif32
board = az-delivery-devkit-v4
framework = espidf

monitor_speed = 115200
lib_extra_dirs =
    ../../common/esp-idf-lib/components
    ../common
build_flags =
    -DCONFIG_I2CDEV_TIMEOUT=100000
```

   lib_extra_dirs 代表外部函式庫路徑，在此設定為 ../../common/esp-idf-lib/components，也就是 TLS2561 驅動程式路徑。../common 目錄包含了本專題三個裝置的共用函式庫。隨後會說明這些共用函式庫。

2. 在 sdkconfig 中啟動一些與 Bluetooth 相關的參數。但這些參數相當繁瑣，請由本書 github 來複製。

3. 利用 pio 命令列工具啟動虛擬環境：

```
$ source ~/.platformio/penv/bin/activate
(penv)$ pio --version
PlatformIO Core, version 5.1.0
```

現在開發環境已經準備好了，可以開始寫程式了。先說一聲，我想說明程式原始碼的列表，這樣更容易對應到先前所討論的解決方案架構：

```
(penv)$ ls src/
app_ble.c  app_ble.h  app_sensor.c  app_sensor.h  CMakeLists.txt  component.mk
main.c
(penv)$ ls -R ../common/
../common/:
ble  led
../common/ble:
app_blecommon.c  app_blecommon.h
../common/led:
app_ledattn.c  app_ledattn.h
```

BLE 通訊模組是由 src/app_ble.{c,h} 檔與 ../common/ble/app_blecommon.{c,h} 一併實作。src/app_sensor.{c,h} 是用於 TLS2561 模組。最後，LED 警示模組則實作於 ../common/led/app_ledattn.{c,h} 中。

用於實作模組的 C 原始碼有點冗長，因此只討論 API 函式與結構就好，請參考各標頭檔。從 ../common/led/app_ledattn.h 開始：

```
#ifndef appled_attn_h_
#define appled_attn_h_

#include <stdbool.h>

#define ATTN_LED_PIN 19

void appled_init(void);
void appled_set(bool);

#endif
```

LED 警示 API 只有兩個函式。appled_init 初始化 LED 的 GPIO 腳位，而 appled_set 則更新它的狀態為開或關。所有的裝置都可共用 LED 警示模組。

下一個是 ../common/ble/app_blecommon.h。它宣告了所有裝置都可共用的多個 BLE 函式：

```
#ifndef app_blecommon_h_
#define app_blecommon_h_

#include <stdint.h>
#include "esp_ble_mesh_defs.h"
#include "esp_ble_mesh_config_model_api.h"
#include "esp_ble_mesh_health_model_api.h"

void appble_get_dev_uuid(uint8_t *dev_uuid);
```

首先匯入 esp_ble_mesh* 標頭檔，這是針對函式庫函式會用到的 BLE 相關結構定義。appble_get_dev_uuid 會把裝置唯一識別符讀入參數所指的記憶體。在開通期間需要這個裝置 UUID。標頭檔中還有多個函式如下：

```
esp_err_t appble_bt_init(void);

void appble_provisioning_handler(esp_ble_mesh_prov_cb_event_t
event, esp_ble_mesh_prov_cb_param_t *param);

void appble_config_handler(esp_ble_mesh_cfg_server_cb_event_t
event, esp_ble_mesh_cfg_server_cb_param_t *param);

void appble_health_evt_handler(esp_ble_mesh_health_server_cb_
event_t event, esp_ble_mesh_health_server_cb_param_t *param);
```

appble_bt_init 負責初始化藍牙硬體。其他則是共用於所有裝置的 BLE 事件處理器。它們處理了開通、設定與健康運行事件。另外還需要警示回呼函式，如下：

```
typedef void (*appble_attn_on_f)(void);
typedef void (*appble_attn_off_f)(void);
typedef struct
{
   appble_attn_on_f attn_on;
   appble_attn_off_f attn_off;
} appble_attn_cbs_t;

void appble_set_attn_cbs(appble_attn_cbs_t);

#endif
```

`appble_set_attn_cbs` 設定在健康事件處理器中所呼叫的警示回呼函式。在此可使用任何一種警示指示器，例如蜂鳴器或 LED。健康事件處理器先不用細談；對處理器來說只需要開和關函式就夠了。

繼續討論光感測器的專用 API。`src/app_ble.h` 標頭檔定義了 BLE 通訊模組的 API：

```
#ifndef app_ble_h_
#define app_ble_h_

#include <stdlib.h>
#include <stdbool.h>
#include "app_blecommon.h"

void init_ble(appble_attn_cbs_t);
void appble_update_state(bool onoff);

#endif
```

BLE 通訊模組的 API 相當簡單。它是由警示回呼函式作為參數的 `init_ble` 所初始化。接著呼叫 `appble_update_state` 來更新 Generic OnOff 伺服器的內部狀態。它也會把用戶端可處理的通知形式把狀態變化發佈到 BLE 網路中。我們不會介紹整個實作，但是定義在 `src/app_ble.c` 中的模型值得一提：

```
static esp_ble_mesh_model_t root_models[] = {
    ESP_BLE_MESH_MODEL_CFG_SRV(&config_server),
    ESP_BLE_MESH_MODEL_GEN_ONOFF_SRV(&onoff_pub_0, &onoff_
server_0),
    ESP_BLE_MESH_MODEL_HEALTH_SRV(&health_server, &health_
pub_0),
};
```

root_models 為保存光感測器之伺服器模型的全域陣列，包含組態伺服器、健康伺服器與 Generic OnOff 伺服器。ESP-IDF 提供便於宣告模型的多個巨集。

原始碼中另一個要點是必須在 init_ble 中註冊一些回呼函式作為 BLE 事件處理器：

```
    esp_ble_mesh_register_prov_callback(appble_provisioning_handler);
    esp_ble_mesh_register_config_server_callback(appble_config_handler);
    esp_ble_mesh_register_generic_server_callback(generic_server_cb);
    esp_ble_mesh_register_health_server_callback(appble_health_evt_handler);
```

BLE 事件的註冊回呼如下：

- **開通處理器**：宣告於 app_blecommon.h 中。
- **組態伺服器處理器**：宣告於 app_blecommon.h 中。
- **Generic 伺服器處理器**：實作於 app_ble.c 中。
- **健康伺服器處理器**：宣告於 app_blecommon.h 中。

這些處理器會根據來自 ESP-IDF BLE 層的事件來管理整個資料流程。

src/app_sensor.h 定義了 TLS2561 感測器，來看看裡面有什麼：

```
#ifndef app_sensor_h_
#define app_sensor_h_

#include "tsl2561.h"

#define LIGHT_THRESHOLD 30
#define LIGHT_SDA 21
```

```
#define LIGHT_SCL 22
#define LIGHT_ADDR TSL2561_I2C_ADDR_FLOAT


typedef void (*light_changed_f)(bool);
void init_hw(light_changed_f);
bool is_light_low(void);

#endif
```

決定是否回報變化的閾值為 30 lux。當亮度低於此值時，函式庫會回報為低亮度，反之則為高亮度。`init_hw` 函式初始化了 TLS2561 感測器與其 I2C 腳位。它會使用亮度改變時所呼叫的回呼函式作為參數。

所有函式庫介紹完畢，可以進入 `main.c` 主程式了：

```
#include <stdio.h>
#include <string.h>
#include "esp_log.h"

#include "app_sensor.h"
#include "app_ble.h"
#include "app_ledattn.h"
```

首先匯入各模組的標頭檔，如下：

- `app_ble.h`，用於 BLE 通訊模組
- `app_sensor.h`，用於 TLS2561 感測器模組
- `app_ledattn.h`，用於 LED 警示模組

然後定義警示回呼函式：

```
#define TAG "sensor"

static void attn_on(void)
{
    appled_set(true);
}
```

```
static void attn_off(void)
{
    appled_set(false);
}
```

可用 **true** 與 **false** 來呼叫 **appled_set** 函式，藉此把警示狀態改變為開／關。最後則要定義 **app_main** 函式：

```
void app_main(void)
{
    init_hw(appble_update_state);
    appled_init();
     appble_attn_cbs_t cbs = {attn_on, attn_off};
    init_ble(cbs);
}
```

app_main 中呼叫 **init_hw** 來初始化 TLS2561。亮度變化的回呼函式為 **appble_update_state**，它會把這筆變化廣播到 BLE 網路中。另一個初始化函式 **init_ble** 則是由警示回呼所呼叫。在此會把回呼函式傳送給對方來連接所有模組。

此時已可以編譯程式並燒錄 devkit。請確保所有檔案都正確配置，請回顧本段開頭：

```
(penv)$ pio run -t upload && pio device monitor
```

一切順利的話，應該可以在序列終端機中看到每秒顯示了一筆亮度。光感測器準備就緒，接下來是開關。

◉ 開關韌體

開關裝置會用到繼電器與 LED。最終目的當然是要控制燈泡，但是本範例沒有燈泡也沒關係。

Tips

如果你決定用繼電器來控制燈泡，請根據本連結[2]來操作。其中也說明了關於繼電器的更多有趣用途；例如搭配一個三向光開關，就能讓任何一個繼電器都可切換燈泡。請確保已採取了在高電壓下工作時的所有必要預防措施。

硬體接線如下：

▲ 圖 9.6 開關的 Fritzing 示意圖

準備開發環境的步驟與光感測器的相同，只要檢查 platformio.ini 即可：

```
[env:az-delivery-devkit-v4]
platform = espressif32
board = az-delivery-devkit-v4
framework = espidf
```

2 https://ncd.io/relay-logic

```
monitor_speed = 115200
lib_extra_dirs = ../common
```

在此只有設定序列監視器的傳輸速率和指定共用函式庫資料夾。

src 原始程式碼資料夾中應有以下檔案：

```
(penv)$ ls src/
app_ble.c  app_ble.h  app_sw.c  app_sw.h  CMakeLists.txt  main.c
```

app_ble.{c,h} 實作了 BLE 通訊模組，而 app_sw.{c,h} 實作了繼電器驅動模組。來看看 app_ble.h 的 BLE 通訊 API 相關內容：

```
#ifndef app_ble_h_
#define app_ble_h_

#include <stdlib.h>
#include <stdbool.h>
#include "app_blecommon.h"

typedef void (*switch_set_f)(bool);
typedef bool (*switch_get_f)(void);

typedef struct {
    switch_set_f sw_set;
    switch_get_f sw_get;
    appble_attn_on_f attn_on;
    appble_attn_off_f attn_off;
} app_ble_cb_t;

void init_ble(app_ble_cb_t callbacks);

#endif
```

init_ble 可接受的參數為有以下一系列的回呼函式，如下：

- sw_set 與 sw_get：開關狀態的讀 / 寫函式
- attn_on 與 attn_off：警示指示器的開 / 關函式

init_ble 函式也在 app_ble.c 中註冊了一些函式來作為 BLE 事件處理器，如下：

```
esp_ble_mesh_register_prov_callback(appble_provisioning_handler);
    esp_ble_mesh_register_config_server_callback(appble_config_handler);
    esp_ble_mesh_register_health_server_callback(appble_health_evt_handler);
    esp_ble_mesh_register_generic_server_callback(generic_server_cb);
    esp_ble_mesh_register_generic_client_callback(generic_client_cb);
```

generic_server_cb 用來處理來自網路中之任何 Generic OnOff 用戶端的請求。以本專題來說是由閘道器負責，會把使用者的命令作為 BLE 訊息傳送給開關。generic_client_cb 會取得來自光開關的通知。這些函式都會使用 sw_set 來改變開關狀態。

開關模型也會以全域變數保留在 app_ble.c 中，如下：

```
static esp_ble_mesh_model_t root_models[] = {
    ESP_BLE_MESH_MODEL_CFG_SRV(&config_server),
    ESP_BLE_MESH_MODEL_GEN_ONOFF_SRV(&onoff_pub_0, &onoff_server_0),
    ESP_BLE_MESH_MODEL_GEN_ONOFF_CLI(&onoff_cli_pub, &onoff_client),
    ESP_BLE_MESH_MODEL_HEALTH_SRV(&health_server, &health_pub_0),
};
```

再次使用相同的巨集來定義模型，但這次有個新成員：Generic OnOff 用戶端。

來看看 Relay API 在 app_sw.h 中提供了哪些功能：

```
#ifndef app_sw_h_
#define app_sw_h_

#include <stdbool.h>
#define RELAY_PIN 4

void init_hw(void);
void switch_set(bool);
bool switch_get(void);

#endif
```

這個 API 顯然有三個函式。init_hw 初始化了繼電器的 GPIO 腳位。switch_set 用於設定繼電器狀態，而需要得知它的狀態時可呼叫 switch_get。

現在已看過所有的 API，main.c 主程式如下：

```
#include <stdio.h>
#include <string.h>

#include "esp_log.h"

#include "app_ble.h"
#include "app_sw.h"
#include "app_ledattn.h"
```

在此匯入必要的模組標頭如下：

- app_ble.h，用於 BLE 通訊模組
- app_sw.h，用於繼電器模組
- app_ledattn.h，用於 LED 警示模組

接下來，是警示回呼函式：

```
#define TAG "switch"

static void attn_on(void)
{
    appled_set(true);
}
static void attn_off(void)
{
    appled_set(false);
}
```

現在警示回呼準備好了，繼續看到 app_main：

```
void app_main(void)
{
    init_hw();
    appled_init();
```

```
    app_ble_cb_t cbs = {
        .sw_set = switch_set,
        .sw_get = switch_get,
        .attn_on = attn_on,
        .attn_off = attn_off,
    };
    init_ble(cbs);
}
```

在 app_main 中初始化了繼電器與 LED 之後，我們必須用回呼函式來呼叫 init_ble 函式。最重要的回呼函式是 sw_set，它會連接到繼電器 API 的 switch_set。只要 BLE 通訊模組從 BLE 網路收到任何要改變繼電器狀態的通知或命令時，就會執行它。

程式完成，請用以下指令來燒錄韌體：

```
(penv)$ pio run -t upload
```

搞定！接下來，要開發本專題中的最後一個裝置：閘道器。

◉ 閘道器韌體

硬體方面只要在 devkit 上接一顆 LED 就好，除此之外不需要任何東西。請把 LED 接到 GPIO19 之後就可開始寫程式了。一樣要先準備開發環境：

1. 請用以下的 platformio.ini 新增一個 PlatformIO 專題：

```
[env:az-delivery-devkit-v4]
platform = espressif32
board = az-delivery-devkit-v4
framework = espidf

monitor_speed = 115200
lib_extra_dirs = ../common
board_build.partitions = partitions.csv
build_flags =
    -DWIFI_SSID=${sysenv.WIFI_SSID}
    -DWIFI_PASS=${sysenv.WIFI_PASS}
```

由於這個韌體大小會超過 1 MB(預設分割表的最大尺寸)，因此要在 platformio.ini 中提供自訂分割檔。為此，需要在 partitions.csv 中將 app 分割尺寸提高到 2 MB。

2. 加入名為 partitions.csv 的分割檔：

```
nvs,          data,  nvs,      0x9000,    16k
otadata,      data,  ota,      0xd000,    8k
phy_init,     data,  phy,      0xf000,    4k
factory,      app,   factory,  0x10000,   2M
```

在此已將 app 分割設定為 2 MB。

3. 請由本專題的 github 將 sdkconfig 複製到專題的根目錄，其中包括了自訂分割檔、藍牙與 BLE 的所有必要設定。

4. 啟動虛擬環境，以便使用 pio 工具，並設定 Wi-Fi SSID 與密碼的環境變數：

```
$ source ~/.platformio/penv/bin/activate
(penv)$ export WIFI_SSID='\"<your_ssid>\"'
(penv)$ export WIFI_PASS='\"<your_passwd>\"'
```

5. 執行 menuconfig，把 HTTP 標頭長度增加為 4096 來搭配請求。請由 **(Top) | Component config | HTTP server | Max HTTP Request Header Length** 中操作：

```
(penv)$ pio run -t menuconfig
```

在討論程式碼之前，先看看專題中有哪些原始碼：

```
$ ls src/
app_ble.c  app_ble.h  app_ip.c  app_ip.h  app_web.c  app_web.h  CMakeLists.txt
main.c
```

app_ble.{c,h} 實作了 BLE 通訊模組，而 app_ip.{c,h} 實作了 Wi-Fi 連線模組，如先前在說明解決方案架構時所述。網路伺服器模組實作於 app_web.{c,h} 中，app_main 函式一定會保留在 main.c 中。

從實作 BLE 通訊開始，app_ble.h 包含以下的函式宣告：

```
#ifndef app_ble_h_
#define app_ble_h_

#include <stdlib.h>
#include <stdbool.h>
#include "app_blecommon.h"

void init_ble(appble_attn_cbs_t);
void appble_set_switch(bool);

#endif
```

init_ble 初始化 BLE 網格通訊並註冊事件處理器。appble_set_switch 會把 Generic OnOff 訊息發送到 BLE 網路中。目的是要把來自 IP 網路的使用者請求轉傳到 BLE 網路中。app_ble.c 中也宣告了 BLE 網格網路必要功能的模型，如下：

```
static esp_ble_mesh_model_t root_models[] = {
    ESP_BLE_MESH_MODEL_CFG_SRV(&config_server),
    ESP_BLE_MESH_MODEL_GEN_ONOFF_CLI(&onoff_cli_pub, &onoff_client),
    ESP_BLE_MESH_MODEL_HEALTH_SRV(&health_server, &health_pub_0),
};
```

在此共有以下模型：

- 組態伺服器模型
- 健康伺服器模型
- Generic OnOff 用戶端模型

app_ip.h 包含了連接到本地 Wi-Fi 網路的函式與類型，如下：

```
#ifndef app_ip_h_
#define app_ip_h_

typedef void (*on_connected_f)(void);
typedef void (*on_failed_f)(void);
```

```
typedef struct {
    on_connected_f on_connected;
    on_failed_f on_failed;
} connect_wifi_params_t;

void appip_connect_wifi(connect_wifi_params_t);

#endif
```

appip_connect_wifi 是在此標頭檔中被宣告的唯一函式。它需要在 Wi-Fi 連上或連接失敗時所指定要呼叫之回呼函式作為參數。這樣就能讓任何用戶端得知它的狀態。

app_web.h 用來管理在閘道器上運行的網路伺服器：

```
#ifndef app_web_h_
#define app_web_h_

#include <stdbool.h>

typedef void (*set_switch_f)(bool);

void appweb_init(set_switch_f);
void appweb_start_server(void);

#endif
```

以上提供了簡易的網路伺服器 API。appweb_init 需要類型為 set_switch_f 的參數，它是當使用者經由網路介面送出 ON/OFF 請求時所呼叫的函式。appweb_start_server 負責啟動網路伺服器，也因此得名。

app_web.c 中實作了使用者請求的 HTTP GET 與 HTTP PUT 處理器。這個網路伺服器會發佈以下網頁：

```
static const char *HTML_FORM = "<html><form action=\"/\"
method=\"post\">"
"<label for=\"switch_state\">Set switch:</label>"
"<select id=\"switch_state\" name=\"switch_state\">"
"<option value=\"ON\">ON</option>"
```

```
"<option value=\"OFF\">OFF</option>"
"</select>"
"<input type=\"submit\" value=\"Submit\">"
"</form></html>";
```

這只是一個非常陽春的網頁，有一個 **ON/OFF** 選項群組和 **Submit** 按鈕。

最後來討論 main.c 主程式：

```
#include <stdio.h>
#include <string.h>

#include "esp_log.h"
#include "app_ble.h"
#include "app_ip.h"
#include "app_web.h"
#include "app_ledattn.h"
```

首先要匯入模組所需的 app_*.h 檔並實作各回呼函式，如下：

```
#define TAG "gateway"

void wifi_connected(void)
{
    ESP_LOGI(TAG, "wifi connected");
    appweb_start_server();
}

void wifi_failed(void)
{
    ESP_LOGE(TAG, "wifi failed");
}
```

當連上本地 Wi-Fi 網路時就會啟動網路伺服器。我們也需要警示回呼，實作如下：

```
static void attn_on(void)
{
    appled_set(true);
}
```

```
static void attn_off(void)
{
    appled_set(false);
}
```

現在，所有回呼函式都準備好了，請把 app_main 中的所有元件整合起來吧，如下：

```
void app_main(void)
{
    appled_init();
    appweb_init(appble_set_switch);

    connect_wifi_params_t p = {
        .on_connected = wifi_connected,
        .on_failed = wifi_failed,
    };
    appip_connect_wifi(p);

    appble_attn_cbs_t cbs = {attn_on, attn_off};
    init_ble(cbs);
}
```

app_main 中會先初始化所有的模組。藉由呼叫帶有 appble_set_switch 的 appweb_init 作為回呼，我們將使用者請求傳到 BLE 網路。在網路伺服器內的 HTTP PUT 處理器會根據來自使用者的 ON/OFF 命令來呼叫 appble_set_switch。

現在，請用以下指令編譯程式並燒錄 devkit：

```
(penv)$ pio run -t upload && pio device monitor
```

當透過瀏覽器連接到這個網路伺服器並按下 **Submit** 按鈕時，可在序列終端機中看到對應的 ON/OFF 請求。

到此已經設置好所有裝置的應用程式了。下一段要設定一個搭配這些裝置的 BLE 網路，並測試它們在不同情境下的表現如何。

◉ 測試

測試有兩個階段：設置 BLE 網路和測試情境。測試期間會用到智慧型手機，請根據以下步驟來設置 BLE 網路與設定節點：

1. 啟動裝置並在智慧型手機上執行 nRF Mesh app。點選 **Network** 標籤再點選 + (*add*) 按鈕，就可以看到所有等候開通的裝置：

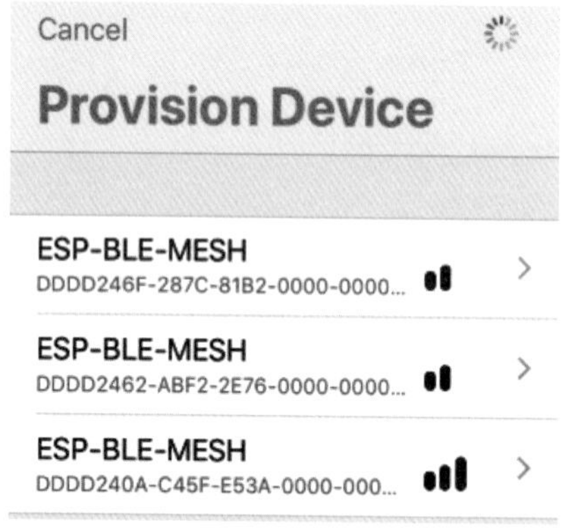

▲ 圖 9.7 等候開通的 BLE 網格裝置

2. 選擇任何一個。當 app 連到裝置時，裝置上的 LED 會點亮，這樣就能知道哪一個裝置被連上了。在此以閘道器作範例，請將其命名為 `gateway` 並點擊右上角的 **Provision**：

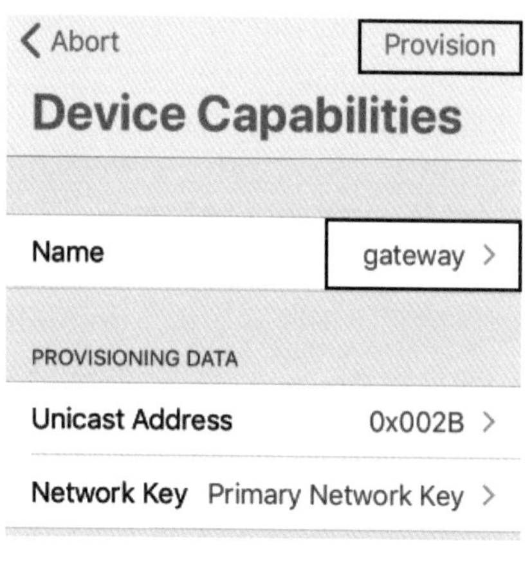

▲ 圖 9.8 開通

3. 成功開通後，指定要所有裝置之 Generic OnOff 伺服器與用戶端模型使用的應用金鑰。它正是本程式的共享金鑰：

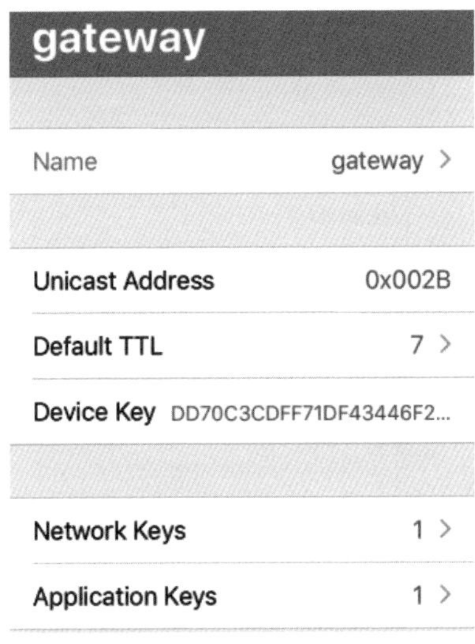

▲ 圖 9.9 指定應用金鑰

4. 選擇頁面上的 **Element 1** 來查看閘道器中的已實作模型：

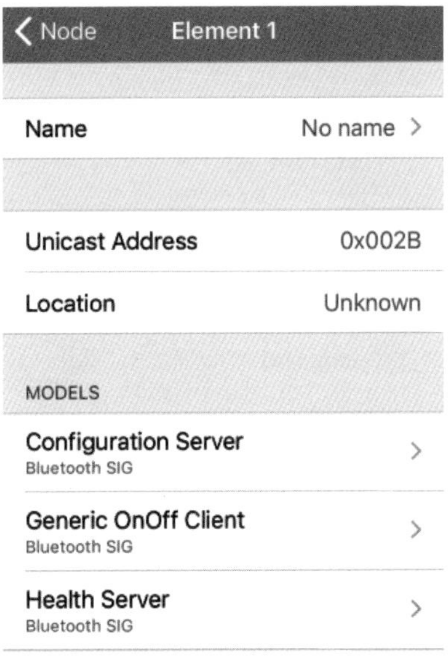

▲ 圖 9.10 BLE 網格網路模型清單

5. 將應用金鑰綁定到 **Generic OnOff Client**：

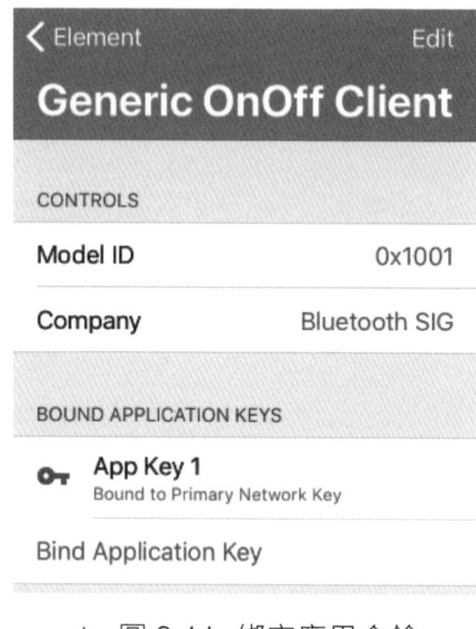

▲ 圖 9.11 綁定應用金鑰

6. 將閘道器標記為已設定（**Configured**）：

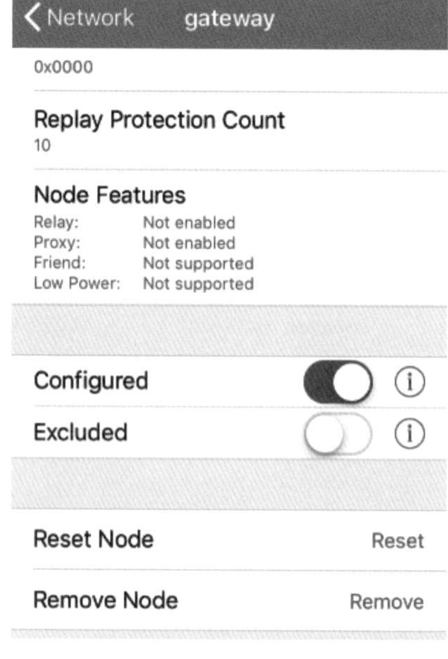

▲ 圖 9.12 閘道器已設定

7. 回到 **Network** 標籤，可看到本閘道器出現在**已設定節點**（**Configured Nodes**）清單中：

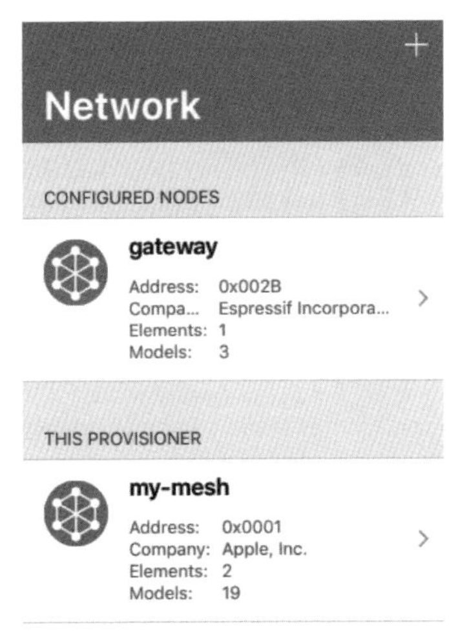

▲ 圖 9.13 Network 標籤

8. 開關與光感測器等裝置也是相同的設定方式。請注意，綁定應用金鑰到模型的做法有點不同。對於開關，應用金鑰要綁定到 Generic OnOff 用戶端與伺服器兩者。對於光感測器，金鑰在綁定到 Generic OnOff 伺服器之後，請設定發佈為所有節點（**All Nodes**）：

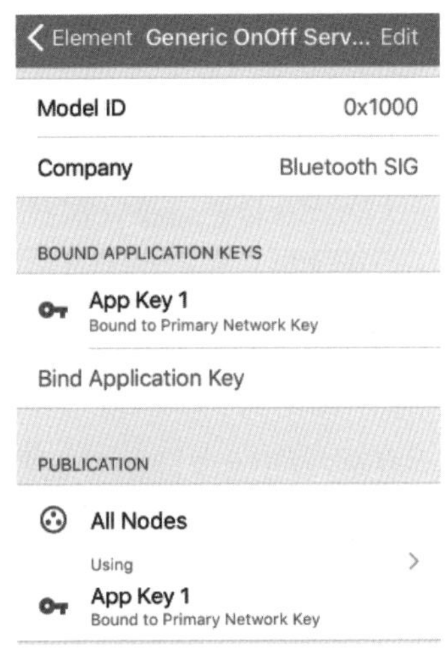

▲ 圖 9.14 光感測器發佈設定為所有節點

所有的裝置都設定好之後，會在 BLE 網路中被視為節點：

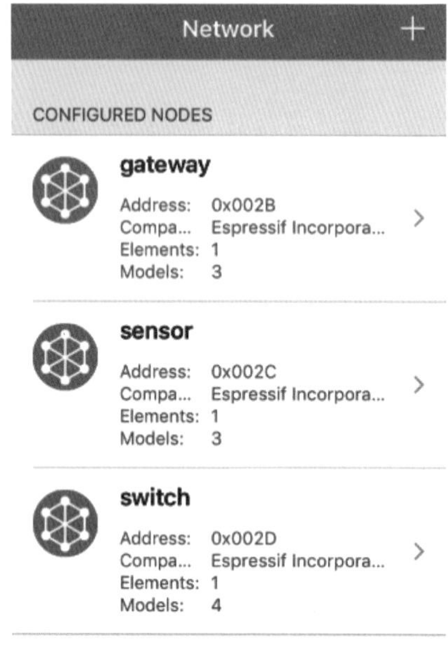

▲ 圖 9.15 BLE 網路中的各節點

現在 BLE 網路準備好了，可以測試產品了。有四種基本情境可測試：

1. 透過網路瀏覽器連接到閘道器的本地 IP，並發送 ON 訊息。開關裝置會把繼電器設定為**開**：

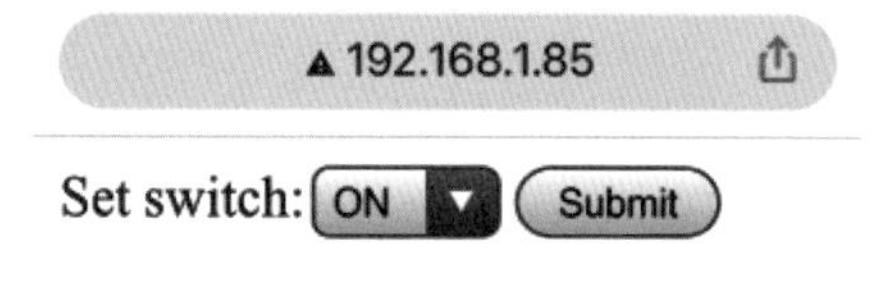

▲ 圖 9.16 經由網路介面送出 ON 訊息

2. 從網路介面送出 OFF 訊息。開關會把繼電器設定為**關**。
3. 把光感測器放置於暗處。開關會把繼電器設定為**開**。
4. 使光感測器放置於亮處。開關會把繼電器設定為**關**。

儘管這個智慧家庭專題只有三種節點，但當然可以加入新類型的節點來加入更多功能。藍牙技術聯盟定義了更多 BLE 網格模型，如果覺得還不夠的話，BLE 網格標準也支援廠商的自定義模型。

本章就以本專題結尾，下一章要學習如何讓 ESP32 搭配雲端服務平台，才能充分駕馭物聯網的真正威力。

9.5 總結

藉由本章的專題，我們詳細介紹了 ESP32 的無線連線功能。對於 IP 網路，ESP32 可連接到 Wi-Fi。而需要設置 WPAN 好在裝置之間交換資料時，它也支援 BLE 網格網路。如前所述，沒有連線和通訊就根本談不上物聯網。我們在本章學到了 ESP32 連網功能的重要實務經驗，任何現實生活的物聯網專題都可用到這些功能。

下一章是專門介紹雲平台和服務，以及如何在雲端服務方案中將 ESP32 作為物聯網裝置來與真實環境進行遠端互動。整合雲平台和服務就能讓任何物聯網解決方案更臻完整，在世界上的任何一個角落都能存取所有裝置，並儲存來自這些物聯網裝置的資料好進一步處理。

PART

3

雲端服務通訊

大多數的物聯網專題都需要連到雲端服務，藉此傳輸與儲存來自裝置端的資料並進一步處理與分析，或只是單純的遠端設定、監控或控制。你在本篇將學會如何讓 ESP32 連上各種雲端服務，並讓兩端都可以彼此傳輸資料。

本篇包含以下三章：

- 第 10 章　沒有雲端服務就沒有物聯網｜各種雲端平台與服務
- 第 11 章　相連不嫌多｜整合第三方服務
- 第 12 章　專題製作｜聲控智慧風扇

CHAPTER

10

沒有雲端服務就沒有物聯網｜各種雲端平台與服務

物聯網的最大推力之一就是雲端運算。在區域網路中我們可以用 ESP32 施展各種魔法，經由裝置的實體開關與顯示器來收集資料、在節點之間共享資料、與使用者互動、並加入更多基於區域裝置網路之整合感測器資料的有趣功能。不過，這裡缺少的部分是連結性。不論從世界上任何地方都要能夠遠端存取裝置並分析裝置資料，從而以更有成效的方式深入了解我們的產品。事實上在某些情況下，分析物聯網資料以及從分析結果得到的任何見解可提供比裝置本身用途更大的效益。雲技術使得所有物聯網產品都能受惠。

本章會介紹一些常見且支援完善的物聯網通訊協定。所有雲平台都提供這些協定的端點，我們將學習如何在 ESP32 專題中運用它們。

我們也會簡要討論來自不同公司的一些主流雲端平台，以了解雲端平台的存在意義以及我們對它們的期望。作為本章的最後一個範例，我們將開發一個可連接到 AWS 雲端服務的小程式。

本章內容如下：

- ESP32 可用的物聯網通訊協定
- 了解雲物聯網平台
- 在 AWS IoT 服務上進行開發

10.1 技術要求

本章硬體只需要用到一組 SP32 devkit 與 DHT11 感測器。

本章範例請由本書 github 取得：

`https://github.com/PacktPublishing/Internet-of-Things-with-ESP32/tree/main/ch10`

所需的函式庫請由此取得：

`https://github.com/PacktPublishing/Internet-of-Things-with-ESP32/tree/main/common`

另外，開發 AWS 範例時還需要新的函式庫，請由此取得：

`https://github.com/espressif/esp-aws-iot.git`

你需要一個 AWS 帳戶和 **Identity and Access Management**（**IAM**）使用者身分。如果還沒有 AWS 帳戶的話，請參考以下文件來取得：

`https://docs.aws.amazon.com/polly/latest/dg/setting-up.html`

Eclipse Mosquitto 為本章選用的 MQTT 訊息代理服務。它也提供連接到任何訊息代理者的用戶端應用。安裝步驟請參考：

`https://mosquitto.org/download/`

在 CoAP 伺服器範例中需要 CoAP 用戶端來測試程式。任何 CoAP 用戶端都可使用，但本章使用這個：

https://libcoap.net/install.html

範例實際執行影片請參考：https://bit.ly/3jVbOUM

10.2 ESP32 可用的物聯網通訊協定

用於與遠端伺服器通訊的物聯網裝置有許多應用層通訊協定。它們的設計原則和架構都大不相同，所以要搞定開發物聯網專題時的各種需求和限制真的是大問題。讓我們用範例來討論一些常用通訊協定與其功能。

◉ MQTT

MQTT（**訊息佇列遙測傳輸**，Message Queue Telemetry Transport）是一款以訊息代理作為中介者的多對多通訊協定。有送出訊息到在代理者上之主題的發佈者，以及有從已向其訂閱之主題接收訊息的訂閱者。節點可同時為發佈者與訂閱者：

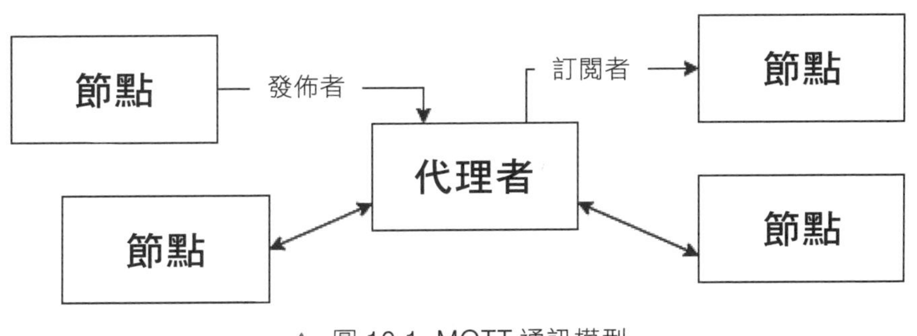

▲ 圖 10.1 MQTT 通訊模型

對於 MQTT，TCP 是底層傳輸協定，可設定用於安全通訊的 TLS。

用一個小範例看看 MQTT 如何運作。我們將開發一個具備 DHT11 的感測器裝置。它會發佈溫度值與濕度值給 MQTT 代理者的獨立主題。

硬體設置很簡單，只要把 DHT11 感測器接到 devkit 的 GPIO17 腳位。並根據以下步驟來設定開發環境：

1. 用以下的 platformio.ini 新增一個專題：

```
[env:az-delivery-devkit-v4]
platform = espressif32
board = az-delivery-devkit-v4
framework = espidf

monitor_speed = 115200
lib_extra_dirs =
    ../../common/esp-idf-lib/components
    ../common
build_flags =
    -DWIFI_SSID=${sysenv.WIFI_SSID}
    -DWIFI_PASS=${sysenv.WIFI_PASS}
    -DMQTT_BROKER_URL=${sysenv.MQTT_BROKER_URL}
```

2. 將本章的共用函式庫複製到：../common，請由本書 GitHub 取得：

   https://github.com/PacktPublishing/Internet-of-Things-with-ESP32/tree/main/ch10/common

3. 啟動虛擬環境以使用 pio 工具：

```
$ source ~/.platformio/penv/bin/activate
(penv)$
```

4. 定義用於 Wi-Fi 及 MQTT 代理者的環境變數。後續會在開發 PC 上安裝代理軟體，你可選用任何一款 MQTT 代理：

```
(penv)$ export WIFI_SSID='\"<your_ssid>\"'
(penv)$ export WIFI_PASS='\"<your_pass>\"'
(penv)$ export MQTT_BROKER_URL='\"mqtt://<your_PC_ip>\"'
```

   請注意，代理者 URL 要以 mqtt:// 開頭。

準備好開發環境後，可以繼續編寫程式了。看看在共用函式庫中有什麼，在此只要檢查標頭檔以了解其 API 就夠了。第一個是 ../common/sensor/app_temp.h：

```
#ifndef app_temp_h_
#define app_temp_h_

#define DHT11_PIN 17

typedef void (*temp_ready_f)(int, int);
void apptemp_init(temp_ready_f cb);

#endif
```

感測器函式庫使用一個回呼函式來初始化 DHT11，每次讀取感測器時都會呼叫這個回呼函式。溫度與濕度讀數會做為參數提供給回呼函式。

下一個函式庫是 ../common/wifi/app_wifi.h：

```
#ifndef app_wifi_h_
#define app_wifi_h_

typedef void (*on_connected_f)(void);
typedef void (*on_failed_f)(void);

typedef struct {
    on_connected_f on_connected;
    on_failed_f on_failed;
} connect_wifi_params_t;

void appwifi_connect(connect_wifi_params_t);

#endif
```

它宣告了 appwifi_connect 函式，當 ESP32 連線成功或失敗時可使用該回呼函式搭配對應參數來連接到本地 Wi-Fi。

函式庫準備好後，繼續看到 src/main.c 主程式：

```
#include <string.h>
#include <stdbool.h>
#include <stdlib.h>
#include "freertos/FreeRTOS.h"
#include "freertos/task.h"
#include "esp_log.h"

#include "mqtt_client.h"

#include "app_temp.h"
#include "app_wifi.h"
```

從匯入必要的標頭檔開始。ESP-IDF 所提供的 MQTT 函式庫的標頭檔為 mqtt_client.h。

接著定義巨集與全域變數，如下：

```
#define TAG "app"

#ifndef MQTT_BROKER_URL
#define MQTT_BROKER_URL "mqtt://<your_broker_url>"
#endif

#define SENSOR_NO "1"
#define ENABLE_TOPIC "home/" SENSOR_NO "/enable"
#define TEMP_TOPIC "home/temperature/" SENSOR_NO
#define HUM_TOPIC "home/humidity/" SENSOR_NO

static esp_mqtt_client_handle_t client = NULL;
static bool enabled = false;
```

我們保留了一個 MQTT 主題來啟用或停用感測器裝置。感測器將訂閱 ENABLE_TOPIC 主題來設定 / 重設 enabled 全域變數。感測器裝置被啟用時會發佈 TEMP_TOPIC 與 HUM_TOPIC，網路中的任何用戶端可訂閱這些主題來接收讀數。

現在來談談 MQTT 主題。主題是 MQTT 用來管理資訊的方式。以下是相關些規則和最佳做法：

- /：層級分隔符。主題不必以 / 起頭，因為這會加入一個不必要的層級。
- +：單層級通配符。對應到使用它的所有主題名稱。例如訂閱 home/+/light 時，會收到與這格式對應的所有主題，例如 home/kitchen/light 或 home/bedroom/light。
- #：多層級通配符，只能用在末端。它對應於該層級與其底下的所有主題。
- 主題名稱中不可有空格或不可顯示的字元。
- 命名和層級取決於上下文。

繼續看到 app_main 來了解執行流程：

```
void app_main()
{
    esp_event_loop_create_default();

    connect_wifi_params_t cbs = {
        .on_connected = handle_wifi_connect,
        .on_failed = handle_wifi_failed};
    appwifi_connect(cbs);
}
```

app_main 中首先建立預設事件迴圈。如果要在程式中接收 MQTT 事件就需要它。接下來，呼叫 appwifi_connect 來連接到本地 Wi-Fi。handle_wifi_connect 是 Wi-Fi 連線建立時要呼叫的函式。該函式的實作如下：

```
static void handle_wifi_connect(void)
{
    esp_mqtt_client_config_t mqtt_cfg = {
        .uri = MQTT_BROKER_URL,
    };
    client = esp_mqtt_client_init(&mqtt_cfg);
    esp_mqtt_client_register_event(client, ESP_EVENT_ANY_ID, handle_mqtt_events,
NULL);
    esp_mqtt_client_start(client);
    apptemp_init(publish_reading);
```

```
}

static void handle_wifi_failed(void)
{
    ESP_LOGE(TAG, "wifi failed");
}
```

在連上本地 Wi-Fi 並註冊用於來自用戶端之事件的 MQTT 事件處理器函式 handle_mqtt_events 時，我們初始化了 MQTT 用戶端。這時可呼叫 esp_mqtt_client_ start 來啟動 MQTT 用戶端並連接到代理者。最後，我們用作為回呼函式的 publish_reading 來初始化 DHT11 讀數。先來看看 MQTT 事件處理器如何運作，接著要討論 publish_reading，在此要把讀數送往代理者上的主題：

```
static void handle_mqtt_events(void *handler_args,
                               esp_event_base_t base,
                               int32_t event_id,
                               void *event_data)
{
    esp_mqtt_event_handle_t event = event_data;
    switch ((esp_mqtt_event_id_t)event_id)
    {
    case MQTT_EVENT_CONNECTED:
        ESP_LOGI(TAG, "mqtt broker connected");
        esp_mqtt_client_subscribe(client, ENABLE_TOPIC, 0);
        break;
```

清單中的第一個事件是 MQTT_EVENT_CONNECTED，在此為了監聽啟用 / 停用感測器命令的訊息，需要訂閱 ENABLE_TOPIC 主題。接著看到 MQTT_EVENT_DATA：

```
    case MQTT_EVENT_DATA:
        if (!strncmp(event->topic, ENABLE_TOPIC, event->topic_len))
        {
            enabled = event->data[0] - '0';
        }
        break;
```

當 MQTT_EVENT_DATA 發生時，代表已經收到來自所訂閱之主題的訊息。以本專題來說只有一個主題，但還是要檢查它是否真的是 ENABLE_TOPIC。我們假設訊息資料的格式為字串。可用以下方式來處理錯誤：

```
    case MQTT_EVENT_ERROR:
        ESP_LOGE(TAG, "errtype: %d", event->error_handle->error_type);
        break;
    default:
        ESP_LOGI(TAG, "event: %d", event_id);
        break;
    }
}
```

最後一個要處理的事件是 MQTT_EVENT_ERROR。如果發生了這個事件，就在在序列控制台上顯示錯誤訊息。

接下來是發佈讀數給主題：

```
static void publish_reading(int temp, int hum)
{
    char buffer[5];

    if (client != NULL && enabled)
    {
        esp_mqtt_client_publish(client, TEMP_TOPIC, itoa(temp, buffer, 10),
0, 1, 0);
        esp_mqtt_client_publish(client, HUM_TOPIC, itoa(hum, buffer, 10),
0, 1, 0);
    }
}
```

為了發佈訊息給主題，我們呼叫了 esp_mqtt_client_publish。它需要幾個參數，包括 MQTT 用戶端、主題名稱以及要發佈的資料。有一個用於指定服務品質（QoS）的參數，包含三個有效選項：

- **QoS level-0**：意指對訂閱者不保證送達。訂閱者不必確認收到訊息。
- **QoS level-1**：保證送達，但是訂閱者可能收到多個訊息複本。
- **QoS level-2**：訂閱者只會收到一份訊息複本。

我們根據專題需求來選擇 QoS。如果跳過某筆讀數不那麼要緊的話，我們可選擇 QoS-0。QoS-1 與 QoS-2 是通過額外的**確認（ACK）**訊息達成，這會在通訊中造成負擔。因此在某些情況下，如果未指定任何內容或在需求中沒有提示的話，最好與產品所有者討論再決定。

程式完成，可以進行測試了。請根據以下步驟操作：

1. 代理者、發佈者與訂閱者用戶端都會使用 Mosquitto。如果你的 PC 上尚未安裝，請參考本連結來操作：

   https://mosquitto.org/download/

2. 啟動代理者，並檢查在 PC 服務清單確保它正常工作。另外，MQTT 的預設埠是 1883。請檢查一下來了解服務是否已啟動並運行：

```
$ systemctl | grep -i mosquitto
mosquitto.service loaded active     running   Mosquitto MQTT v3.1/v3.1.1 Broker
$ sudo netstat -tulpn | grep -i mosquitto
tcp        0      0 0.0.0.0:1883            0.0.0.0:*               LISTEN
2245/mosquitto
```

3. 測試 Mosquitto 的訂閱者及發佈者應用。開啟命令列，啟動 mosquitto_sub 來監聽 home/test 主題。本工具相關文件請參考：

   https://mosquitto.org/documentation/

```
$ mosquitto_sub -h localhost -t home/test
```

4. 在另一命令列中，使用 mosquitto_pub2 對同一個主題發佈訊息：

```
$ mosquitto_pub -h localhost -t home/test -m "test message "
```

   如果在訂閱者上看到訊息，代表你可繼續用同一個代理者測試 ESP32。

5. 啟動一個訂閱者來監聽主題：

```
$ mosquitto_sub -h localhost -t "home/+/1" -d
```

6. 回到 VSCode 命令列，在此已啟動 Platformio 虛擬環境。在此要燒錄 devkit 並開啟序列監視器：

```
(penv)$ pio run -t upload && pio device monitor
```

7. 最後一步是發佈一則啟用訊息給 home/1/enable 主題來啟用感測器：

```
$ mosquitto_pub -h localhost -t home/1/enable -m "1"
```

搞定！感測器會開始對兩個 MQTT 主題發佈讀數，在訂閱者視窗中也可看到這些訊息了。

Tips

如果要執行 Mosquitto 2.0，你將需要一個組態設定檔來允許用戶端遠端連接到代理者，詳細說明請參考：

https://mosquitto.org/documentation/migrating-to-2-0/

下一段要討論另一個常見的物聯網通訊協定：CoAP。

◉ CoAP

受限制應用協定（Constrained Application Protocol, CoAP）是一種用戶端 - 伺服器通訊協定，其中伺服器會把自身資源放上網路，用戶端送出 HTTP 請求來得到或設定伺服器上的資源狀態。CoAP 是針對資源有限的低功率物聯網裝置所設計，作為低負載的**表現層狀態轉換（Representational State Transfer, REST）**通訊協定：

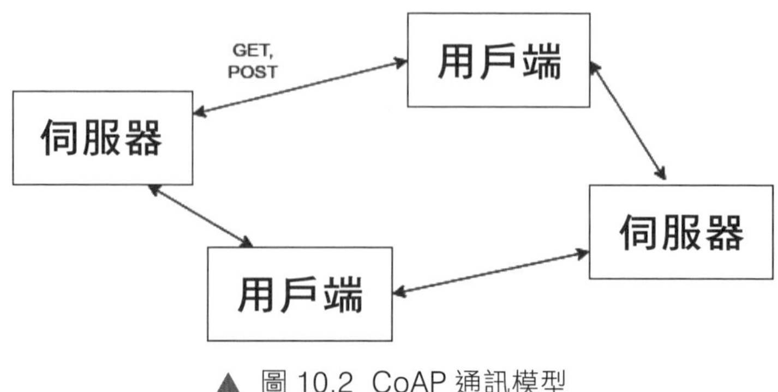

▲ 圖 10.2 CoAP 通訊模型

CoAP 最初是在 UDP 上面運行，但它可以搭配任何傳輸協定。例如，當 CoAP 移植到專屬無線網路中時，如果包含適當的閘道，節點就可以很容易地與外部 IP 網路進行通訊。閘道會在傳輸層轉換訊息，這樣一來雙邊的應用就可做到在同一個網路中交換訊息一樣。

在通訊安全方面，我們可使用 DTLS 作為 CoAP 的安全傳輸層。例如，硬體設置與開發環境設定可與上一段的 MQTT 範例，在此就不贅述。直接從 `src/main.c` 主程式開始：

```
#include <string.h>
#include <stdint.h>
#include <sys/socket.h>

#include "freertos/FreeRTOS.h"
#include "freertos/task.h"
#include "freertos/event_groups.h"

#include "esp_log.h"
#include "esp_event.h"

#include "app_temp.h"
#include "app_wifi.h"

#include "coap.h"

const static char *TAG = "app";

static int temperature, humidity;
```

首先匯入標頭檔。coap.h 定義了 CoAP 函式庫 API，另外有兩個用於保存溫度值與濕度值的全域變數。

從 app_main 看看故事是如何開始的：

```
void app_main()
{
    connect_wifi_params_t cbs = {
        .on_connected = handle_wifi_connect,
        .on_failed = handle_wifi_failed};
    appwifi_connect(cbs);
}
```

呼叫 appwifi_connect 連接到本地 Wi-Fi，以下為其回呼函式：

```
static void update_reading(int temp, int hum)
{
    temperature = temp;
    humidity = hum;
}

static void handle_wifi_connect(void)
{
    xTaskCreate(sensor_server, "coap", 8 * 1024, NULL, 5, NULL);
    apptemp_init(update_reading);
}

static void handle_wifi_failed(void)
{
    ESP_LOGE(TAG, "wifi failed");
}
```

handle_wifi_connect 是當 devkit 連接到本地 Wi-Fi 時所呼叫的回呼函式。在此函式中啟動 CoAP 伺服器的 FreeRTOS 任務，並藉由傳遞 update_reading 函式作為回呼函式來初始化 DHT11 感測器函式庫，其中使用 DHT11 讀數來更新全域變數。sensor_server 函式實作如下：

```
static void sensor_server(void *p)
{
    coap_context_t *ctx = NULL;
    coap_address_t serv_addr;
    coap_resource_t *temp_resource = NULL;
    coap_resource_t *hum_resource = NULL;
```

開始定義區域變數。ctx 用於保存 CoAP 上下文，它是所有 CoAP 函式庫函式的核心資料來源。另外宣告發佈於 CoAP 伺服器上的兩個 CoAP 資源的伺服器位址變數與指標。接下來啟動伺服器：

```
    coap_set_log_level(LOG_DEBUG);

    while (1)
    {
        coap_address_init(&serv_addr);
        serv_addr.addr.sin.sin_family = AF_INET;
        serv_addr.addr.sin.sin_addr.s_addr = INADDR_ANY;
        serv_addr.addr.sin.sin_port = htons(COAP_DEFAULT_PORT);

        ctx = coap_new_context(NULL);
        coap_new_endpoint(ctx, &serv_addr, COAP_PROTO_UDP);
```

while 迴圈為萬一出現故障時重新啟動伺服器的失效保全迴圈。我們初始化伺服器位址結構且建立新的上下文。將其作為參數傳遞給 coap_new_endpoint，我們建立一個可讓用戶端連接的端點。該端點會運行於 UDP 的預設埠，對 CoAP 來說就是 5683。然後要建立以下資源：

```
        temp_resource = coap_resource_init(coap_make_str_const("temperature"), 0);
        coap_register_handler(temp_resource, COAP_REQUEST_GET, handle_sensor_get);
        coap_add_resource(ctx, temp_resource);

        hum_resource = coap_resource_init(coap_make_str_const("humidity"), 0);
        coap_register_handler(hum_resource, COAP_REQUEST_GET, handle_sensor_get);
        coap_add_resource(ctx, hum_resource);
```

第一個資源是溫度資源。在初始化後，接著註冊用於 COAP_REQUEST_GET 請求的處理器。藉由 coap_add_resource 把溫度資源加入 CoAP 上下文，這樣就完成資源設定了。濕度資源也是同樣的做法，以下為訊息處理：

```
        while (1)
        {
            int result = coap_run_once(ctx, 2000);
            if (result < 0)
            {
                break;
            }
        }
        coap_free_context(ctx);
        coap_cleanup();
    }

    vTaskDelete(NULL);
}
```

第二個 while 迴圈是用於訊息處理。coap_run_once 會等待針對伺服器的新請求。如果發生任何錯誤，內層迴圈會中斷並清除 CoAP 上下文與資源被清除，並用外層迴圈啟動新的實例。

伺服器任務完成，來看看 GET 處理程序如何工作：

```
static void
handle_sensor_get(coap_context_t *ctx,
                  coap_resource_t *resource,
                  coap_session_t *session,
                  coap_pdu_t *request,
                  coap_binary_t *token,
                  coap_string_t *query,
                  coap_pdu_t *response)
{
    char buff[100];
    memset(buff, 0, sizeof(buff));
    if (!strcmp("temperature", (const char *)(resource->uri_path->s)))
    {
        sprintf(buff, "{\"temperature\": %d}", temperature);
    }
```

```
    else
    {
        sprintf(buff, "{\"humidity\": %d}", humidity);
    }
    coap_add_data_blocked_response(resource, session, request, response, token,
COAP_MEDIATYPE_APPLICATION_JSON, 0, strlen(buff), (const uint8_t *)buff);
}
```

handle_sensor_get 中會檢查哪個資源被查詢了並安排對應的 JSON 資料。接著呼叫 coap_add_data_blocked_response 並使用這筆 JSON 資料來更新回應。

程式準備好了，請根據以下步驟測試它：

1. 刷新 devkit 的韌體：

```
(penv)$ pio run -t upload && pio device monitor
```

   程式啟動時，ESP32 會連到本地 Wi-Fi、使用溫度與濕度資源來啟動 CoAP 伺服器，再把裝置的 IP 顯示於序列監視器上。

2. 在此需要一個 CoAP 用戶端。我會使用來自 libcoap 專題的 coap-client：https://libcoap.net/。你也可下載並在開發 PC 上編譯它，或安裝其他任何適用的 CoAP 用戶端也可以。當然也可以試試看行動 app。

3. 開啟另一個命令列，對伺服器的溫度資源發送一個 GET 請求：

```
$ coap-client -m get coap://192.168.1.85/temperature {"temperature": 22}
```

4. 使用以下指令來查詢濕度：

```
$ coap-client -m get coap://192.168.1.85/humidity {"humidity": 52}
```

非常好！我們有一個具備雙資源的 CoAP 伺服器順利運作中了。我們也可開發一個可執行於 ESP32 的用戶端程式。對於無線感測器網路，CoAP 能做為節點之間與外部交換資料的不錯選項。下一個要討論的通訊協定是 WebSocket。

◉ WebSocket

WebSocket 為網際網路帶來全雙工訊息通訊能力。眾所周知，HTTP 通訊是一種簡單的客戶端 - 伺服器模型，在此用戶端連接到網路伺服器並請求資料，伺服器再進行回覆。用戶端必須一直輪詢伺服器端才能得知相關任何更新。當我們希望伺服器能即時更新用戶端時，這就是個大問題啦。WebSocket 就是為此而生。在 HTTP 握手之後，各方可以切換到 WebSocket 通訊，這是一種執行於 TCP 上的二元資料交換方法。通訊期間會保留底層的 TCP 連線，兩端也可以即時傳遞資料。所有現行的網路伺服器與網站瀏覽器都支持 WebSocket。

對物聯網裝置來說，WebSocket 在某些情境下可說是好處多多。例如，當需要一個可由防火牆或其他安全網路元件後端的物聯網閘道器來即時接收資料的網路儀表板時，WebSocket 連線應該是處理網路流量的最簡單有效的解決方案了吧，因為 HTTP 一般來說可通過各種防火牆，但其他的所有通訊埠都會被擋掉。

WebSocket 提供各方之間的全雙工連線。儘管 WebSocket 也可做為直接通訊的通道，我們也可在其上執行 MQTT 或 Coap 這樣的應用層通訊協定。這樣一來，不論專題採用哪種做法，我們都可享受 WebSocket 與應用層通訊協定兩者的優點。

本範例會嘗試純 WebSocket 方法。接下來的範例目標是在 ESP32 上啟動一個具備 WebSocket 端點的網路伺服器。ESP32 要接一顆 DHT11 感測器。當用戶端連上時，它可以啟用 / 停用感測器數值更新，不用重新整理網頁上也可看到最新的讀數。

硬體設置與上一個範例相同，DHT11 感測器接到 devkit 的 GPIO17 腳位就好。開發環境設定有一點麻煩，但跟著以下步驟操作應該就沒問題：

1. 用以下的 `platformio.ini` 建立新的 platformio 專題：

```
[env:az-delivery-devkit-v4]
platform = espressif32
board = az-delivery-devkit-v4
framework = espidf

monitor_speed = 115200
lib_extra_dirs =
    ../../common/esp-idf-lib/components
    ../common
build_flags =
    -DWIFI_SSID=${sysenv.WIFI_SSID}
    -DWIFI_PASS=${sysenv.WIFI_PASS}

board_build.partitions = partitions.csv
```

   我們將使用自訂的分割表來把 `index.html` 檔儲存於快閃記憶體中。

2. 建立有以下內容的 `partitions.csv`：

```
nvs,      data, nvs,     ,        0x6000,
phy_init, data, phy,     ,        0x1000,
factory,  app,  factory, ,        1M,
spiffs,   data, spiffs,  0x210000,        1M,
```

   請把 `index.html` 上傳到 `spiffs` 分割。

3. 建立 `data` 資料夾來儲存 `index.html`，請由此下載 `index.html`：

   `https://github.com/PacktPublishing/Internet-of-Things-with-ESP32/blob/main/ch10/websocket_ex/data/index.html`

```
$ mkdir data && chdir data && wget https://github.com/PacktPublishing/
Internet-of-Things-with-ESP32/blob/main/ch10/websocket_ex/data/index.html
```

4. 編輯 CMakeLists.txt，在此要把 spiffs 的來源指定為 data 資料夾：

```
cmake_minimum_required(VERSION 3.16.0)
include($ENV{IDF_PATH}/tools/cmake/project.cmake)
project(websocket_ex)
spiffs_create_partition_image(spiffs data)
```

5. 啟用 pio 的虛擬環境，並設定 Wi-Fi SSID 與密碼：

```
$ source ~/.platformio/penv/bin/activate
(penv)$ export WIFI_SSID='\"<your_ssid>\"'
(penv)$ export WIFI_PASS='\"<your_passwd>\"'
```

6. 所有必要的檔案都準備好之後，你的目錄架構應如下：

```
(penv)$ ls -R
.:
CMakeLists.txt  data  include  lib  partitions.csv  platformio.ini
sdkconfig  sdkconfig.old  src  test
./data:
index.html
./src:
CMakeLists.txt  main.c
```

7. 執行 menuconfig 來設定分割檔，並啟用 WebSocket：

```
(penv)$ pio run -t menuconfig
```

8. 首先指定自訂的分割檔：

```
(Top) → Partition Table

    Partition Table (Custom partition table CSV)  --->
(partitions.csv) Custom partition CSV file
(0x8000) Offset of partition table
[*] Generate an MD5 checksum for the partition table
```

▲ 圖 10.3 自訂的分割檔

9. 找到 **Component config | HTTP Server** 來啟用 WebSocket：

```
(Top) → Component config → HTTP Server

(512) Max HTTP Request Header Length
(512) Max HTTP URI Length
[*] Use TCP_NODELAY socket option when sending HTTP error responses
(32) Length of temporary buffer for purging data
[ ] Log purged content data at Debug level
[*] WebSocket server support
```

▲ 圖 10.4 支援 WebSocket 伺服器

10. 在同一個選單中，把 `Max HTTP Request Header Length` 改為 `4096`。

開發環境設定完成，可以進行 `src/main.c` 主程式了：

```
#include <string.h>
#include <stdint.h>
#include <sys/stat.h>

#include "esp_log.h"

#include "app_temp.h"
#include "app_wifi.h"

#include "esp_spiffs.h"
#include "esp_http_server.h"

const static char *TAG = "app";
```

匯入必要的標頭檔。`esp_http_server.h` 具備了啟動支援 WebSocket 之網路伺服器所需的 API。接下來定義全域變數：

```
#define INDEX_HTML_PATH "/spiffs/index.html"
static char index_html[4096];

static int temperature, humidity;
static bool enabled = true;
static httpd_handle_t server = NULL;
static int ws_fd = -1;
```

將 server 與 ws_fd 定義為全域變數，是為了方便發送非同步的 WebSocket 訊息。ws_fd 為 WebSocket 描述符，其實只是一個整數值而已。接著看到 app_main 以了解整體流程：

```
void app_main()
{
    init_html();

    connect_wifi_params_t cbs = {
        .on_connected = handle_wifi_connect,
        .on_failed = handle_wifi_failed};
    appwifi_connect(cbs);
}
```

init_html 會開啟 spiffs 分割來讀取 index.html 檔。appwifi_connect 是用於連接本地 Wi-Fi 的函式。它會在連上 Wi-Fi 時呼叫 handle_wifi_connect。繼續實作 init_html：

```
static void init_html(void)
{
    esp_vfs_spiffs_conf_t conf = {
        .base_path = "/spiffs",
        .partition_label = NULL,
        .max_files = 5,
        .format_if_mount_failed = true};

    ESP_ERROR_CHECK(esp_vfs_spiffs_register(&conf));
```

呼叫 esp_vfs_spiffs_register 來初始化 spiffs 分割。然後，檢查這個分割中是否真的有 index.html，如下：

```
    memset((void *)index_html, 0, sizeof(index_html));
    struct stat st;
    if (stat(INDEX_HTML_PATH, &st))
    {
        ESP_LOGE(TAG, "index.html not found");
        return;
    }
```

stat 函式會把檔案資訊儲存於 st 變數中，如果檔案不存在會回傳錯誤代碼。如果檔案存在就會直接開啟它：

```
    FILE *fp = fopen(INDEX_HTML_PATH, "r");
    if (fread(index_html, st.st_size, 1, fp) != st.st_size)
    {
        ESP_LOGE(TAG, "fread failed");
    }
    fclose(fp);
}
```

從快閃記憶體讀取 index.html 檔並存入 index_html 全域變數中，當有對網路伺服器時的 GET 請求時就可以送出它。

Wi-Fi 回呼函式實作如下：

```
static void handle_wifi_connect(void)
{
    start_server();
    apptemp_init(update_reading);
}

static void handle_wifi_failed(void)
{
    ESP_LOGE(TAG, "wifi failed");
}
```

handle_wifi_connect 中會啟動網路伺服器並開始讀取 DHT11 感測器。如果有任何用戶端連入的話，update_reading 函式會透過 WebSocket 送出讀數。

接下來說明 start_server 如何工作：

```
static void start_server(void)
{
    httpd_config_t config = HTTPD_DEFAULT_CONFIG();
    config.open_fn = handle_socket_opened;
    config.close_fn = handle_socket_closed;
```

首先定義 HTTP 組態變數。我們將使用它來啟動網路伺服器。handle_socket_opened 與 handle_socket_closed 是用於追蹤最新有效 WebSocket 的回呼函式，它要在 config 中進行設定。接著，要啟動網路伺服器：

```
    if (httpd_start(&server, &config) == ESP_OK)
    {
        httpd_uri_t uri_get = {
            .uri = "/",
            .method = HTTP_GET,
            .handler = handle_http_get,
            .user_ctx = NULL};
        httpd_register_uri_handler(server, &uri_get);
```

如果 httpd_start 成功啟動網路伺服器，就要註冊一個處理器來回覆發送給 root URL 的 GET 請求。還要註冊另一個處理器程序，負責處理發送給 /ws 的 WebSocket 請求，端點如下：

```
        httpd_uri_t ws = {
            .uri = "/ws",
            .method = HTTP_GET,
            .handler = handle_ws_req,
            .user_ctx = NULL,
            .is_websocket = true};
        httpd_register_uri_handler(server, &ws);
    }
}
```

把 is_websocket 設定為 true，即可把這個端點指定為 WebSocket。當 start_server 執行完畢之後，我們就擁有一個支援 WebSocket 的網路伺服器了！接下來要實作開 / 關 socket 的處理器：

```
static esp_err_t handle_socket_opened(httpd_handle_t hd, int sockfd)
{
    ws_fd = sockfd;
    return ESP_OK;
}

static void handle_socket_closed(httpd_handle_t hd, int sockfd)
{
```

```
    if (sockfd == ws_fd)
    {
        ws_fd = -1;
    }
}
```

當 WebSocket 連線建立時，會把 socket 描述符儲存在全域變數 ws_fd 中。如果隨後同一個 socket 被關閉的話，就把 ws_fd 設定為 -1，表明沒有可用的 socket。在繼續使用 WebSocket 請求處理器之前，先來看看以下 index.html 的 HTML 內容：

```
      <p class="state">State: <span id="state">%STATE%</span></p>
      <p class="state">Temp: <span id="temp">%TEMP%</span></p>
      <p class="state">Hum: <span id="hum">%HUM%</span></p>
      <p><button id="button" class="button">Toggle</button></p>
```

網頁上有四個 UI 元件：顯示裝置狀態（開或關）、溫度值與濕度值，還有一個按鈕，可以送出 WebSocket 訊息來切換感測器的狀態。WebSocket 通訊是透過實作於網頁中的數個 JavaScript 函式所完成的，但它們超出了本書範圍，在此不述。

有了這些資訊，就可繼續進入 handle_ws_req 函式，在此處理來自用戶端的 WebSocket 訊息：

```
static esp_err_t handle_ws_req(httpd_req_t *req)
{
    enabled = !enabled;

    httpd_ws_frame_t ws_pkt;
    uint8_t buff[16];
    memset(&ws_pkt, 0, sizeof(httpd_ws_frame_t));
    ws_pkt.payload = buff;
    ws_pkt.type = HTTPD_WS_TYPE_BINARY;

    httpd_ws_recv_frame(req, &ws_pkt, sizeof(buff));

    if (!enabled)
    {
```

```
        httpd_queue_work(server, send_async, NULL);
    }
    return ESP_OK;
}
```

當從用戶端收到要求切換狀態的 WebSocket 請求時，這時要修改 enabled 全域變數值。我們需要取得傳過來的資料以釋放網路伺服器的內部緩衝。為此，我們定義了一個 httpd_ws_ frame_t 類型的變數，並呼叫 httpd_ws_recv_frame 以儲存資料於該變數中。有必要的話也可以檢查酬載。如果切換的結果是停用裝置的話，就呼叫 httpd_queue_work 來用這筆資訊來更新用戶端。網路伺服器具有非同步的運作能力，因此要送出 send_async 回呼函式好讓網路伺服器來排程。接下來要實作 send_async，其中會以非同步方式來發送 WebSocket 訊息給用戶端：

```
static void send_async(void *arg)
{
    if (ws_fd < 0)
    {
        return;
    }

    char buff[128];
    memset(buff, 0, sizeof(buff));
    sprintf(buff, "{\"state\": \"%s\", \"temp\": %d, \"hum\": %d}", enabled ?
"ON" : "OFF", temperature, humidity);

    httpd_ws_frame_t ws_pkt;
    memset(&ws_pkt, 0, sizeof(httpd_ws_frame_t));
    ws_pkt.payload = (uint8_t *)buff;
    ws_pkt.len = strlen(buff);
    ws_pkt.type = HTTPD_WS_TYPE_TEXT;

    httpd_ws_send_frame_async(server, ws_fd, &ws_pkt);
}
```

如果有運作中的 socket，就會準備一筆 JSON 格式的資料，並透過 send_async 送到用戶端。httpd_ws_send_frame_async 會透過 socket 來送出這筆資料。

接著是與用戶端分享 DHT11 讀數的回呼函式。它也會用到 send_async 來分享讀數：

```
static void update_reading(int temp, int hum)
{
    temperature = temp;
    humidity = hum;

    if (server != NULL && enabled)
    {
        httpd_queue_work(server, send_async, NULL);
    }
}
```

update_reading 是由於本章匯入的 DHT11 函式庫所呼叫。該函式庫會每兩秒讀取一次感測器並呼叫此函式。在該函式中，我們設定了溫度值與濕度值的全域變數，如果裝置是啟用狀態的話，就呼叫 httpd_queue_work 來排程 send_async 呼叫。

最後一個要介紹的函式是 handle_http_get，如下：

```
static esp_err_t handle_http_get(httpd_req_t *req)
{
    if (index_html[0] == 0)
    {
        httpd_resp_set_status(req, HTTPD_500);
        return httpd_resp_send(req, "no index.html", HTTPD_RESP_USE_STRLEN);
    }
    return httpd_resp_send(req, index_html, HTTPD_RESP_USE_STRLEN);
}
```

如果 index_html 內容為空，代表 ESP32 未能從自身的快閃記憶體讀取到 index.html 檔。因此要把回應的狀態碼設為 HTTP-500, Internal Server Error。如果 index_html 中確實包含網頁的話，就將它丟給用戶端。

完成了！現在請根據以下步驟來測試：

1. 首先編譯專題，確保沒有錯誤：

```
(penv)$ pio run
```

2. 建立並上傳包含 index.html 檔案的檔案系統：

```
(penv)$ pio run -t buildfs && pio run -t uploadfs
```

3. 上傳韌體到 devkit，並啟動序列監視器：

```
(penv)$ pio run -t upload && pio device monitor
```

4. 當板子連到本地 Wi-Fi 之後，可在序列監視器中看到 devkit 的 IP。在網路伺服器啟動後，請用喜歡的網站瀏覽器輸入 devkit 的 IP 來連接它：

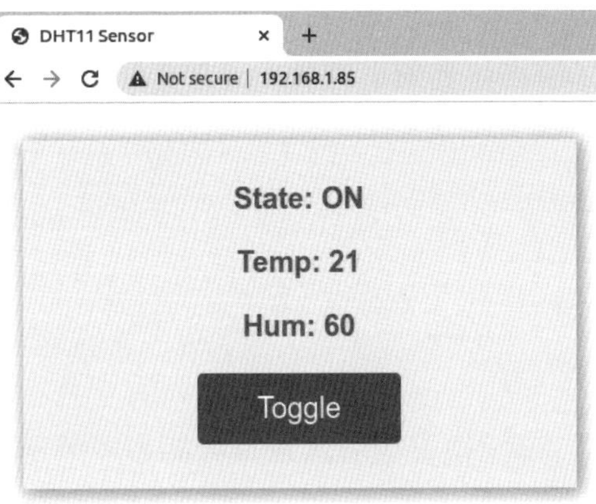

▲ 圖 10.5 WebSocket 應用的網頁介面

5. 觀察一下，當狀態為 ON 時，溫度值與濕度值會自動更新。請按下 **Toggle** 按鈕來切換狀態。

藉由這些範例，我們已經學到了一些常用的物聯網通訊協定。MQTT 在其中佔有特殊的地位，因為它是與雲平台通訊的常用標準。所有平台都會提供 MQTT 端點來連接各種物聯網裝置。下一個主題要介紹可與 ESP32 專題整合的雲端平台。

10.3 認識雲端物聯網平台

ESP32 可與許多雲端平台搭配使用，最受歡迎的有以下幾種：

- AWS IoT
- Azure IoT
- Google IoT Core
- Alibaba 雲端物聯網平台

了解物聯網平台的最佳方式是查看其產品和服務。讓我們簡單看看它們能為物聯網專題開發者提供哪些好東西。

◉ AWS 物聯網

AWS IoT 提供了許多服務幫助開發人員進行物聯網作業。AWS 雲端服務可分成三大類：

- 控制服務
- 裝置軟體
- 資料服務

控制服務包含了 AWS 物聯網的裝置管理能力。最基本的一個是 **AWS IOT Core**，它是物聯網解決方案的集中服務。各類物聯網裝置可藉由 AWS IoT Core 連接到 AWS 基礎設施。**AWS IoT Device Management** 則可讓物聯網開發商做到裝置的批量追蹤與管理。**AWS IoT Device Defender** 藉由確保最高安全實作來負責物聯網裝置的安全性。**AWS IOT Things Graph** 則可幫助開發人員設計物聯網裝置與網路服務之間的互動與資料流程。它提供了拖放式的視覺化流程設計介面，能做到減少開發時間並提高效率。

裝置軟體群組提供了可運行於物聯網裝置上的開放原始碼軟體元件或 SDK。主要目的是要加速物聯網裝置開發與整合 AWS IoT 服務。**AWS IoT**

Greengrass 可讓邊緣裝置具備有限的 AWS 資料處理能力，這樣就能往來於裝置與雲端服務之間的資料量。AWS IoT 也正是支援 **FreeRTOS** 作為微控制器的 RTOS。**AWS IoT Device SDK** 則是一組開放原始碼函式庫與 SDK，能讓各種裝置連接到 AWS IoT。最後，開發人員可透過 AWS IoT Device Tester 來測試裝置，看看可否與 AWS IoT 各項服務相互運作。

資料服務群組由資料收集與分析服務組成。**AWS IoT SiteWise** 提供閘道軟體來收集本地資料並將其發送到 AWS 雲端服務來進一步處理。**AWS IoT Analytics** 服務可在儲存前預先處理大量未結構化的物聯網資料。**AWS IoT Events** 負責監控大批裝置的故障或運作變化，還可根據定義好的規則來觸發動作。

這些都是物聯網專用的服務。在將 ESP32 裝置整合到 AWS IoT 之後，其他的 AWS 雲端服務都可用於各類型的應用程式了。

更多關於 AWS IoT 服務的文件請參考：

https://docs.aws.amazon.com/iot/latest/developerguide/aws-iot-how-it-works.html

◉ Azure IoT

微軟的 Azure IoT 提供了類似其競爭對手的服務，可用於開發物聯網應用以及管理雲端服務中的物聯網裝置。

IoT Hub 為 Azure 物聯網的前端服務。它提供物聯網裝置的端點來整合其他 Azure 雲端服務。**Device Provisioning Service** 會以零接觸策略來驗證裝置的獨一身分來開通物聯網裝置，過程中不需要任何人為干預。**IoT Plug and Play** 藉由引入描述裝置性能的裝置模型來省略手動設定步驟。**Device Update** 為針對物聯網裝置之 OTA 更新的服務。**IoT Central** 可讓開發者在 Azure 上開發客製化的物聯網解決方案。**Azure IoT Edge** 旨在賦予邊緣裝置資料預處理和資料分析能力，好在在邊緣端就能進行資料管理。**Azure**

Digital Twins 為建模及分析整個物聯網解決方案的分析工具，可取得資料總覽並取得洞見。**Azure Time Series Insights Gen2** 則是另一款使用時間序列資料來揭露任何異常或趨勢的分析服務。

Azure IoT 詳細文件請參考：

https://docs.microsoft.com/azure/iot-fundamentals

◉ Google IoT Core

Google IoT Core 提供單一 API 來管理數百萬計的裝置。啟用 API 之後，它提供兩個主要元件：

- **device manager**：註冊與設定裝置
- **protocol bridges**：裝置會先連到此，以便與 Google IoT Core 通訊

註冊裝置並設定使其可連接到 Google IoT Core 之後，就可啟用其他 Google 服務供進一步處理。

Google IoT Core 詳細文件請參考：

https://cloud.google.com/iot/docs/concepts

◉ Alibaba 雲物聯網平台（Aliyun IoT）

阿里雲（Alibaba Cloud）的物聯網平台提供了用於有開發物聯網應用的功能，如下：

- 裝置連線
- 訊息通訊
- 裝置管理
- 監控及維護
- 資料分析

該平台提供 SDK 與其他軟體元件，方便讓開發人員將物聯網裝置連接到阿里雲。Alibaba 雲物聯網平台針對裝置開發與管理提供了全方位服務。裝置連上之後，就可使用其他阿里雲服務，也可把訊息重新導向到自訂伺服器。

阿里雲 IoT 詳細文件請參考：

https://www.alibabacould.com/help/product/30520.htm

ESP32 也可以與其他雲服務供應商一起使用。它們都提供了 SDK 與工具，讓物聯網裝置能連接到基礎設施，從而讓開發人員得以操作物聯網資料。不論你的專題選擇了哪一個物聯網平台，與平台的通訊始終是加密和安全的，這是所有平台的共同的基本功能。

來看看 ESP32 連接 AWS 雲端服務的範例。

10.4 在 AWS IoT 服務上進行開發

本範例要改寫上一個 MQTT 小程式，這次改為連到 AWS 雲端服務。

在執行範例之前，我們需要有一個 AWS 帳戶，還要安裝 aws 命令列工具。如果還未完成的話，請參考以下 AWS 文件：

- AWS IOT Core 入門：
  https://docs.aws.amazon.com/iot/latest/developerguide/iot-gs.html
- 安裝、更新與移除 AWS CLI 第 2 版：
  https://docs.aws.amazon.com/cli/latest/userguide/install-cliv2.html
- 設定 AWS CLI：
  https://docs.aws.amazon.com/cli/latest/ userguide/cli-configure-quickstart.html

安裝 aws 工具之後，要在 AWS IoT Core 中建立一個事物（thing）。事物為某個實體物聯網裝置在雲端服務中的代表。請根據以下步驟來建立與設定事物：

1. 首先檢查 aws 命令列工具是否可正確運作：

```
$ aws --version
aws-cli/2.1.31 Python/3.8.8 Linux/5.4.0-65-generic exe/x86_64.ubuntu.20
prompt/off
```

2. 使用以下命令建立一個事物：

```
$ aws iot create-thing --thing-name my_sensor1
```

事物的名稱為 my_sensor1。

3. 建立一個策略描述檔，其內容如下：

```
{
  "Version": "2012-10-17",
  "Statement": [
    {
      "Effect": "Allow",
      "Action": [
              "iot:Connect",
              "iot:Publish",
              "iot:Subscribe",
              "iot:Receive"
       ],
      "Resource": "arn:aws:iot:*:*:*"
    }
  ]
}
```

從策略檔內容可知，與此策略相關的任何事物都具有在任何 AWS IoT Core 資源上連接、發佈、訂閱和接收的權限。此策略對於正式產品當是太寬鬆，但用來測試還可以。

4. 用上一個步驟的策略檔建立策略：

```
$ aws iot create-policy \
    --policy-name my_sensor1_policy \
    --policy-document file://policy.json
```

策略的名稱為 my_sensor1_policy。

5. 建立私鑰、公鑰與憑證：

```
$ aws iot create-keys-and-certificate \
    --certificate-pem-outfile "my_sensor1.cert.pem" \
    --public-key-outfile "my_sensor1.public.key" \
    --private-key-outfile "my_sensor1.private.key" \
    --set-as-active
```

該命令會在目錄中產生 3 個檔案。一個用於憑證，一個用於公鑰，且最後一個包含私鑰。該命令也在螢幕上顯示憑證的 **Amazon Resource Name（ARN）**。請記得這個 ARN，因為我們需要它來整合多個部份，格式類似如下：

```
"certificateArn": "arn:aws:iot:<your_ region>:******:cert/*****"
```

6. 使策略附著至憑證，讓使用此憑證與密鑰的任何事物都可在相關策略中擁有權限：

```
$ aws iot attach-policy \
    --policy-name my_sensor1_policy \
    --target <cert_arn>
```

7. 最後一步是讓同一個憑證附著於 my_sensor1：

```
$ aws iot attach-thing-principal \
    --thing-name my_sensor1 \
    --principal <cert_arn>
```

Tips

針對上述步驟與裝置管理，AWS 也提供了好用的網路 GUI。請選擇任一種方法來完成本範例中與 AWS 有關的步驟。請由以下 URL 登入 AWS Management Console：`https://aws.amazon.com/console/`

好啦，我們建立了事物、策略和憑證。它們現在可以一起工作，好讓我們的裝置可以連上 AWS IoT Core。讓我們測試它們看看是否每件事都做對了：

1. 下載 Amazon 根目錄憑證：

```
$ wget https://www.amazontrust.com/repository/ AmazonRootCA1.pem
```

2. 找到要連接的 AWS IOT 端點位址：

```
$ aws iot describe-endpoint --endpoint-type iot:Data-ATS
{
    "endpointAddress": "XXXXX.iot.<region>.amazonaws.com"
}
```

3. 執行一個訂閱者來監聽 test/topic1 的主題：

```
$ mosquitto_sub --cafile AmazonRootCA1.pem --cert my_sensor1.cert.pem --key
my_sensor1.private.key -d -h <endpointAddress> -p 8883 -t test/topic1
```

4. 發佈一筆訊息給 test/topic1，應可在訂閱者端看到這筆訊息，如下：

```
$ mosquitto_pub --cafile AmazonRootCA1.pem --cert my_sensor1.cert.pem --key
my_sensor1.private.key -d -h <endpointAddress> -p 8883 -t test/topic1 -m hi
```

本範例會用到步驟 1 的 Amazon 根目錄憑證和步驟 2 的端點位址。

雲端服務設定完成，我們可以繼續討論裝置端的程式了。請將 DHT11 連接到 ESP32 的 GPIO17 腳位，並根據以下步驟來準備開發環境：

1. 請用以下的 `platformio.ini` 新增一個 PlatformIO 專題：

```
[env:az-delivery-devkit-v4]
platform = espressif32
board = az-delivery-devkit-v4
framework = espidf

monitor_speed = 115200
lib_extra_dirs =
    ../../common/esp-idf-lib/components
    ../common
build_flags =
    -DWIFI_SSID=${sysenv.WIFI_SSID}
    -DWIFI_PASS=${sysenv.WIFI_PASS}
    -DAWS_ENDPOINT=${sysenv.AWS_ENDPOINT}

board_build.embed_txtfiles =
    ./tmp/my_sensor1.private.key
    ./tmp/my_sensor1.cert.pem
    ./tmp/AmazonRootCA1.pem
```

除了 Wi-Fi 憑證之外，還要定義代表 AWS 物聯網端點的新環境變數，但後續才會設定它們。另外也要指定要被複製的加密檔案路徑。

2. 啟動 `pio` 工具，設定環境變數：

```
$ source ~/.platformio/penv/bin/activate
(penv)$ export WIFI_SSID='\"<your_ssid>\"'
(penv)$ export WIFI_PASS='\"<your_passwd>\"'
(penv)$ export AWS_ENDPOINT='\"<your_endpoint>\"'
```

這個端點是在測試 `my_device1` 時，透過 `aws iot describe- endpoint` 命令所產生。

3. 把加密檔案複製到 `tmp` 暫存目錄：

```
(penv)$ mkdir tmp && cp <crpyto_dir>/* tmp/
(penv)$ ls -1 tmp
AmazonRootCA1.pem
my_sensor1.cert.pem
my_sensor1.private.key
my_sensor1.public.key
```

tmp 目錄會放在 .gitignore 清單中，這樣檔案就不會被提交。重點是不要在儲存庫中分享它們；否則，這就是一個潛在的安全漏洞。

4. 使用這路徑來更新 src/CMakeLists.txt。更新後，檔案應包含以下內容：

```
FILE(GLOB_RECURSE app_sources ${CMAKE_SOURCE_DIR}/src/*.*)
set(COMPONENT_ADD_INCLUDEDIRS ".")

idf_component_register(SRCS ${app_sources})

target_add_binary_data(${COMPONENT_TARGET} "../tmp/AmazonRootCA1.pem" TEXT)
target_add_binary_data(${COMPONENT_TARGET} "../tmp/my_sensor1.cert.pem" TEXT)
target_add_binary_data(${COMPONENT_TARGET} "../tmp/my_sensor1.private.key" TEXT)
```

也要在 src/CMakeLists.txt 中指定加密檔案的路徑。

5. AWS 裝置 SDK 位於 GitHub 儲存庫的 ../../common/ components/esp-aws-iot 附錄中。請編輯在專題根目錄下的 CMakeLists.txt 檔，其內容如下：

```
cmake_minimum_required(VERSION 3.16.0)
list(APPEND EXTRA_COMPONENT_DIRS "../../common/components/esp-aws-iot")
include($ENV{IDF_PATH}/tools/cmake/project.cmake)
project(aws_ex)
```

list 指令會把 AWS 裝置 SDK 路徑加到額外元件清單中，這樣 ESP-IDF 就能找到 SDK。

6. 所有必要的檔案都準備好之後，你的目錄架構應如下：

```
(penv)$ ls -R
.:
CMakeLists.txt  components  include  lib  platformio.ini  sdkconfig
sdkconfig.defaults  src  test  tmp
./components:
esp-aws/* # all files from the SDK
./src:
CMakeLists.txt  main.c
```

```
./tmp:
AmazonRootCA1.pem  my_sensor1.cert.pem  my_sensor1.private.key  my_sensor1.
public.key
```

現在可以來寫程式了，請看到 src/main.c：

```
#include <string.h>
#include <stdbool.h>
#include <stdlib.h>
#include "freertos/FreeRTOS.h"
#include "freertos/task.h"
#include "esp_log.h"

#include "app_temp.h"
#include "app_wifi.h"

#include "aws_iot_config.h"
#include "aws_iot_log.h"
#include "aws_iot_version.h"
#include "aws_iot_mqtt_client_interface.h"
```

從匯入必要的標頭檔開始。aws_iot_* 都來自 AWS 裝置 SDK。接下來要定義將程式會用到的 MQTT 主題：

```
#define TAG "app"
#define SENSOR_NO "1"
#define ENABLE_TOPIC "home/" SENSOR_NO "/enable"
#define TEMP_TOPIC "home/temperature/" SENSOR_NO
#define HUM_TOPIC "home/humidity/" SENSOR_NO
```

主題定義完成，接著是全域變數：

```
extern const uint8_t aws_root_ca_pem_start[] asm("_binary_AmazonRootCA1_pem_
start");
extern const uint8_t aws_root_ca_pem_end[] asm("_binary_AmazonRootCA1_pem_end");
extern const uint8_t certificate_pem_crt_start[] asm("_binary_my_sensor1_cert_
pem_start");
extern const uint8_t certificate_pem_crt_end[] asm("_binary_my_sensor1_cert_pem_
end");
```

```
extern const uint8_t private_pem_key_start[] asm("_binary_my_sensor1_private_
key_start");
extern const uint8_t private_pem_key_end[] asm("_binary_my_sensor1_private_key_
end");

static char endpoint_address[] = AWS_ENDPOINT;
static char client_id[] = "my_sensor1";

static AWS_IoT_Client aws_client;
static bool enabled = false;
```

所有加密檔案都會嵌入在韌體中，且要將它們的起始位址定義為外部。client_address 的數值來自先前設定環境時所定義的環境變數。aws_client 為保存所有 AWS IoT 連線資訊的變數，我們將在連接到 AWS IOT Core 之前初始化它。接下來看看 app_main 和 Wi-Fi 連線處理程序：

```
static void handle_wifi_connect(void)
{
    xTaskCreate(connect_aws_mqtt, "connect_aws_mqtt", 15 *
configMINIMAL_STACK_SIZE, NULL, 5, NULL);
    apptemp_init(publish_reading);
}
static void handle_wifi_failed(void)
{
    ESP_LOGE(TAG, "wifi failed");
}

void app_main()
{
    connect_wifi_params_t cbs = {
        .on_connected = handle_wifi_connect,
        .on_failed = handle_wifi_failed};
    appwifi_connect(cbs);
}
```

app_main 會試著連到本地 Wi-Fi 網路。當 Wi-Fi 連線成功時，會接著啟動 FreeRTOS 任務來連接 handle_wifi_connect 中的 AWS MQTT 代理者。接著使用 publish_reading 回呼函式來初始化 DHT11 感測器，好將讀數送往 AWS MQTT 代理者。connect_aws_mqtt 實作如下：

```
void connect_aws_mqtt(void *param)
{
    memset((void *)&aws_client, 0, sizeof(aws_client));

    IoT_Client_Init_Params mqttInitParams = iotClientInitParamsDefault;
    mqttInitParams.pHostURL = endpoint_address;
    mqttInitParams.port = AWS_IOT_MQTT_PORT;
    mqttInitParams.pRootCALocation = (const char *)aws_root_ca_pem_start;
    mqttInitParams.pDeviceCertLocation = (const char *)certificate_pem_crt_start;
    mqttInitParams.pDevicePrivateKeyLocation = (const char *)private_pem_key_start;
    mqttInitParams.disconnectHandler = disconnected_handler;
    aws_iot_mqtt_init(&aws_client, &mqttInitParams);
```

首先初始化全域 AWS 用戶端，`aws_client`。初始化過程指定了以下內容：

- AWS 端點位址
- MQTT 埠
- 加密資料
- 在用戶端斷線時要呼叫的處理器

接下來要連到端點：

```
    IoT_Client_Connect_Params connectParams = iotClientConnectParamsDefault;
    connectParams.keepAliveIntervalInSec = 10;
    connectParams.pClientID = client_id;
    connectParams.clientIDLen = (uint16_t)strlen(client_id);
    while (aws_iot_mqtt_connect(&aws_client, &connectParams) != SUCCESS)
    {
        vTaskDelay(1000 / portTICK_RATE_MS);
    }
    ESP_LOGI(TAG, "connected");
```

在迴圈中會使用連線參數來呼叫 `aws_iot_mqtt_connect`，直到連線成功為止。接著是訂閱主題，如下：

```
    aws_iot_mqtt_subscribe(&aws_client, ENABLE_TOPIC, strlen(ENABLE_TOPIC), QOS0,
subscribe_handler, NULL);

    while (1)
```

```
    {
        aws_iot_mqtt_yield(&aws_client, 100);
        vTaskDelay(1000 / portTICK_PERIOD_MS);
    }
}
```

用戶端連線完成後，呼叫 aws_iot_mqtt_subscribe 來訂閱 ENABLE_TOPIC。當有來自該主題的訊息時，它也會取得要被呼叫的回呼參數 subscribe_handler。它還負責啟用 / 停用傳送訊息給 MQTT 代理者。aws_iot_mqtt_yield 是一個在迴圈中處理傳入訊息的函式。當有來自主題的新訊息時，它就會呼叫訂閱訊息處理器。來看看如何定義這個處理器：

```
void subscribe_handler(AWS_IoT_Client *pClient,
                       char *topicName, uint16_t topicNameLen,
                       IoT_Publish_Message_Params *params,
                       void *pData)
{
    enabled = ((char *)params->payload)[0] - '0';
}
```

subscribe_handler 中只會檢查訊息酬載它是否為 '0'，藉此來停用 / 啟用裝置。在此不需要檢查 topicName，因為我們所訂閱的主題只有一個。另一個事件處理函式是 disconnected_handler，實作如下：

```
void disconnected_handler(AWS_IoT_Client *pClient, void *data)
{
    ESP_LOGW(TAG, "reconnecting...");
}
```

斷線事件處理器中沒做太多事，只有顯示一個警告訊息而已。事實上，AWS 用戶端的預設初始化參數已有 auto-connect 欄位，預設為 true。這樣一來，我們不需要對斷線事件再額外做什麼事情。最後一個要實作的函式是 publish_ reading，它是讀取 DHT11 感測器的回呼函式，實作如下：

```
static void publish_reading(int temp, int hum)
{
    IoT_Error_t res = aws_iot_mqtt_yield(&aws_client, 100);
    if (res != SUCCESS && res != NETWORK_RECONNECTED)
    {
        return;
    }
    if (!enabled)
    {
        return;
    }
```

接著再度呼叫 aws_iot_mqtt_yield 來處理任何傳入訊息。它會回傳連線狀態。如果用戶端沒有與 AWS MQTT 代理者連線，publish_reading 會退出。當裝置停用時，它也會退出。現在準備發佈訊息，如下：

```
    char buffer[5];
    IoT_Publish_Message_Params message;
    memset((void *)&message, 0, sizeof(message));

    itoa(temp, buffer, 10);
    message.qos = QOS0;
    message.payload = (void *)buffer;
    message.payloadLen = strlen(buffer);
    aws_iot_mqtt_publish(&aws_client, TEMP_TOPIC, strlen(TEMP_TOPIC), &message);

    itoa(hum, buffer, 10);
    message.payloadLen = strlen(buffer);
    aws_iot_mqtt_publish(&aws_client, HUM_TOPIC, strlen(HUM_TOPIC), &message);
}
```

首先定義用於顯示 QoS 等級與資料緩衝的 message 變數。我們會用這個變數搭配 aws_iot_mqtt_publish 來對主題發佈訊息。在此會呼叫它兩次，將溫度與濕度值發布給對應的各個主題。

可以燒錄 devkit 來測試了，請根據以下步驟來操作：

1. 上傳韌體，啟動序列監視器來查看日誌，如下：

```
(penv)$ pio run -t upload && pio device monitor
```

2. 在命令列上啟動 mosquitto_sub 用戶端以等待來自 home/temperature/1 的訊息：

```
$ mosquitto_sub --cafile AmazonRootCA1.pem --cert my_sensor1.cert.pem --key
my_sensor1.private.key -d -h <endpointAddress> -p 8883 -t home/temperature/1
```

3. 在另一個命令列，對 home/1/enable 主題發布 '1' 訊息來啟用裝置：

```
$ mosquitto_pub --cafile AmazonRootCA1.pem --cert my_sensor1.cert.pem --key my_
sensor1.private.key -d -h <endpointAddress> -p 8883 -t home/1/enable -m '1'
```

4. 觀察一下，當裝置啟用時，訂閱者會開始收到溫度讀數。而在停用裝置之後，讀數就會停止更新了：

```
$ mosquitto_pub --cafile AmazonRootCA1.pem --cert my_sensor1.cert.pem --key my_
sensor1.private.key -d -h <endpointAddress> -p 8883 -t home/1/enable -m '0'
```

讚喔！本章最重要的範例完成了。下一章會介紹更多可整合 ESP32 的雲端服務。

10.5 總結

連上雲平台有許多不同的方式。你找不到一款雲平台可以支援所有物聯網通訊協定的端點，但是其中有些通訊協定非常普遍，也得到了雲端服務廠商的良好支援。這些就是本章中已用範例討論過的 MQTT、CoAP 和 WebSocket。我們可根據專題的技術要求來選擇任何一個。我們也簡單介紹了一些主流的雲端服務供應商，談到了他們的功能與方案來了解物聯網平台的基本要求。為了說明如何整合雲端服務，我們開發了一個可透過 MQTT 通訊協定來連接 AWS IoT 平台並進行通訊的小程式。儘管本章只是稍微談到了物聯網平台力所能及的皮毛，但總算也說明了雲通訊技術的基礎知識，我們可將把任何物聯網平台廠商的技術應用於自身的物聯網專題中。

下一章會介紹其他可整合 ESP32 的雲端服務。我們要透過語音助手為 ESP32 產品加入語音功能，或整合線上規則引擎服務來介接其他數以千計的產品。下一章的範例就會實際操作這些主題。

10.6 問題

請回答以下問題來複習本章學習內容：

1. 下列哪個通訊協定會運用不同的主題來進行發佈與訂閱？
   a) HTTP
   b) WebSocket
   c) CoAP
   d) MQTT

2. 下列關於 CoAP 的敘述何者不正確？
   a) 它是伺服器 - 用戶端通訊協定。
   b) 它提供用於物聯網裝置的 RESTful 通訊。
   c) 只能運行於 UDP 之上面。
   d) 用戶端會發送 HTTP 請求。

3. WebSocket 解決了哪一個問題？
   a) 輪詢伺服器來取得狀態更新
   b) 需要用到伺服器
   c) 降低資源有限裝置的功耗
   d) 取代物聯網裝置的 TCP

4. 以下何者並非物聯網平台的共同功能？

a) 提供安全的端點。

b) 安全性不是必要考量。

c) 物聯網裝置在被認證之後，即可使用更多服務。

d) 雲端服務可提供資料分析功能。

5. 關於 MQTT 與 AWS 物聯網的連線，下列何者不正確？

a) 需要界定權限的策略檔。

b) 裝置必須經過認證才能通訊。

c) 策略檔會在建立事物時自動產生。

d) AWS 裝置 SDK 可用來發佈 MQTT 訊息。

CHAPTER

11

相連不嫌多｜整合第三方服務

開發物聯網產品不代表我們得親手製造每一件產品。相反，這是不可能的，也不是開發有價值產品的正確方式。在分析了必要功能後，才能決定要製作哪些東西，以及要額外整合哪些東西來加入所需的功能。通過這種方式，我們在連結性方面的選項可說是無窮無盡，也可取得第三方服務提供者的支援。正確地選擇第三方服務，就能為客戶做出超棒的物聯網產品。

在過去的十年期間，語音助理作為一種新型機器介面在我們的生活中佔據了重要的地位。我們的個人電腦、手機和許多其他智慧型裝置上都有它們。因此在開發新的物聯網產品時，考慮是否需要整合語音服務是一個明智的做法。整合語音服務整合不只是讓產品多一個貼在包裝盒上炫耀的語音功能而已。此類整合打開了更多其他的可能性，我們的產品可以與其他開發者的許多其他產品結合使用，這為終端使用者提供了比單一產品更多的價值。這適用於任何類型的第三方整合並建立一個生態系統，所有加入這個生態系統的人都能彼此支援而受益。

本章使用 Amazon Alexa 作為語音服務。如果你想了解有關如何用 Amazon Alexa 來進行開發，請參考本章的「延伸閱讀」段落。

本章主題如下：

- 使用語音助理
- 與 Amazon Alexa 整合
- 用 IFTTT 定義規則

11.1 技術要求

本章範例請由本書 GitHub 取得：

https://github.com/ PacktPublishing/Internet-of-Things-with-ESP32/tree/main/ch11

我們需要一個 AWS 開發者帳號。如何建立 Alexa 與 AWS 開發者帳號請參考：

https://developer.amazon.com/docs/alexa/smarthome/steps-to-build-a-smart-home-skill.html#prerequisites

本章的最後一個範例將會整合 ESP32 與 IFTTT 服務，因此也需要 IFTTT 與 Google 帳號。

硬體則會用到 ESP32 devkit 與 DHT11 感測器。如果有 Amazon Echo 這類內建了 Alexa 的裝置會更好，但對本章範例來說並非必要。

範例實際執行影片請參考：https://bit.ly/2ST8ePW

11.2 使用語音助理

語音助理提供了人機互動的另一個維度。互動的傳統定義是指**圖形使用者介面（GUI）**。除此之外，語音助理引進了**語音使用者介面（VUI）**，使用者經由語音下達命令且接收口語回應。儘管有許多更先進的技術，現代語音助理系統使用的技術都包含了語音辨識、自然語言處理（NLP）、和語音合成。現今市面上可找到來自科技巨頭的許多語音助理產品，例如 Google Assistant、Amazon Alexa、Apple Siri 與 IBM Watson，這些為語音助理解決方案的最大宗範例。

◉ 運作原理

下圖為語音解決方案的主要元件：

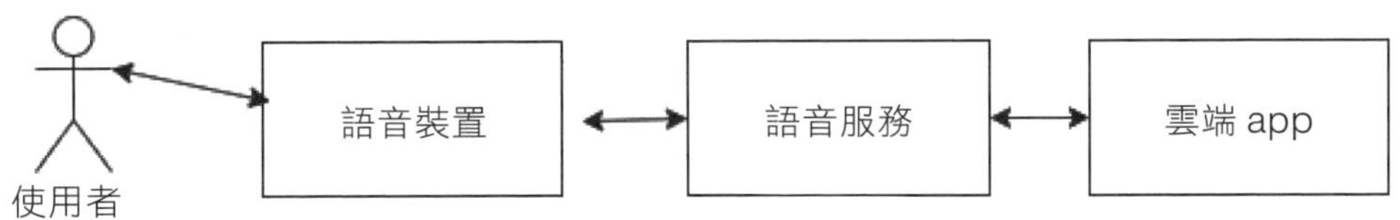

▲ 圖 11.1 語音解決方案元件

當用戶說出喚醒詞或短語時，例如“OK・Google”，系統會觸發語音裝置，然後語音裝置開始擷取語音命令。該裝置可為有麥克風與喇叭的任何硬體，例如電腦、手機或智慧喇叭。然後，該裝置會把音訊資料發送給語音服務，在此會進行語音轉文字的作業。語音服務中的 NLP 引擎會試著從話語中取得某個命令。如果話語可對應到使用者帳號中的任何可用的應用，這個命令被轉送到雲端服務並根據該命令行事。

在回應端，雲端服務會以文字形式把結果回傳給語音服務。語音服務利用語音合成技術將文字轉換為音訊資料，再把輸出音訊回傳給要播放給使用者的裝置。

本章的範例會用到 Amazon Alexa。在動工之前，先來看看 **Alexa 語音服務**（**Alexa Voice Service, AVS**）為開發者提供了哪些好用的功能。

◉ Amazon Alexa 重要概念

在 Alexa 的命名邏輯中，語音應用被稱為**技能**（**skill**）。作為開發者，我們為使用者開發各種技能，並將其發佈到公開的 **Alexa 技能商店**（**Alexa Skills Store**）。

在建立技能時有數種類型可供選擇，例如自訂技能（custom skill）或智慧家庭技能。從根本上說，技能會包含多個**意向 / 意思**（**intent**），代表我們的技能可回應的使用者請求。我們會提供某個意向的話語樣本作為 AVS 的準則。意向可具有多個**插槽**（**slot**）。插槽可視為讓使用者自由填寫的意向參數。當意向中有許多插槽時，AVS 就能藉由 **Alexa 對話**（**Alexa Conversation**）服務通過提問來收集它們。Alexa 對話服務是一種運用深度學習技術來找出對話路徑的 AI 工具。當 AVS 成功匹配到某個意向時就會觸發該意向的後端函式。我們要實作的是當匹配到意向時要做哪些事情。AVS 為此提供了 **Alex 技能套件**（**Alexa Skills Kit, ASK**）**SDK**。我們可運用 ASK SDK 來處理各種請求。目前，ASK SDK 支援的程式語言包含 Java、Node.js 與 Python。

以下是一段話語樣本與其元件。假設使用者說了以下內容：

> *Alexa, ask History Teacher what happened on January 10.*

AVS 會去尋找 **History Teacher** 技能，並檢查這段話語在該技能中是否有任何相符的意向。如果有找到任一個的話，則用 January 10 的插槽值呼叫該意向的請求處理器。在此範例中，History Teacher 為本技能的呼叫名稱。

更多關於開發自定技能的資訊請參考：

https://developer.amazon.com/en-US/docs/alexa/custom-skills/understanding-custom-skills.html

智慧家庭技能（smart home skill）為一款特殊的 Alexa skill。AVS 中已有現成的語音互動模型，代表我們不需要去考慮意向或範例話語，只要把我們的裝置與 AWS 整合起來，並開發一個當使用者發出請求時，可被 AVS 呼叫的處理器即可。本解決方案的範例架構如下：

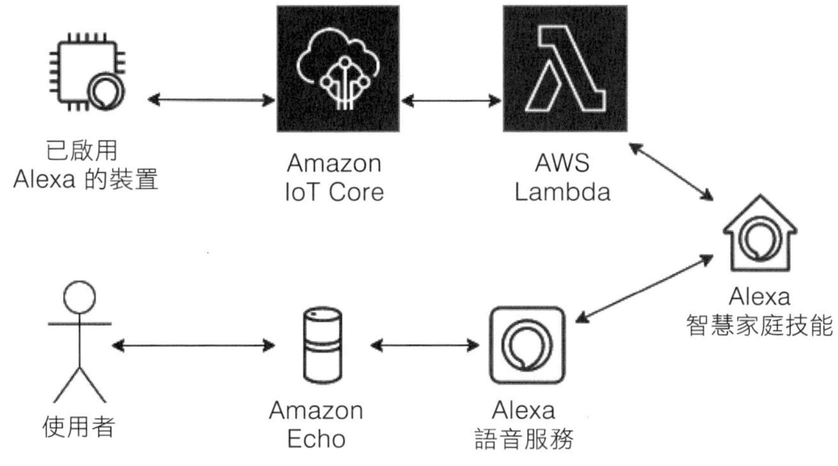

▲ 圖 11.2 Alexa 智慧居家技能解決方案

上圖中，我們使用 Amazon Echo 作為語音裝置以從使用者得到命令。如果 AVS 找到了某個話語可與 Alexa 智慧居家技能相符的話，則呼叫該技能，這會進一步呼叫 AWS Lambda 函式以取得被請求之 Alexa 已啟用裝置的狀態，例如 ESP32 感測器。Amazon IoT Core 介於溫度感測器這類的 Alexa 已啟用裝置，以及從 Amazon IoT Core 取得溫度感測器狀態的 Lambda 函式之間。例如，當使用者說出以下內容：

Alexa, what is the temperature inside?

AVS 會在可回傳此資訊之使用者帳號中尋找任何已啟用的技能。在這段話語中沒有提到技能名稱。但 AVS 仍可辨別這是有效話語，因為使用者帳號中有可回答溫度查詢的技能。

下一段要親自動手來完成一個整合範例。

11.3 整合 Amazon Alexa

如前所述，AVS 可為各種互聯裝置加入語音功能。當整合 AVS 時，ESP32 可回應語音命令並執行對應的動作。本段將說明如何使用 ESP32 來開發一個整合了 Alexa 的溫度感測器。開發感測器韌體現在來看就簡單多了，但建立 Alexa 技能時還是有許多要注意地方。步驟如下：

1. 在 Alexa 開發環境中建立一個智慧居家技能。
2. 建立作為智慧居家技能後端服務的 Lambda 函式。
3. 將 Amazon 帳號連結到技能。
4. 啟用技能。
5. 在 AWS IoT Core 中建立一個事物。
6. 開發 Lambda 函式。
7. 測試技能。
8. 開發感測器韌體。
9. 用語音命令測試專題。

Alexa 開發有許多概念要學，我們在逐步完成這些步驟時會一一介紹。先從智慧居家技能開始。

◉ 建立智慧居家技能

可惜的是，**Alexa Skills Kit Command Line Interface（ask-cli）**在本書撰寫之際尚未支援智慧居家技能。因此，這裡將使用開發環境的網路介面，請根據以下步驟操作：

1. 登入 Alexa 開發者控制台：`https://developer.amazon.com/alexa/console/ask`

2. 在 **Skills** 標籤中點選 **Create skill** 按鈕。它會打開新網頁讓我們輸入技能名稱，接著選擇這個新技能的模型：

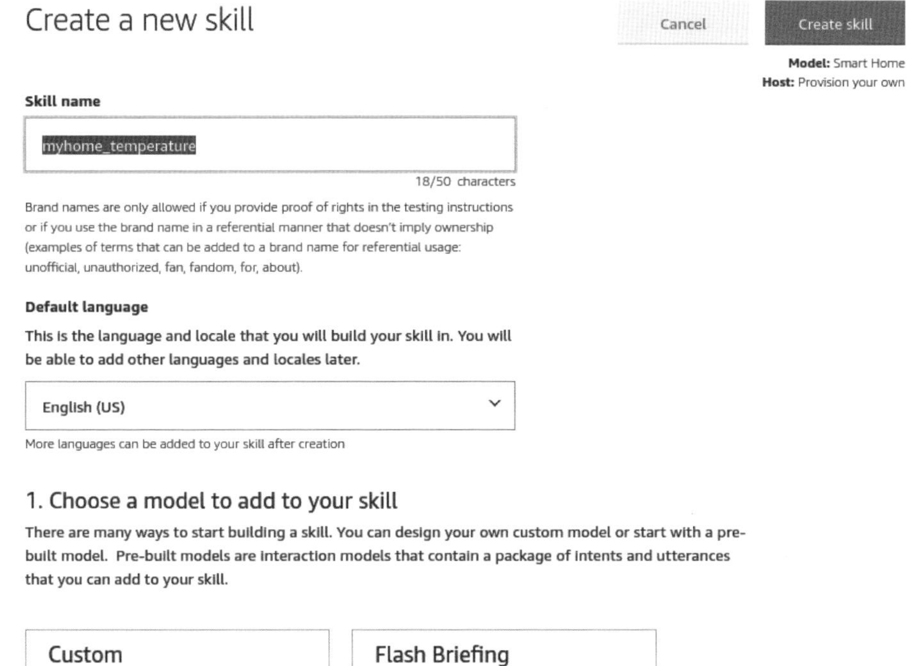

▲ 圖 11.3 建立新技能的頁面

技能名稱請輸入 myhome_temperature，模型選擇 **Smart Home**，最後點選網頁右上的 **Create skill** 按鈕。

3. 智慧居家技能這時已經建立完成，會一併開啟設定網頁：

▲ 圖 11.4 端點組態

網頁中會看到在設定 Lambda 函式期間所需的 skill ID，還有一個輸入 Lambda 函式 ARN 轉送請求的欄位。我們會保持這個網頁開啟，因為後續 Lambda 函式完成之後還要回到這裡。

接下來要建立 Lambda 函式。

◉ 建立 Lambda 函式

我們使用 Lambda 函式來處理來自智慧居家技能的請求。請根據以下步驟操作：

1. 登入 AWS Management Console：`https://aws.amazon.com/console/`
2. 從 **AWS Management Console** 中找到 Lambda 函式服務，點選 **Create function** 按鈕。

Note

Lambda 函式的所屬區域（region）很重要。請根據本文件來正確選擇你的 Lambda 函式區域：`https://developer.amazon.com/en-US/docs/alexa/smarthome/develop-smart-home-skills-in-multiple-languages.html#deploy`。就我而言，我選擇了 **eu-west-1** 來託管 Lambda 函式，但是你可能需要選擇 **us-east-1** 或 **us-west-2**。

在下一個網頁中請選擇 **Author from scratch**，**Function name** 設定為 myhome_temperature_lambda，並設定 **Runtime** 為 **Python 3.8**。點選在網頁下方的 **Create** 按鈕會開啟 Lambda 設定：

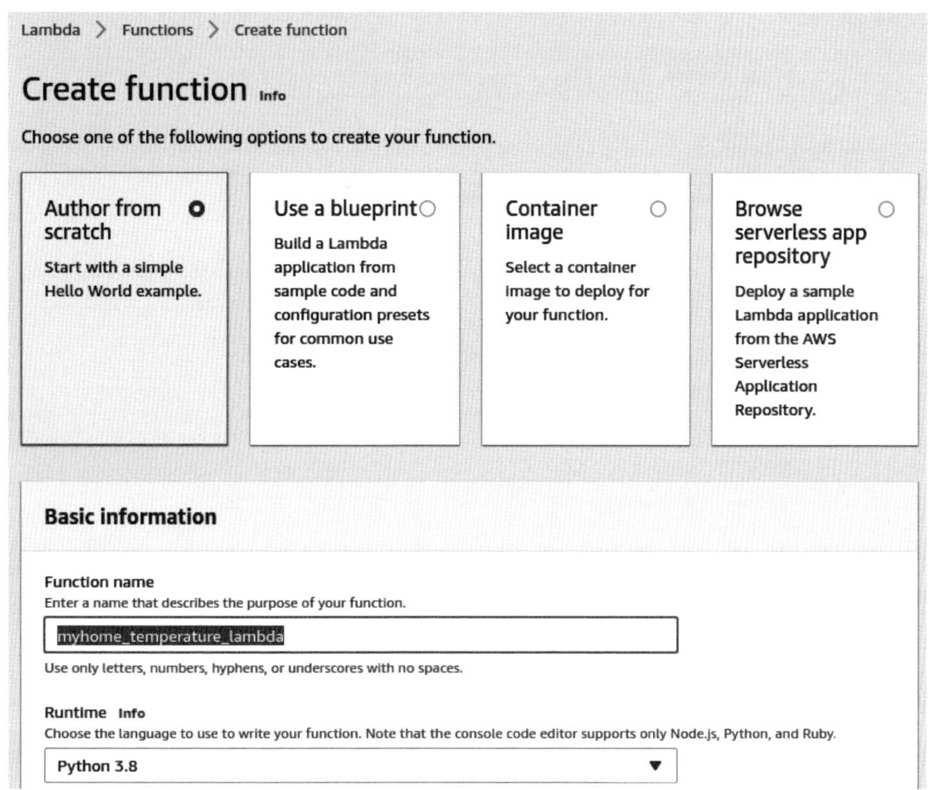

▲ 圖 11.5 Create 函式網頁

3. 在 Lambda 設定網頁中的 **Function overview** 區中點選 **+ Add trigger** 按鈕來新增一個觸發器。在搜尋框中選擇 **Alexa Smart Home**，並將觸發器設定為先前的智慧居家技能 ID：

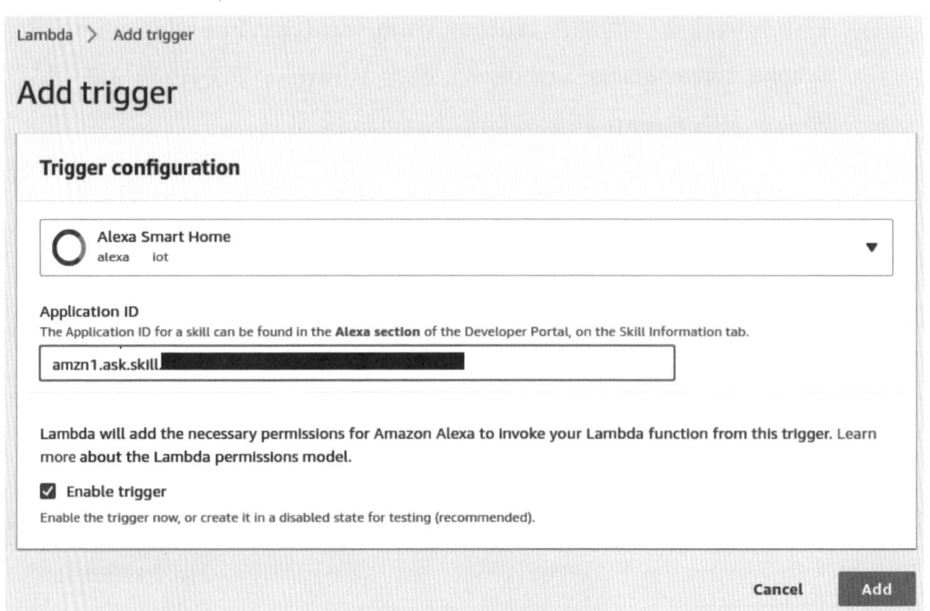

▲ 圖 11.6 新增觸發器

Application ID 就是智慧居家技能 ID。請由先前保持開啟的 Alexa 開發者控制台複製。點選 **Add** 按鈕就完成觸發器設定了。

4. 我們還需要在智慧居家技能上指定 Lambda ARN：

SAVE

v3 (preferred)

v2 (legacy-deprecated; please select v3)

Your Skill ID amzn1.ask.skill. Copy to clipboard

Default endpoint* arn:aws:lambda:eu-west-1: :function:myhome_temperature_lambda

▲ 圖 11.7 有預設端點的技能網頁

在 Lambda 設定網頁中找到 **Function overview** 區中的 Lambda ARN，將其複製並貼到 Alexa 開發者控制台的預設端點欄位中，接著點選 **Save** 按鈕儲存。我們的技能現在已可藉由 Lambda ARN 來得知要把請求轉發到哪裡。

5. 回到 AWS Management Console 來設定 Lambda 函式權限。請找到 **Configuration | Permissions | Execution role**，並點選 **Role name** 來編輯：

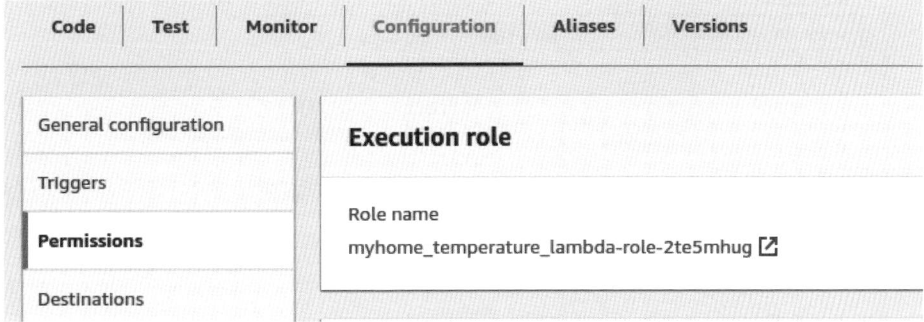

▲ 圖 11.8 執行角色

點選 **Role name** 連結時會進入 IAM，我們可在此設定 Lambda 函式的策略。

6. 在 role 頁面中可看到 Lambda 函式的策略。點選策略的名稱，在顯示相關資訊之後按下 **Edit policy** 按鈕來更新策略：

▲ 圖 11.9 策略

7. 下一個頁面中找到 **JSON** 標籤，在此可編輯策略：

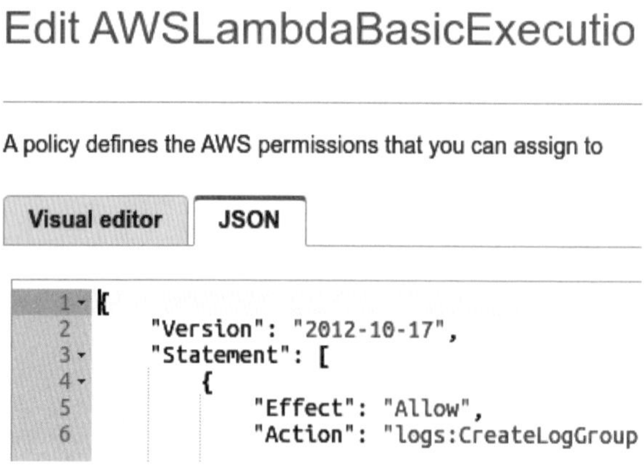

Edit AWSLambdaBasicExecutio

A policy defines the AWS permissions that you can assign to

Visual editor JSON

```
{
    "Version": "2012-10-17",
    "Statement": [
        {
            "Effect": "Allow",
            "Action": "logs:CreateLogGroup
```

▲ 圖 11.10 以 JSON 格式來編輯策略

8. 將以下策略貼到編輯器中：

```
{
    "Version": "2012-10-17",
    "Statement": [
        {
            "Effect": "Allow",
            "Action": [
                "logs:CreateLogStream",
                "logs:CreateLogGroup",
                "logs:PutLogEvents"
            ],
            "Resource": "*"
        },
        {
            "Effect": "Allow",
            "Action": [
                "iot:Connect",
                "iot:Receive",
                "iot:UpdateThingShadow",
                "iot:GetThingShadow"
            ],
            "Resource": "arn:aws:iot:*:*:*"
        }
    ]
}
```

此策略允許 Lambda 函式寫入日誌並執行某些物聯網操作，包括 `UpdateThingShadow` 與 `GetThingShadow`。後續在建立事物時會介紹何謂**陰影（shadow）**。

點選 **Review** 及 **Save changes** 按鈕來完成策略更新。

Lambda 函式到此結束，接下來就是連結帳戶了。

◉ 將 Amazon 帳號連結到技能

我們已經建立 Lambda 函式與技能之間的連結了，但是技能還需要一個已授權的帳號才能進行測試。帳號授權的過程稱為 **Account Linking**，請根據以下的步驟操作：

1. 進入 `https://developer.amazon.com/dashboard`
2. 點選網頁上的 **Login with Amazon**：

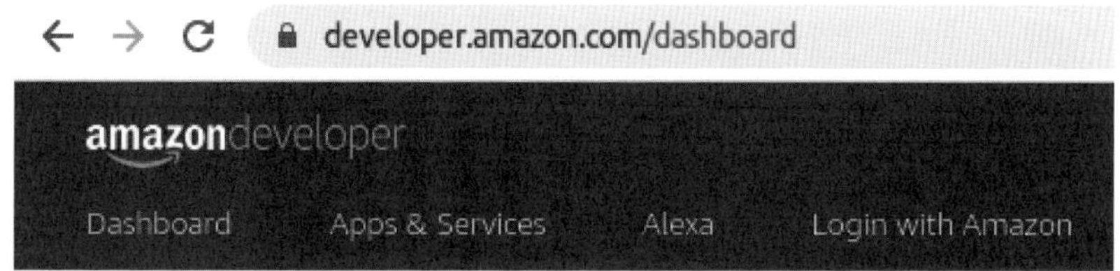

▲ 圖 11.11 登入 Amazon 開發者頁面

3. 點選 **Create a New Security Profile** 按鈕：

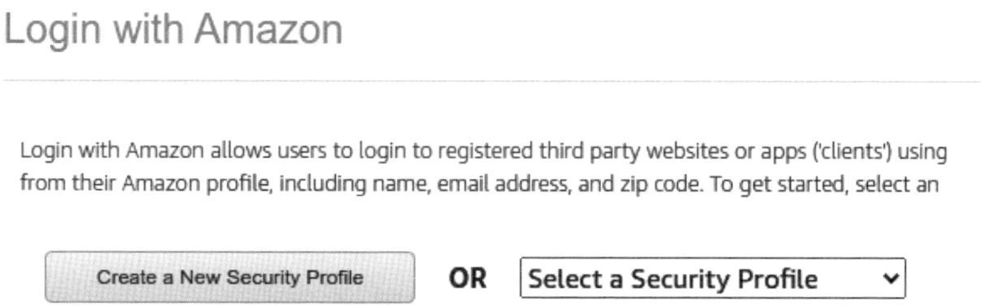

Login with Amazon

Login with Amazon allows users to login to registered third party websites or apps ('clients') using from their Amazon profile, including name, email address, and zip code. To get started, select an

Create a New Security Profile OR Select a Security Profile

▲ 圖 11.12 建立新的安全設定檔

4. 名稱設定為 myhome_sec_profile，再點選 **Save**：

Name your new Security Profile

Choose a name for this security profile. You can create multiple security profiles. You of data (for example, a "My App - Free" and a "My App - HD" could share data). For More

* Indicates a required field

Security Profile Name *	myhome_sec_profile
Security Profile Description *	myhome_sec_profile
Consent Privacy Notice URL *	https://mevoo.co.uk
Consent Logo Image	UPLOAD IMAGE

▲ 圖 11.13 新增保全設定檔

5. 現在我們已具備技能的 Client ID 和 Client Secret，後續會在智慧居家技能中輸入這些憑證：

Login with Amazon Configurations

Security Profile Name	OAuth2 Credentials
myhome_sec_profile	**Client ID:** amzn1.application-oa2-client.db **Client Secret:**

▲ 圖 11.14 OAuth2 憑證

6. 回到 Alexa 開發者控制台，並點選 **Account Linking**：

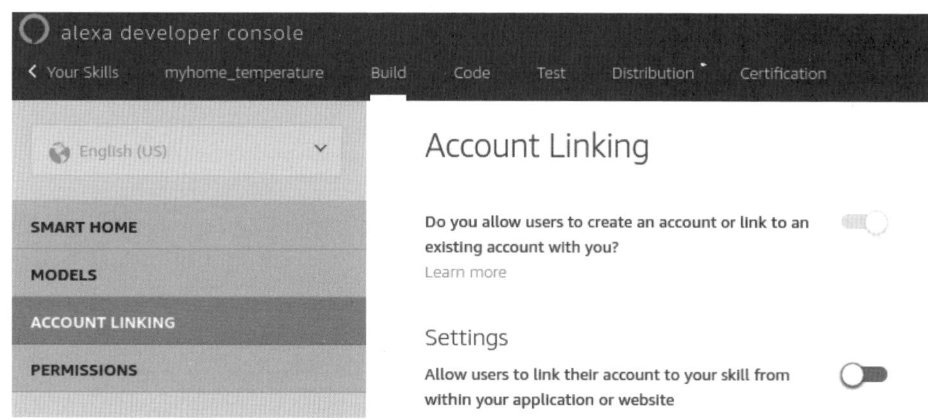

▲ 圖 11.15 Alexa 開發者控制台的 Account Linking 網頁

7. 用來自保全設定檔的憑證完成本頁面的欄位，本頁要輸入的內容如下：

   a) **Your Web Authorization URI**：`https://www.amazon.com/ap/oa`
   b) **Access Token URI**：`https://api.amazon.com/auth/o2/token`
   c) **Your Client ID**：來自安全設定檔的 Client ID
   d) **Your Secret**：來自保安全設定檔的 Client Ssecret
   e) **Your Authentication Scheme**：`HTTP basic`
   f) **Scope**：`profile:user_id`

   點選 **Save** 按鈕送出表單。

8. 在 **Account Linking** 網頁的末段有三個 **Alexa Redirect URL**。顧名思義，在授權完成後，使用者會被重新導向到這些連結。我們將與安全設定檔分享此資訊：

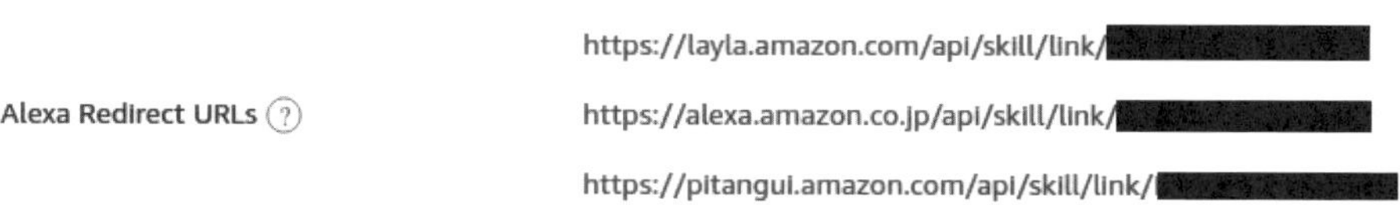

▲ 圖 11.16 Alexa Redirect URL

9. 回到安全設定檔頁面來輸入這些 URL。頁面有一個 **Manage** 按鈕，選擇清單中的 **Web Settings**：

▲ 圖 11.17 選擇 Web Settings

10. 這時會顯示安全設定檔的網路設定。點選 **Edit** 按鈕，並輸入在 **Allowed Return URLs** 欄位中的重新導向 URL。輸入 URL 之後點選 **Save**：

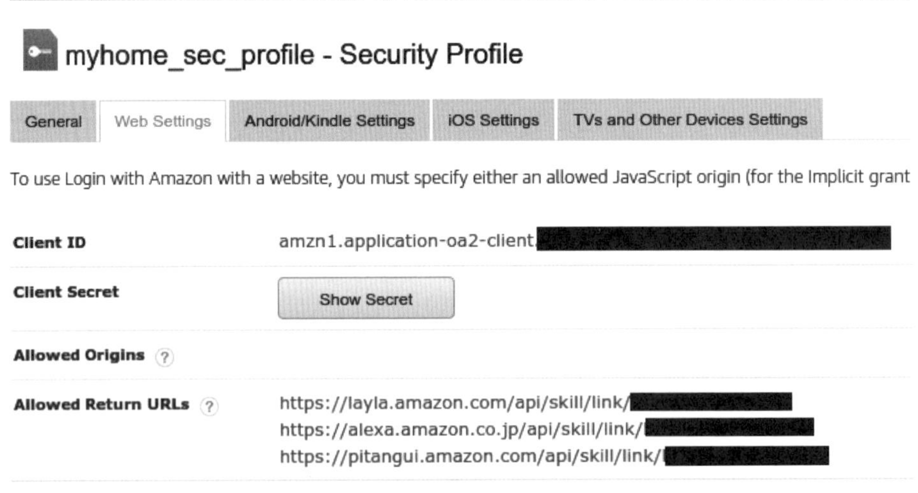

▲ 圖 11.18 安全設定檔的 Allowed Return URLs

帳號連結完成，接下來要在個人的 Alexa 使用者帳號中啟用這項技能。

◉ 啟用技能

在進行任何測試之前，必須先啟用在 Alexa 使用者帳號中的指定技能，步驟如下：

1. 登入 `https://alexa.amazon.com/`。
2. 選擇網頁上的 **Skills | Your Skills**，然後找到 **DEV SKILLS** 標籤。
3. 應可在 **DEV SKILLS** 中看到先前建立的技能：

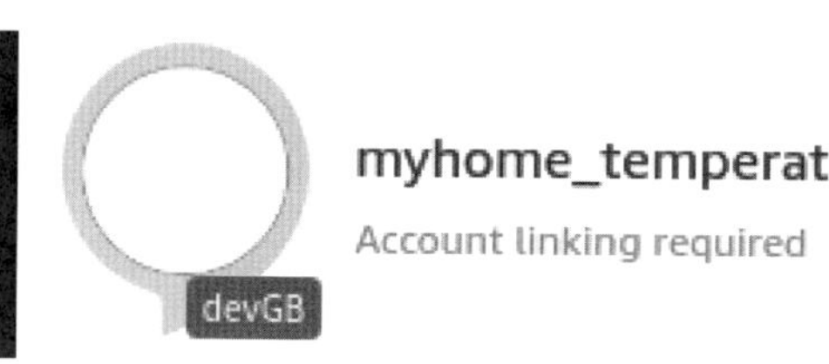

▲ 圖 11.19 myhome_temperature 技能

4. 選擇技能之後，在下一個網頁中點選 **ENABLE** 按鈕：

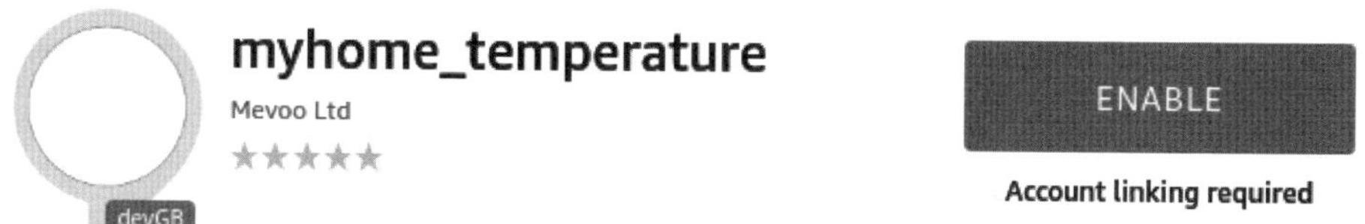

▲ 圖 11.20 技能的 ENABLE 按鈕

5. **ENABLE** 按鈕會重新導向到 Amazon login 網頁。登入之後會顯示成功連結訊息：

amazon alexa

myhome_temperature has been successfully linked.

What to do next:

→ Close this window to discover smart home devices you can control with Alexa.

▲ 圖 11.21 連結成功

6. 關閉訊息頁面，然後回到 Alexa 使用者帳號。這時會彈出另一個訊息，來開始新 Alexa 裝置的探索過程。不過目前無法成功，因為我們還沒有實作 Lambda 函式。所以請先取消它：

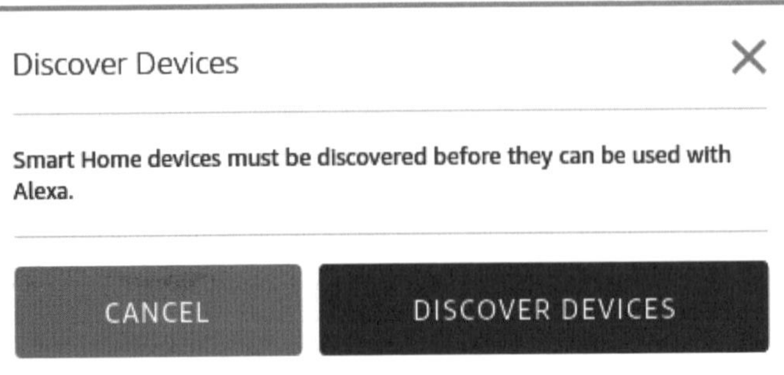

▲ 圖 11.22 探索裝置對話框

現在技能已經啟用，是時候在 AWS IoT Core 中加入事物了。

◉ 建立事物

我們可透過 AWS CLI 工具或者是網站介面在 AWS IoT Core 中建立新事物。這一次用網站介面來試試看，請根據以下步驟操作：

1. 在 AWS Management Console 中找到 **AWS IoT | Manage | Things**，然後點選 **Create** 按鈕。這會開啟新的頁面，在此可建立單一事物或批次建立。點選 **Create a single thing**：

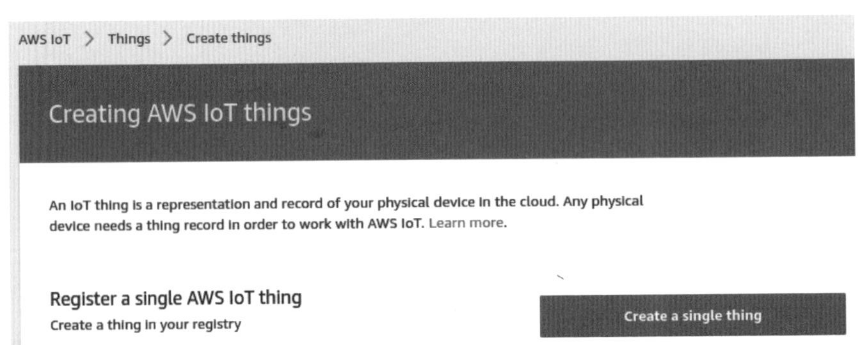

▲ 圖 11.23 建立單一事物

2. 裝置命名為 myhome_sensor1。

3. 建立它的憑證：

CREATE A THING

Add a certificate for your thing

STEP 2/3

A certificate is used to authenticate your device's connection to AWS IoT.

One-click certificate creation (recommended)

This will generate a certificate, public key, and private key using AWS IoT's certificate authority.

Create certificate

▲ 圖 11.24 一鍵建立憑證

4. 下載所有加密密鑰並啟用憑證。我們也需要 AWS IoT 的根憑證，連結會列在相同頁面中。下載所有密鑰後，點選 **Done** 來完成過程：

Certificate created!

Download these files and save them in a safe place. Certificates can be retrieved at any time, but the private and public keys cannot be retrieved after you close this page.

In order to connect a device, you need to download the following:

A certificate for this thing	0ea009c503.cert.pem	Download
A public key	0ea009c503.public.key	Download
A private key	0ea009c503.private.key	Download

You also need to download a root CA for AWS IoT:

A root CA for AWS IoT Download

Activate

Cancel Done Attach a policy

▲ 圖 11.25 建立憑證

請將憑證保存在安全的地方，後續在開發 ESP32 感測器時會用到它們。

5. 建立事物的新策略，該策略負責指定事物的權限。為此，請找到 **Secure | Policies**，然後點選 **Create** 按鈕：

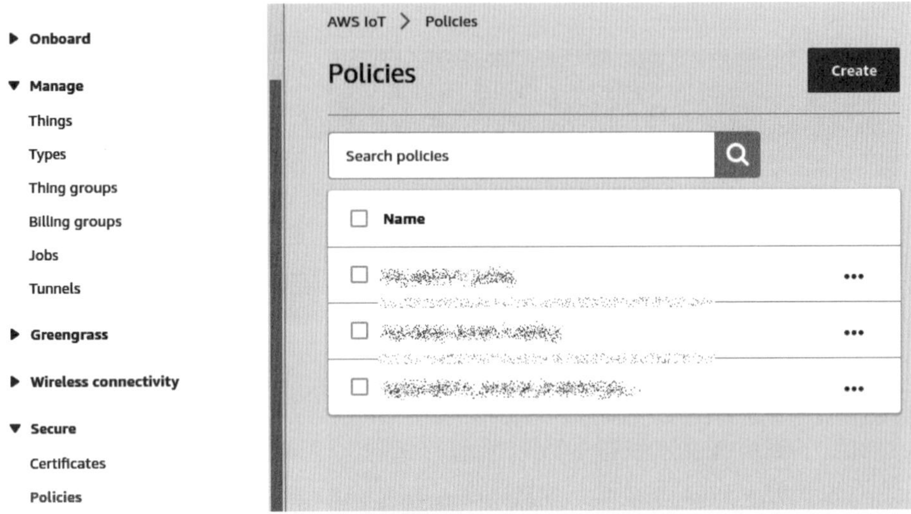

▲ 圖 11.26 策略

6. 會開啟一個新表單來輸入策略內容，請根據以下來輸入：

   a) **Name**：`myhome_thing_policy`

   b) **Action**：`iot:*`

   c) **Resource ARN**：`arn:aws:iot:*:*:*`

   d) **Effect**：`Allow`

然後點選 **Create**：

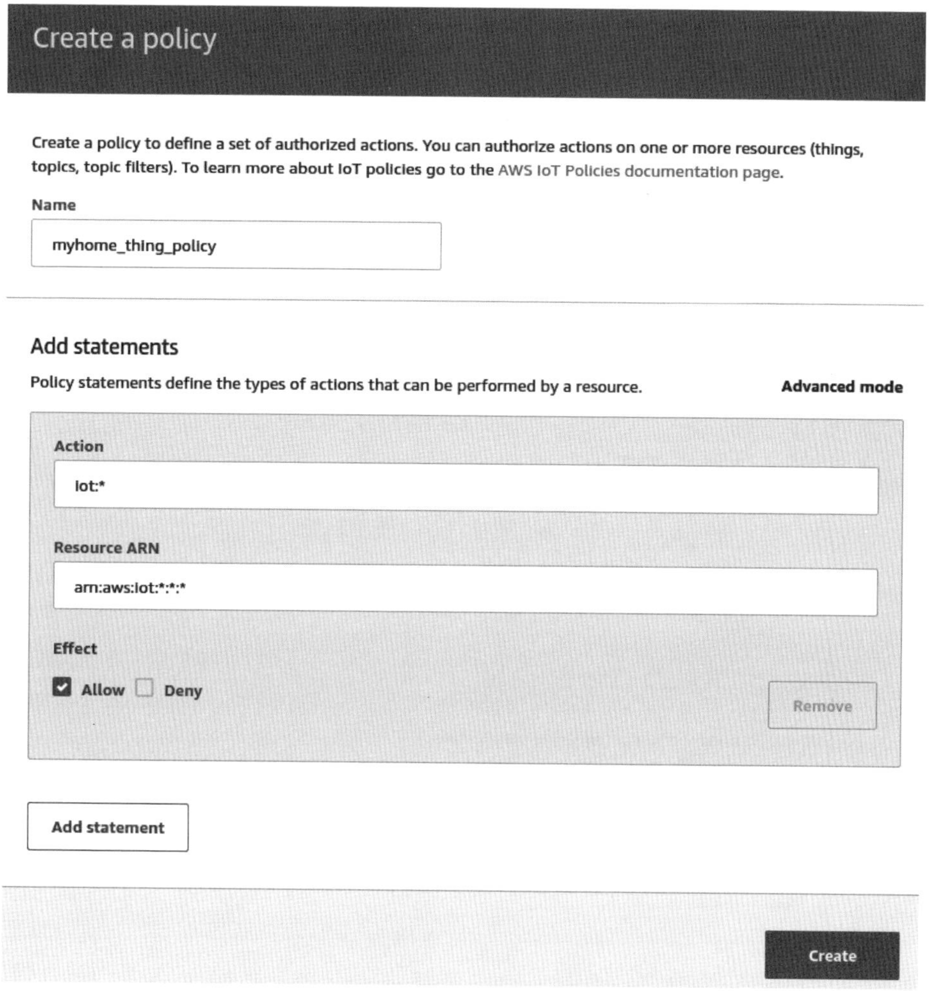

Create a policy

Create a policy to define a set of authorized actions. You can authorize actions on one or more resources (things, topics, topic filters). To learn more about IoT policies go to the AWS IoT Policies documentation page.

Name

myhome_thing_policy

Add statements

Policy statements define the types of actions that can be performed by a resource. Advanced mode

Action

iot:*

Resource ARN

arn:aws:iot:*:*:*

Effect

Allow Deny Remove

Add statement

Create

▲ 圖 11.27 建立策略

7. 我們要建立策略與事物憑證之間的關連。為此，請找到 **Secure | Certificates** 並選擇步驟 5 所建立的憑證。然後，在憑證細節頁面上選擇 **Actions | Attach policy**：

▲ 圖 11.28 憑證細節

8. 在彈出視窗中選擇 myhome_thing_policy，並點選 **Attach** 按鈕：

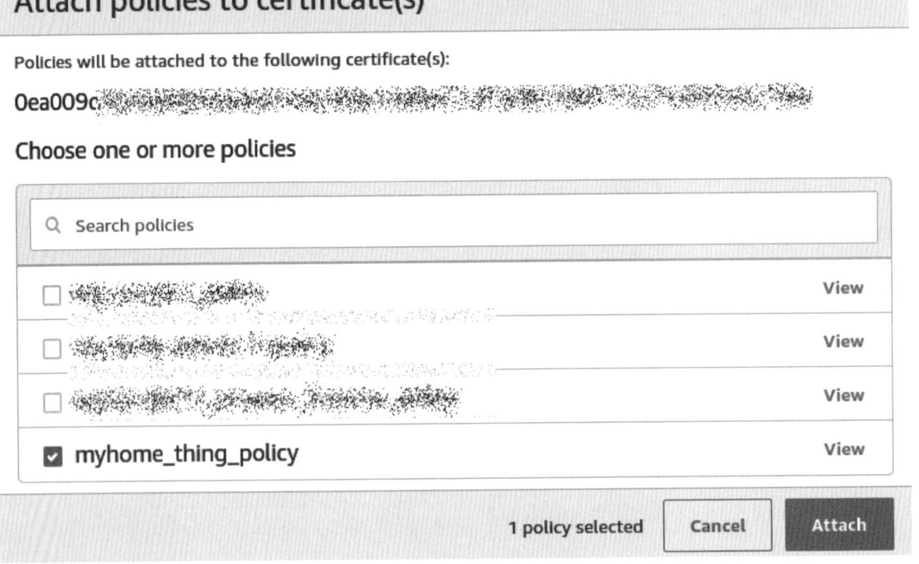

▲ 圖 11.29 附著策略

事物設定完成，它已可被 Lambda 函式存取並操控了。接下來要實作 Lambda 函式，但是在此之前要先說明一個 AWS IoT 概念。

Tips

我們也可使用第 10 章所介紹的 AWS CLI 來新增事物。aws-cli 完整支援了上述所有步驟，並允許我們從命令列來管理事物。

還記得嗎？我們已允許 Lambda 函式來存取與修改**事物陰影（Thing Shadows）**。陰影是一個用於存事物狀態的 JSON 文件。當透過陰影來通訊時，它也是在與事物進行任何互動時所交換的文件。JSON 文件中包含了事物的 reported 狀態和 desired 狀態。事物的預設陰影如下：

```
{
  "desired": {
    "welcome": "aws-iot"
  },
  "reported": {
    "welcome": "aws-iot"
  }
}
```

核心想法是透過 desired 群組來設定陰影的狀態，並從 reported 群組中取得狀態。

請根據以下步驟來編輯陰影，並針對溫度加入新狀態：

1. 從 AWS IoT 的左側選單找到 **Manage | Things**，找到我們的事物並點選其名稱，也就是 myhome_sensor1。
2. 選擇左側選單的 **Shadows**，以及清單中的 **Classic Shadow**：

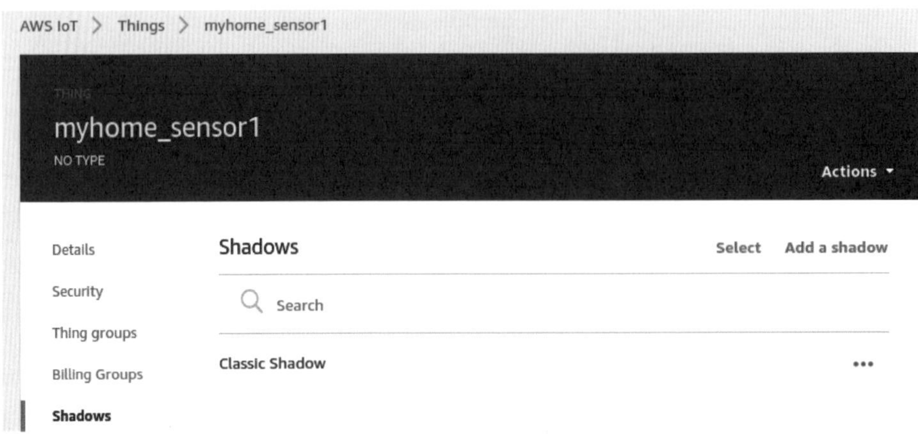

▲ 圖 11.30 Shadow 列表

3. 點選 **Edit** 來編輯陰影文件。在文件中加入一個隨機溫度值的新狀態。修改後的陰影內容如下：

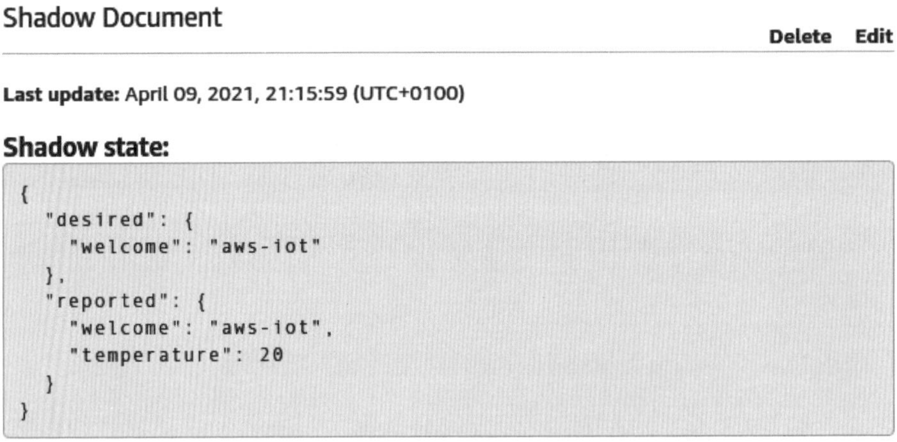

Shadow Document

Delete Edit

Last update: April 09, 2021, 21:15:59 (UTC+0100)

Shadow state:

```
{
  "desired": {
    "welcome": "aws-iot"
  },
  "reported": {
    "welcome": "aws-iot",
    "temperature": 20
  }
}
```

▲ 圖 11.31 更新後的陰影文件

好啦，終於有一個可用的事物了。我們已準備好開發 Lambda 函式，它可是事物與 Alexa 智慧居家技能之間的橋樑呢。

◉ 開發 Lambda 函式

本段要開發的 Lambda 函式有兩個主要目的：

- 處理來自 AVS 的探索請求
- 處理來自智慧居家技能的 GET 溫度請求

照樣，所有這些請求的形式皆為 JSON 文件。Lambda 函式會以遵循 AWS 文件的特定格式來產生 JSON 文件，藉此來回答請求。

來看看這些請求與回應吧，第一個是 AVS 的探索請求，如下：

```
{
  "directive": {
    "header": {
      "namespace": "Alexa.Discovery",
      "name": "Discover",
      "payloadVersion": "3",
      "messageId": "1bd5d003-31b9-476f-ad03-71d471922820"
    },
    "payload": {
      "scope": {
        "type": "BearerToken",
        "token": "access-token-from-skill"
      }
    }
  }
}
```

請求有兩個部份：標頭與酬載。我們將檢查位於標頭中的請求名稱。如果請求名稱為 Discover，則用包含裝置識別碼的 JSON 文件來回復。

Note

請多留意這個 JSON 請求，後續在測試 Lambda 函式時需要它。

以下是一筆探索請求的回應樣板：

```
{
    "event": {
        "header": {
            "namespace": "Alexa.Discovery",
            "name": "Discover.Response",
            "payloadVersion": "3",
            "messageId": "<message id>"
        },
```

在回應的標頭段中可看到這是個 Discover.Response 事件。然後，我們在回應加入酬載：

```
        "payload": {
            "endpoints": [{
                "endpointId": "myhome_sensor1",
                "manufacturerName": "iot-with-esp32",
                "description": "Smart temperature sensor",
                "friendlyName": "Temperature sensor",
                "displayCategories": ["TEMPERATURE_SENSOR"],
                "cookie": {},
```

探索回應可能會有多個端點。以本範例來說只有一個事物，所以也只有一個端點，就是 myhome_sensor1。我們也需要共享事物的性能（capabilities），如下：

```
                "capabilities": [{
                        "type": "AlexaInterface",
                        "interface": "Alexa.TemperatureSensor",
                        "version": "3",
                        "properties": {
                            "supported": [{
                                "name": "temperature"
                            }],
                            "proactivelyReported": true,
                            "retrievable": true
                        }
                    },
```

在此列出了事物的所有性能。本事物所實做的第一個介面是 Alexa.TemperatureSensor，並為此目的準備一個名為 temperature 的屬性。我們已將此屬性加入事物的陰影。清單中的下一個性能是 Alexa.EndpointHealth。此介面須由所有已啟用 Alexa 的裝置所實作。介面指定方式如下：

```
                    {
                        "type": "AlexaInterface",
                        "interface": "Alexa.EndpointHealth",
                        "version": "3",
                        "properties": {
                            "supported": [{
                                "name": "connectivity"
                            }],
                            "proactivelyReported": true,
                            "retrievable": true
                        }
                    },
```

最後一個介面是 Alexa，它同樣是所有裝置的必要性能，如下：

```
                    {
                        "type": "AlexaInterface",
                        "interface": "Alexa",
                        "version": "3"
                    }
                ]
            }]
        }
    }
}
```

探索完成之後，AVS 會把這項技能加到它的資料庫，每當使用者在詢問溫度時，AVS 會把這個請求轉給智慧家庭技能，就會按照上述設定的來觸發 Lambda 函式。來看看一筆溫度請求：

```
{
  "directive": {
    "endpoint": {
      "cookie": {},
      "endpointId": "myhome_sensor1",
```

```
      "scope": {
        "token": "some_random_token_here",
        "type": "BearerToken"
      }
    },
    "header": {
      "correlationToken": "a_correlation_token_here",
      "messageId": "ad6578b0-0608-4963-9e28-7708942934be",
      "name": "ReportState",
      "namespace": "Alexa",
      "payloadVersion": "3"
    },
    "payload": {}
  }
}
```

在請求的端點中，要把事物名稱指定為 myhome_sensor1。標頭含有請求的名稱，它是一筆 ReportState 請求。

> **Note**
>
> 這筆 JSON 請求也會用於 Lambda 函式測試。我們會把它送給 Lambda 函式並檢查是否成功回應。

當 Lambda 函式收到這筆訊息時，它會回應類似以下的狀態報告：

```
{
    "event": {
        "header": {
            "namespace": "Alexa",
            "name": "StateReport",
            "messageId": "<message id>",
            "correlationToken": "comes_from_request",
            "payloadVersion": "3"
        },
        "endpoint": {
            "endpointId": "myhome_sensor1"
        },
        "payload": {}
    },
```

由回應可知，它是來自 myhome_sensor1，而且是一筆 StateReport 事件。correlationToken 藉由在請求中設定相同的數值來把這筆回應連接到請求。在回應的上下文（context）段落負責回傳來自事物的溫度值：

```
    "context": {
        "properties": [{
                "namespace": "Alexa.TemperatureSensor",
                "name": "temperature",
                "value": {
                    "value": 20,
                    "scale": "CELSIUS"
                },
                "timeOfSample": "2017-02-03T16:20:50.52Z",
                "uncertaintyInMilliseconds": 1000
            },
```

在 Lambda 函式中，我們將用當下擁有的內容來更新 value。回應也包含了回報為 OK 的健康狀態，如下：

```
            {
                "namespace": "Alexa.EndpointHealth",
                "name": "connectivity",
                "value": {
                    "value": "OK"
                },
                "timeOfSample": "2017-02-03T16:20:50.52Z",
                "uncertaintyInMilliseconds": 0
            }
        ]
    }
}
```

這些請求啦、回應啦聽起來可能有點混亂，但是 AWS 提供了相當不錯的說明文件，請參考：

https://developer.amazon.com/docs/alexa/device-apis/smart-home-general-apis.html

我們在建立時已設定 Lambda 函式的執行階段為 Python 3.8，因此後續將用 Python 來開發。為此，你可使用任何編輯器，例如 VSCode。

有了這些背景知識就可以來實作 Lambda 函式了，如下：

```
import logging
import time
import json
import uuid
import boto3

endpoint_id = "myhome_sensor1"
discovery_response = {
...
state_report = {
...
accept_grant_response = {
...
```

首先匯入一些 Python 模組。值得注意的是 boto3，它是 AWS 的 Python SDK。我們會透過 boto3 來存取所有 AWS 服務。接下來要定義全域變數。endpoint_id 用於顯示事物名稱。其他三個全域變數是來自 Lambda 函式之回應的樣板。我們已討論過 discovery_response，在此多一個新面孔：state_report.accept_grant_response。當需要發送非同步訊息或更動報告時就會用到它。儘管我們不會在這個 Lambda 函式中實作更動報告，但可透過它來通知 AVS 任何關於溫度的變化。更多全域變數，如下：

```
logger = logging.getLogger()
logger.setLevel(logging.INFO)
client = boto3.client('iot-data')
```

logger 與 client 是另外兩個全域變數。我們將使用 client 來擷取事物的溫度值。

Tips

最好的做法是在無伺服器開發中把任何 client 物件定義為全域。執行環境會在呼叫 Lambda 時重新利用它們，這可提高效能且減少成本。其他做法請參考：

https://docs.aws.amazon.com/lambda/ latest/dg/best-practices.html

lambda_handler 是負責處理來自 AVS 之請求的 Python 函式，定義如下：

```
def lambda_handler(request, context):
    try:
        logger.info("Directive:")
        logger.info(json.dumps(request, indent=4, sort_keys=True))

        version = get_directive_version(request)
        response = ""
        if version != "3":
            logger.error("not a version 3 request")
            return response
```

首先檢查請求指令版本是否為 3。版本號碼代表訊息的 JSON 基模。本書編寫時最新的版本是 3。處理器函式會過濾掉舊版本。然後，選擇請求名稱空間與請求名稱來安排適當的回應，如以下程式碼所示：

```
        request_namespace = request["directive"]["header"]["namespace"]
        request_name = request["directive"]["header"]["name"]
```

現在要對請求生成一筆回應：

```
        if request_namespace == "Alexa.Discovery" and request_name == "Discover":
            response = gen_discovery_response()
        elif request_namespace == "Alexa" and request_name == "ReportState":
            response = gen_report_state(request["directive"]["header"]
["correlationToken"])
        elif request_namespace == "Alexa.Authorization" and request_name ==
"AcceptGrant":
```

```
            response = gen_acceptgrant_response()
        else:
            logger.error("unexpected request")
            return response
```

我們根據請求類型來產生與送出回應。在 lambda_handler 之後，我們將開發一個用於此處的輔助函式。在回傳之前要先把回應或任何錯誤顯示於日誌，方便除錯：

```
        logger.info("Response:")
        logger.info(json.dumps(response, indent=4, sort_keys=True))

        return response

    except ValueError as error:
        logger.error(error)
        raise
```

CloudWatch 為收集所有診斷訊息的服務。因此，當想看看 Lambda 函式執行的日誌時，就可以到 CloudWatch。lambda_handler 函式到此結束，簡單討論一下論重要的輔助函式：

```
def gen_report_state(tkn):
    response = state_report
    response["event"]["header"]["messageId"] = get_uuid()
    response["event"]["header"]["correlationToken"] = tkn
    response["context"]["properties"][0]["timeOfSample"] = get_utc_timestamp()
    response["context"]["properties"][1]["timeOfSample"] = get_utc_timestamp()
    response["context"]["properties"][0]["value"]["value"] = read_temp_thing()
    return response
```

在 gen_report_state 中，會在 lambda_handler 收到狀態報告請求時準備一份狀態報告。回應會包含溫度值與端點健康狀態，如前述。我們也設定與請求相符的關聯權杖（correlation token）。來看看在 read_temp_thing 中有什麼：

```
def read_temp_thing():
    response = client.get_thing_shadow(thingName=endpoint_id)
    streamingBody = response["payload"].read().decode('utf-8')
    jsonState = json.loads(streamingBody)
    return jsonState["state"]["reported"]["temperature"]
```

此函式會從事物的陰影取得溫度值且並回傳它。我們使用 `client` 全域變數來存取該陰影。

還有幾個其他輔助函式，但是過於繁瑣在此不述。

完整的程式原始碼請由此取得：

https://github.com/PacktPublishing/Internet-of-Things-with-ESP32/blob/main/ch11/alexa_sensor/aws/lambda_function.py

Lambda 處理器完成了，請根據以下步驟來部署它並測試：

1. 在 AWS Management Console 中，找到之前建立的 Lambda 函式。點選 `lambda_function.py` 檔並貼上剛剛取得的程式碼。然後，點選 **Deploy** 按鈕來部署程式碼。部署完成時會在 UI 上看到 **Changes deployed** 訊息：

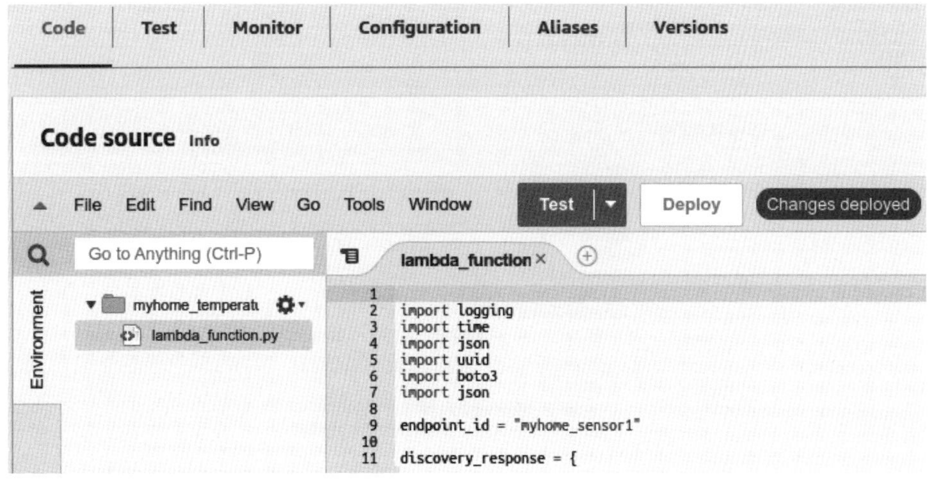

▲ 圖 11.32 成功部署 Lamdda 函式

2. 我們要建立兩個測試事件。一個用來探索，另一個用於狀態報告。我們會送出測試事件來測試 Lambda 函式並檢視結果。點選 **Test** 下拉式選單時會顯示選單，請在其中選擇 **Configure test event**：

▲ 圖 11.33 設定測試事件

3. 在彈出視窗中建立名為 `discoverRequest` 的新測試事件。它是在本段開頭所討論過的探索請求。請把探索 JSON 訊息貼到框中，接著點選 **Create** 按鈕：

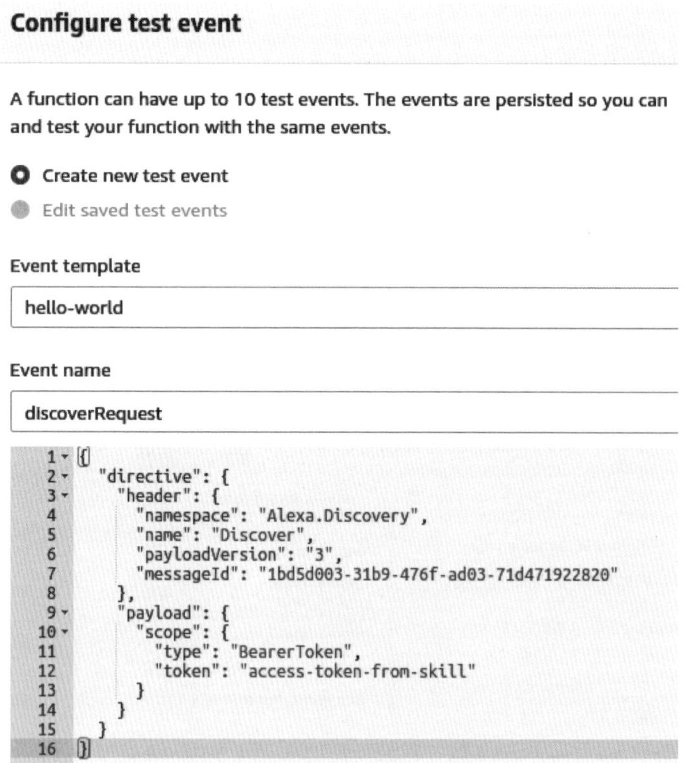

▲ 圖 11.34 建立新的測試事件

4. 建立測試事件之後，由 **Test** 下拉式選單中選擇 `discoverRequest` 測試，接著點選 **Test** 按鈕：

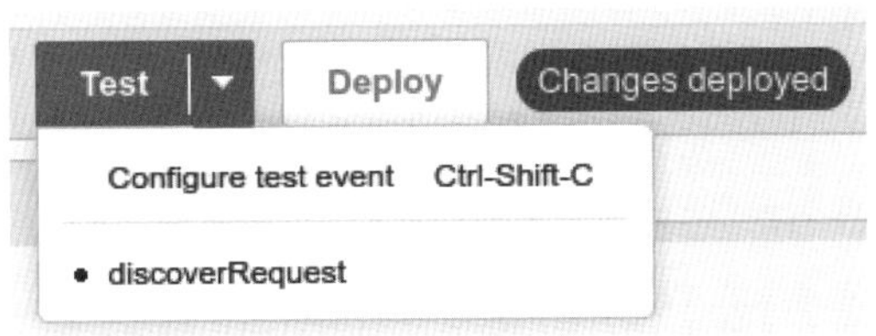

▲ 圖 11.35 從下拉選單中選擇發現請求

5. 這時會開啟 **Execution results** 標籤。往下找就可看到回應與日誌：

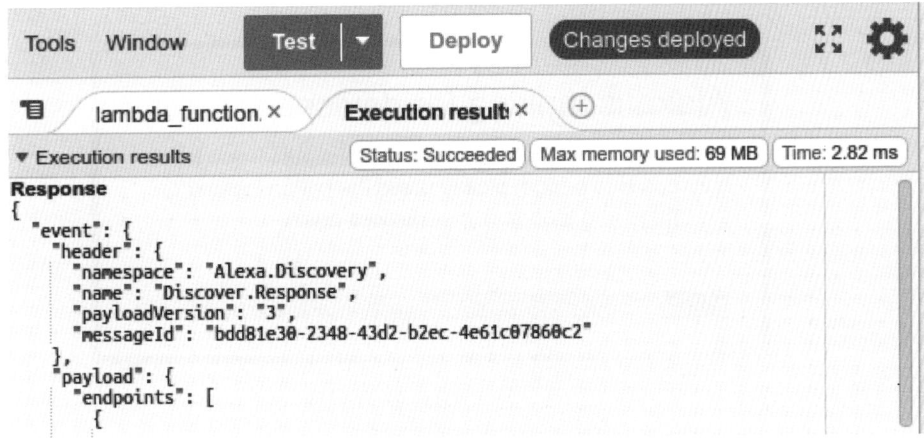

▲ 圖 11.36 執行結果

6. 請重複步驟 2 到 5 來完成報告狀態。建立名為 `stateReportRequest` 的另一個測試事件，並貼上先前討論過的 JSON 訊息。在測試事件訊息中，`endpointId` 的數值應為 `myhome_sensor1`。如果在 **Execution results** 標籤中看到 **Succeeded** 訊息時，意謂 Lambda 處理程序已成功解析請求並回應。

Tips

如果執行失敗，可在 **Execution results** 標籤中檢視錯誤日誌。CloudWatch 會收集所有日誌訊息，方便日後隨時查看。

Lambda 函式現在順利運作了，接著要測試智慧家庭技能。

◉ 測試技能

我們已經設定好 Lambda 函式，使其作為智慧家庭技能的後端服務。現在已可以測試整體雲端設定了，請根據以下步驟操作：

1. 首先從探索裝置開始，請登入你的 Alexa 帳號：

   https://alexa.amazon.com/

2. 找到 **Smart Home | Devices** 並點選 **Discover** 按鈕。會跳出一個探索視窗：

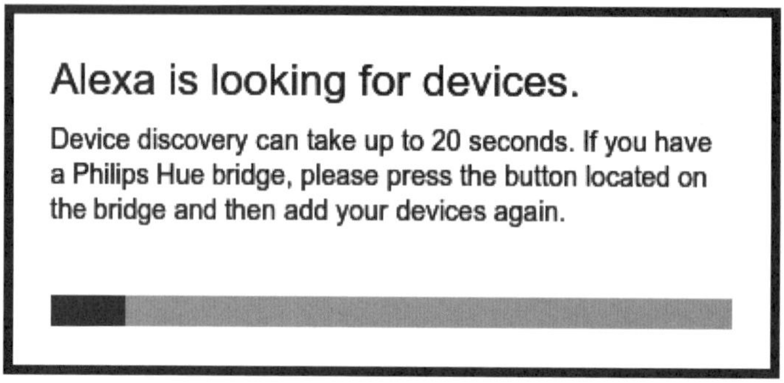

Alexa is looking for devices.
Device discovery can take up to 20 seconds. If you have a Philips Hue bridge, please press the button located on the bridge and then add your devices again.

▲ 圖 11.37 探索視窗

3. 如果所有先前步驟都正確完成的話，應可在探索過程結束之後看到我們的溫度感測器：

Devices
Sort by
Newest
Temperature sensor
Smart temperature sensor
Remove

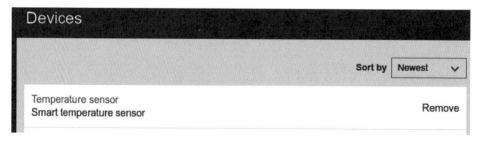

▲ 圖 11.38 探索到溫度感測器

4. 進入 Alexa 開發者控制台：`https://developer.amazon.com/alexa/console/ask` 並找到 `myhome_temperature` 技能。請由上方選單點選 **Test**。

5. 在此將使用 Alexa 模擬器來測試。我們輸入一段話語或使用電腦的麥克風來測試這項技能。下圖是在模擬器輸入框中輸入 `what is the temperature inside` 這段話來詢問溫度：

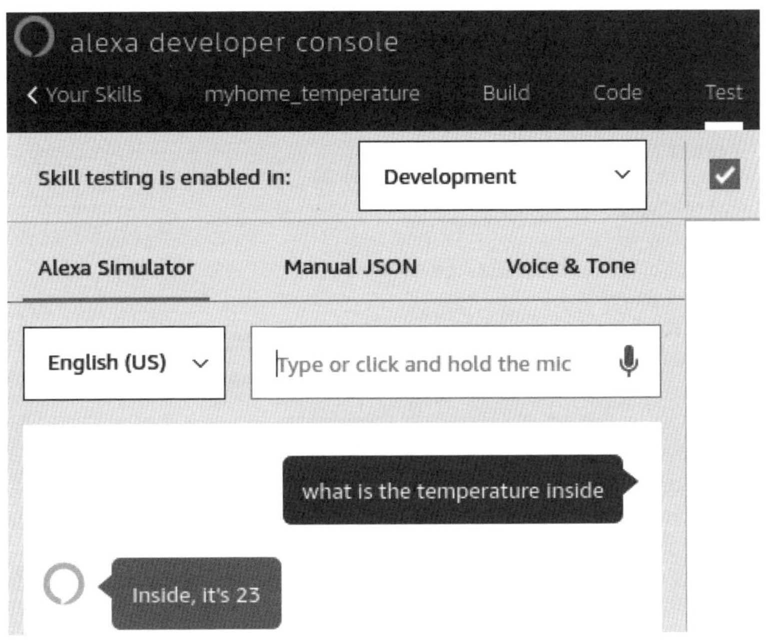

▲ 圖 11.39 使用 Alexa 模擬器

Tips

可嘗試其他話語，例如 `"the temperature inside"` 或 `"tell me the temperature inside"`。AVS 會把這些詢問都轉送給智慧家庭技能。另一個測試案例是更新事物陰影的溫度值，並再次詢問 Alexa 溫度來檢查所回傳的是否為更新的數值。

目前為止都沒問題。接下來的任務是開發 ESP32 韌體。

◉ 開發韌體

本程式的目標是要測量周遭溫度，並用最新的溫度資料來更新 AWS 事物陰影。在此會用到一片接好 DHT11 感測器的 ESP32 devkit，感測器要接到 GPIO17 腳位。讓我們從建立與設定 PlatformIO 專題開始，請根據以下步驟操作：

1. 用以下的 `platformio.ini` 新增一個專題：

```
[env:az-delivery-devkit-v4]
platform = espressif32
board = az-delivery-devkit-v4
framework = espidf

monitor_speed = 115200
lib_extra_dirs =
    ../../common/esp-idf-lib/components
    ../common
build_flags =
    -DWIFI_SSID=${sysenv.WIFI_SSID}
    -DWIFI_PASS=${sysenv.WIFI_PASS}
    -DAWS_ENDPOINT=${sysenv.AWS_ENDPOINT}

board_build.embed_txtfiles =
    ./tmp/private.pem.key
    ./tmp/certificate.pem.crt
    ./tmp/AmazonRootCA1.pem
```

DHT11 函式庫位於 `../../common/esp-idf-lib/components` 資料夾中，本章的輔助函式庫則是在 `../common` 中。

接著定義一些巨集，它們是 Wi-Fi 憑證與要連接的 AWS 端點，其數值來自對應的環境變數。

我們也會把加密檔案嵌在韌體中。這些檔案位於 `tmp` 資料夾中。由於我們不希望它們公開在 GitHub 上所以把它們放在 `tmp` 中，它會被歸類在 `.gitignore` 清單中。

2. 使用 AWS CLI 工具找到 AWS 端點：

```
$ aws iot describe-endpoint --endpoint-type iot:Data-ATS
{
    "endpointAddress": "XXXXX.iot.<region>.amazonaws.com"
}
```

3. 啟動 pio 工具的虛擬環境，並設定 Wi-Fi 憑證與 AWS 端點的環境變數：

```
$ source ~/.platformio/penv/bin/activate
(penv)$ export WIFI_SSID='\"<your_ssid>\"'
(penv)$ export WIFI_PASS='\"<your_passwd>\"'
(penv)$ export AWS_ENDPOINT='\"<your_endpoint>\"'
```

4. 本專題需要指定 Espressif 的 AWS 裝置 SDK 埠。它位於元件的 common 全域目錄中。請編輯專題根目錄中的 CMakeLists.txt，把 AWS 裝置 SDK 加入專題的額外元件目錄清單中：

```
cmake_minimum_required(VERSION 3.16.0)
list(APPEND EXTRA_COMPONENT_DIRS "../../common/components/esp-aws-iot")
include($ENV{IDF_PATH}/tools/cmake/project.cmake)
project(aws_ex)
```

5. 把加密檔案複製到 tmp 目錄中，並將其改名：

```
(penv)$ mkdir tmp && cp <crpyto_dir>/* tmp/
# rename them
(penv)$ ls -1 tmp/
AmazonRootCA1.pem
certificate.pem.crt
private.pem.key
public.pem.key
```

6. 由於加密檔案是嵌在韌體中，因此要在 src/CMakeList.txt 中告訴 ESP-IDF 關於此事。請用以下內容編輯檔案：

```
FILE(GLOB_RECURSE app_sources ${CMAKE_SOURCE_DIR}/src/*.*)
set(COMPONENT_ADD_INCLUDEDIRS ".")

idf_component_register(SRCS ${app_sources})

target_add_binary_data(${COMPONENT_TARGET} "../tmp/AmazonRootCA1.pem" TEXT)
target_add_binary_data(${COMPONENT_TARGET} "../tmp/certificate.pem.crt" TEXT)
target_add_binary_data(${COMPONENT_TARGET} "../tmp/private.pem.key" TEXT)
```

7. 使用以下內容建立 sdkconfig.defaults 檔。請刪除任何 sdkconfig 檔，以強迫 PlatformIO 重新產生一個建立由我們所提供之預設值的檔案：

   ```
   CONFIG_MBEDTLS_ASYMMETRIC_CONTENT_LEN=y
   ```

   ESP-IDF 使用 MbedTLS 作為預設的加密函式庫。MbedTLS 的這個選項需要在 sdkconfig 中設定完成。

8. 所有必要的檔案都準備好之後，你的目錄架構應如下：

   ```
   (penv)$ ls -R
   .:
   CMakeLists.txt  include  lib  platformio.ini   sdkconfig.defaults  src
   test  tmp
   ./src:
   CMakeLists.txt  main.c
   ./tmp:
   AmazonRootCA1.pem  certificate.pem.crt  private.pem.key  public.pem.key
   ```

9. 編譯專題，看看整個設定是否正確。編譯完成之後應該會產生專題的 sdkconfig 檔：

   ```
   (penv)$ pio run
   ```

專題設定完成了，現在可開始進行 tmp/main.c 主程式了：

```
#include <string.h>
#include <stdbool.h>
#include <stdlib.h>
#include "freertos/FreeRTOS.h"
```

```
#include "freertos/task.h"
#include "esp_log.h"

#include "app_temp.h"
#include "app_wifi.h"

#include "aws_iot_config.h"
#include "aws_iot_log.h"
#include "aws_iot_version.h"
#include "aws_iot_mqtt_client_interface.h"
#include "aws_iot_shadow_interface.h"

#define TAG "app"
```

首先要匯入標頭檔。aws_iot_* 檔案都是來自 AWS 裝置 SDK。我們會使用 aws_iot_shadow_interface.h 中的函式來更新事物陰影。接下來要定義全域變數：

```
extern const uint8_t aws_root_ca_pem_start[] asm("_binary_AmazonRootCA1_pem_
start");
extern const uint8_t aws_root_ca_pem_end[] asm("_binary_AmazonRootCA1_pem_end");
extern const uint8_t certificate_pem_crt_start[] asm("_binary_certificate_pem_
crt_start");
extern const uint8_t certificate_pem_crt_end[] asm("_binary_certificate_pem_crt_
end");
extern const uint8_t private_pem_key_start[] asm("_binary_private_pem_key_
start");
extern const uint8_t private_pem_key_end[] asm("_binary_private_pem_key_end");

static char endpoint_address[] = AWS_ENDPOINT;
static char client_id[] = "myhome_sensor1_cl";
static char thing_name[] = "myhome_sensor1";

static AWS_IoT_Client aws_client;
```

我們透過 extern 定義來取得加密密鑰。它們會指向密鑰的開始和結束位址。接著定義與 AWS 相關的全域變數。它們為 AWS 端點位址、事物名稱、AWS 客戶端與客戶端 ID。

接著看到 app_main 以了解整體流程：

```
static void handle_wifi_connect(void)
{
    xTaskCreate(connect_shadow, "connect_shadow", 15 * configMINIMAL_STACK_SIZE,
NULL, 5, NULL);
    apptemp_init(publish_reading);
}

static void handle_wifi_failed(void)
{
    ESP_LOGE(TAG, "wifi failed");
}

void app_main()
{
    connect_wifi_params_t cbs = {
        .on_connected = handle_wifi_connect,
        .on_failed = handle_wifi_failed};
    appwifi_connect(cbs);
}
```

連上 Wi-Fi 時，我們隨即建立一個任務來連到 AWS IoT Core。connect_shadow 任務函式會透過 FreeRTOS 來排程。我們也對 DHT 函式庫提供了 publish_reading 回呼函式，當讀取 DHT11 感測器時，它會呼叫 publish_reading 來用最新的溫度資料來更新事物陰影。connect_shadow 實作如下：

```
static void connect_shadow(void *param)
{
    memset((void *)&aws_client, 0, sizeof(aws_client));

    ShadowInitParameters_t sp = ShadowInitParametersDefault;
    sp.pHost = endpoint_address;
    sp.port = AWS_IOT_MQTT_PORT;
    sp.pClientCRT = (const char *)certificate_pem_crt_start;
    sp.pClientKey = (const char *)private_pem_key_start;
    sp.pRootCA = (const char *)aws_root_ca_pem_start;
    sp.disconnectHandler = disconnected_handler;

    aws_iot_shadow_init(&aws_client, &sp);
```

我們呼叫 aws_iot_shadow_init 來初始化 AWS 用戶端。它也會取得有初始化資訊的參數，例如 AWS 端點位址、MQTT 埠與加密密鑰。事物陰影也是透過 MQTT 來通訊。為此，AWS IoT Core 提供了特殊的主題群組。AWS 裝置 SDK 用簡單函式呼叫來抽象化所有的 MQTT 存取。更多關於陰影主題的內容請參考：

https://docs.aws.amazon.com/iot/latest/developerguide/device-shadow-mqtt.html

在初始化客戶端之後，即可連接到事物陰影：

```
    ShadowConnectParameters_t scp = ShadowConnectParametersDefault;
    scp.pMyThingName = thing_name;
    scp.pMqttClientId = client_id;
    scp.mqttClientIdLen = (uint16_t)strlen(client_id);

    while (aws_iot_shadow_connect(&aws_client, &scp) != SUCCESS)
    {
        ESP_LOGW(TAG, "trying to connect");
        vTaskDelay(1000 / portTICK_PERIOD_MS);
    }
```

連接陰影的函式為 aws_iot_shadow_connect。此函式會用到要連接的事物名稱和先前定義的 MQTT 用戶端 ID。我們會在 while 迴圈呼叫函式直到成功為止。最後，aws_iot_shadow_yield 會在另一個迴圈中執行，藉此收集傳入訊息並維持連線狀態，如下：

```
    while (1)
    {
        aws_iot_shadow_yield(&aws_client, 100);
        vTaskDelay(1000 / portTICK_PERIOD_MS);
    }
}
```

接下來看看如何實作 publish_reading 函式：

```
static void publish_reading(int temp, int hum)
{
    jsonStruct_t temp_json = {
        .cb = NULL,
        .pKey = "temperature",
        .pData = &temp,
        .type = SHADOW_JSON_INT32,
        .dataLength = sizeof(temp)};
```

首先定義描述溫度資料的 JSON 結構，其中可看到要被更新的事物屬性。接著準備 JSON 文件：

```
    char jsondoc_buffer[200];
    aws_iot_shadow_init_json_document(jsondoc_buffer, sizeof(jsondoc_buffer));
    aws_iot_shadow_add_reported(jsondoc_buffer, sizeof(jsondoc_buffer), 1,
&temp_json);
    aws_iot_finalize_json_document(jsondoc_buffer, sizeof(jsondoc_buffer));
```

AWS 裝置 SDK 中有一些輔助函式，可將 JSON 描述結構轉換為 JSON 文字資料。首先初始化指定緩衝區，然後呼叫 aws_iot_shadow_add_reported 將資料加入緩衝區。最後，只要呼叫 aws_iot_shadow_update 函式來更新陰影即可，如以下程式碼所示：

```
    aws_iot_shadow_update(&aws_client, thing_name, jsondoc_buffer, NULL, NULL,
4, true);
}
```

最後一個回呼函式是 disconnected_handler：

```
static void disconnected_handler(AWS_IoT_Client *pClient, void *data)
{
    ESP_LOGW(TAG, "reconnecting...");
}
```

`disconnected_handler` 只會在序列控制台中顯示警告訊息。在預設情況下，如果它以任何原因與 AWS IoT Core 斷線的話，AWS IoT 用戶端會自動再次連接。

這是漫漫長路的最後一段程式了。現在，我們擁有完整 Alexa 智慧家庭技能的所有東西了。請把程式燒錄到 ESP32 devkit 並測試技能：

```
(penv)$ pio run -t upload && pio device monitor
```

為了測試技能，我們可使用 Alexa 模擬器或者是任何內建 Alexa 的裝置，例如 Amazon Echo。以下是用 Alexa 模擬器測試的螢幕畫面：

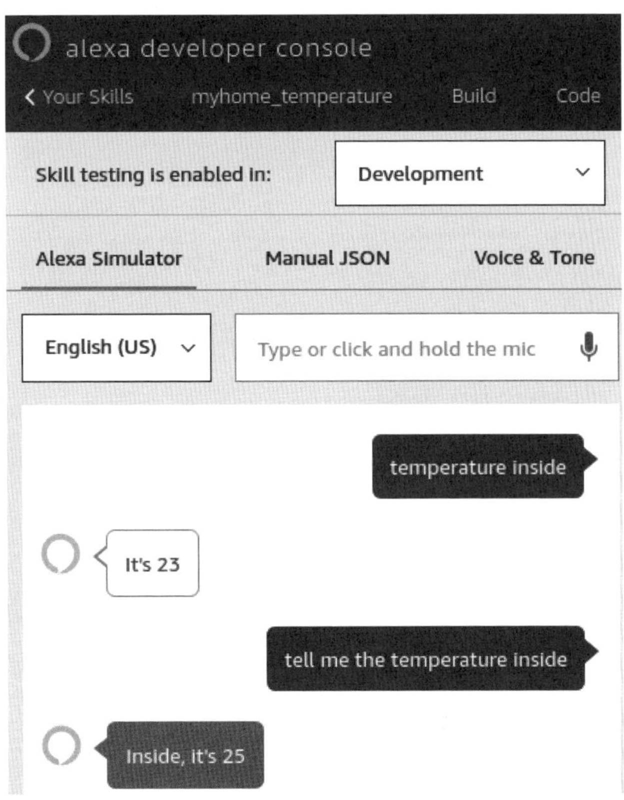

▲ 圖 11.40 使用已連接的 ESP32 來測試 AWS 技能

恭喜！我們剛剛完成了一趟 Alexa 的長途旅行。我們介紹了整個開發流程；但是，當想與其他使用者分享技能時，我們還是要通過 Alexa 認證流程對其進行認證。要了解這是如何完成的，最好的資源當然還是參考 Alexa 原廠文件[1]。

◉ 故障排除

整合 AVS 需要許多步驟才能成功，過程中很容易遺漏某個地方就讓你頭痛不已。可惜，要列出所有潛在錯誤是不可能的，但以下提示可以幫助你在進行本範例時節省一些時間：

- 如果你之前沒有任何使用 AWS 雲端開發的經驗，請確保已按照正確的順序來執行這些步驟，且務必完全按照步驟中的說明。當你成功完成某個範例之後，你可以在設定服務時嘗試其他選項來深入探索。
- 過程中有大量的複製貼上操作。確保複製的文字是正確的，而沒有任何空格或其他不相關的前後字元。
- 確保在 UI 表單中輸入了正確的參數。AWS 和 Alexa 控制台在操作或設定之後提供了良好的回饋；但如果輸入了錯誤的數值，就很難檢測出問題所在。
- Lambda 函式的測試相對簡單多了。你可以在 Web UI 上查看任何測試運行的即時輸出，也可以檢查 CloudWatch 日誌。本書 GitHub 提供了 Lambda 函式的完整程式碼，如果你用 Python 來開發還不太順手的話，可以直接拿來用。
- 確保在建立事物時已下載了加密密鑰檔，ESP32 程式中要使用相同的密鑰，。否則開發板就無法連上 AWS 雲端服務。如果 ESP32 無法正確更新事物陰影的話，你可在程式中加入更多日誌訊息，並在序列控制台來看看到底發生了什麼事。

---

1 https://developer.amazon.com/docs/alexa/devconsole/test-and-submit-your-skill.html

- 如果裝置探索失敗，請檢查 CloudWatch 日誌。如果什麼都沒有，請改用試不同的 AWS 區域來託管 Lambda 函式。更多關於 AWS 區域的資訊請參考官網的說明 [2]。

下一段要說明如何整合 ESP32 與另一個線上服務：IFTTT。

11.4 用 IFTTT 定義規則

IFTTT 是一款線上規則引擎，可搭配任何類型之應用程式，當然也包括務聯網專題。只要定義觸發器（if this）與動作（then that）。本範例會在 IFTTT 上建立一個 webhook，ESP32 裝置負責發佈溫度讀數，而 IFTTT 服務會把傳入的讀數紀錄在 Google 試算表。硬體方面只需要把 DHT11 感測器接到 ESP32 devkit 的 GPIO17 腳位即可。先從如何定義 IFTTT 的規則開始。

◉ 準備規則

這個階段的事情還不少，請根據以下步驟來操作：

1. 如果沒有 Google 帳號，請建立一個，並進入 Google Drive（`https://drive.google.com`）。
2. 在 Google Drive 中建立名為 `ifttt` 的新資料夾，並在其中建立名為 `temperature_log` 的試算表。

2 https://developer.amazon.com/docs/alexa/smarthome/develop-smart-home-skills-in-multiple-languages.html#deploy

3. 登入 `https://ifttt.com`，然後進入 `https://ifttt.com/create` 來建立新的 **applet**。IFTTT 把規則稱為 applet。在免費方案我們最多可以建立三個 applet：

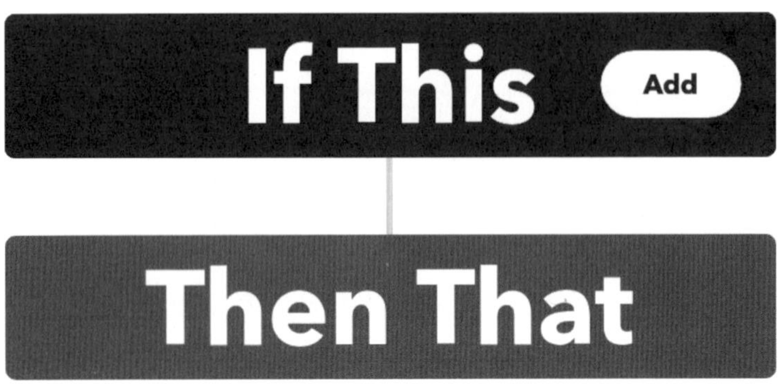

▲ 圖 11.41 建立 IFTTT applet

4. 點選 **If This** 來加入觸發器，並在下一個頁面中搜尋 webhook。然後，設定觸發器為 **Receive a web request**：

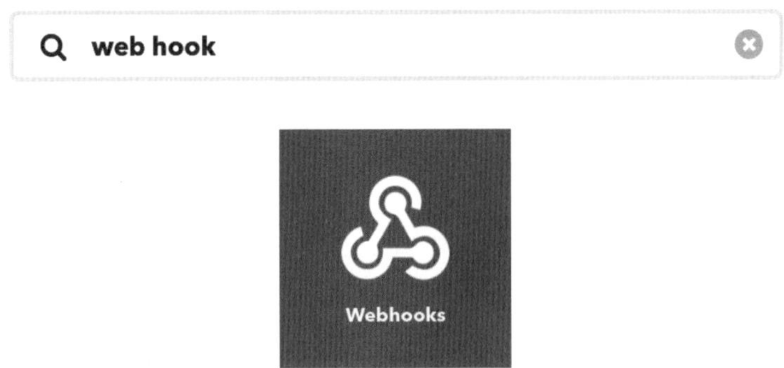

▲ 圖 11.42 選擇 Webhook 作為服務

5. 這時會開啟設定頁面，設定事件名稱為 `temperature_received` 並點選 **Create trigger** 按鈕：

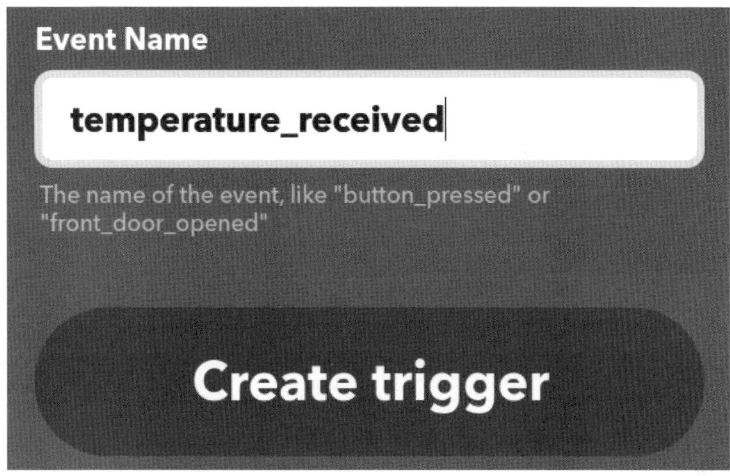

▲ 圖 11.43　建立觸發器

6. 接下來加入動作。為此，請點選 **Then That**。這次選擇 **Google Sheets** 作為服務，並選擇 **Add row to spreadsheet** 作為動作：

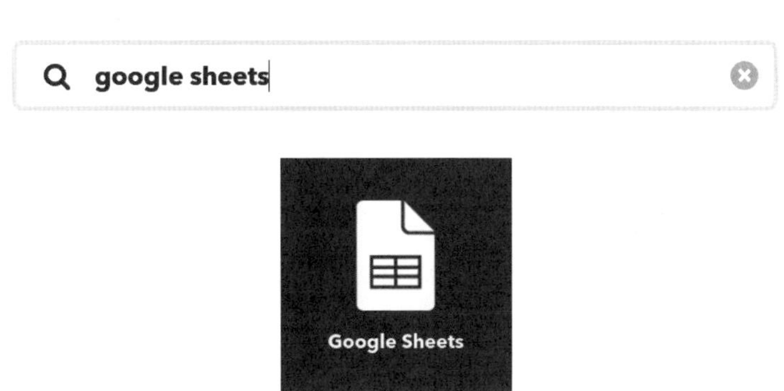

▲ 圖 11.44　服務選擇 Google Sheets

7. 接著會開啟動作設定頁面。請根據以下內容來設定試算表名稱、橫列格式與 Drive 資料夾，完成後點選 **Create action**：

   a) **Spreadsheet name**：`temperature_log`
   b) **Formatted row**：`{{OccurredAt}} ||| {{Value1}}`
   c) **Drive folder path**：`ifttt`

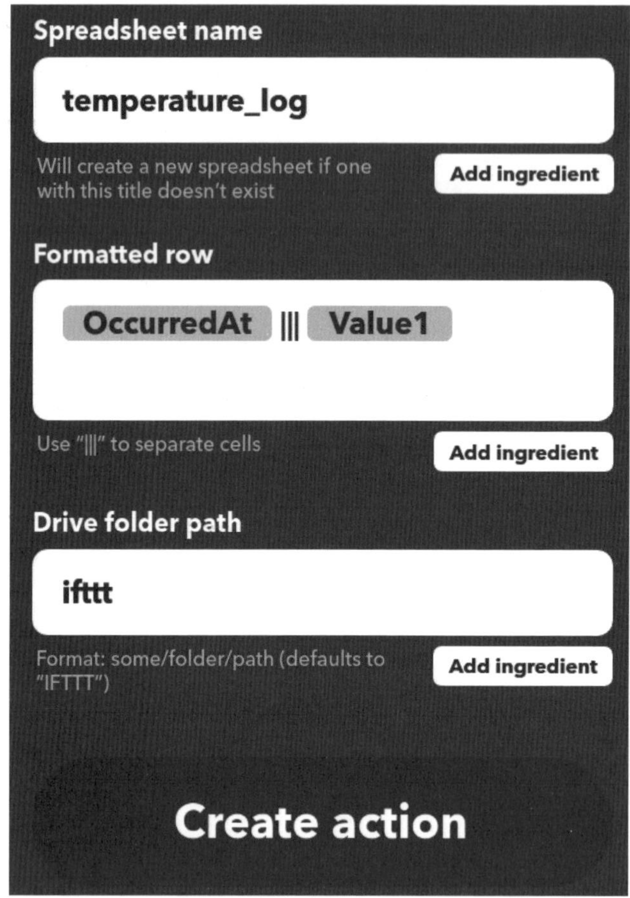

▲ 圖 11.45 建立動作

上述內容充分說明了我們想要對試算表做些什麼。第一欄是時間戳記，而第二欄則會顯示溫度值。建立動作之後，請點選在下一個頁面中的 **Continue** 按鈕。

8. 設定 applet 標題為：`If temperature_received, then log`，最後點選 **Finish** 按鈕就設定完成了：

▲ 圖 11.46 applet 設定完成

9. 現在，我們需要 webhook 金鑰來產生用於送出 `POST` 請求的 URL。請進入 `https://ifttt.com/maker_webhooks` 並點選 **Documentation** 按鈕。它會另外開啟新的網頁，其中可找到所有關於 webhook 的資訊。請記下這組金鑰，後續在開發韌體時需要它：

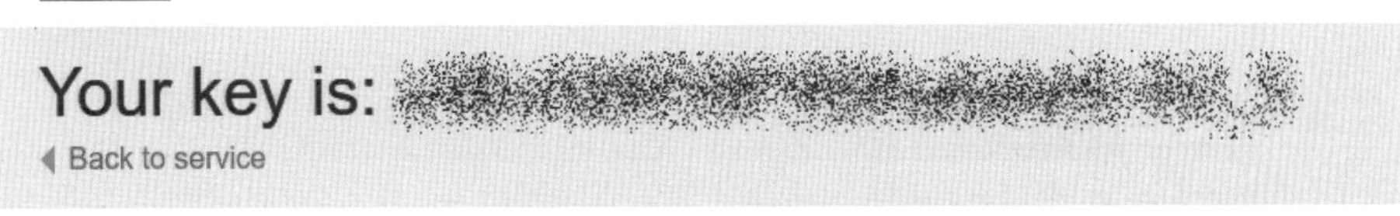

▲ 圖 11.47 webhook 金鑰

10. 在編寫韌體之前，先用 `curl` 工具來測試 applet 以確保一切都正確設定。請用以下指令對 IFTTT 端點發送請求：

```
$ curl -X POST -H "Content-Type: application/json" -d '{"value1":"0"}'
https://maker.ifttt.com/trigger/temperature_received/with/key/<your_key>
Congratulations! You've fired the temperature_received event
```

由上述訊息可知請求成功，來看看 Google 試算表是否有記錄：

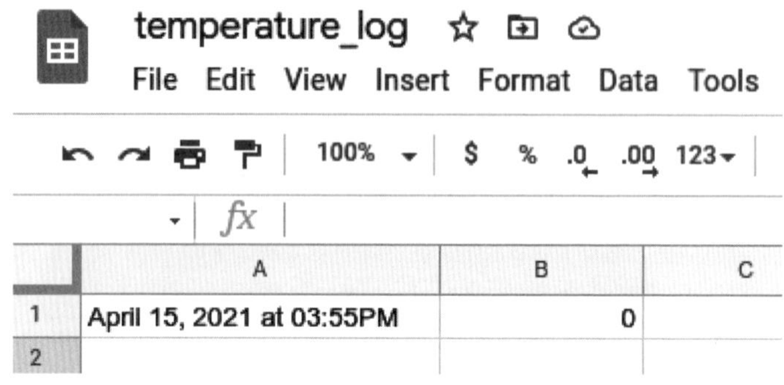

▲ 圖 11.48 試算表中可看到測試紀錄

不錯！ IFTTT 規則準備好了，接著要編寫裝置韌體。

◉ 開發韌體

這份韌體會讀取 DHT11 感測器狀態，並對 IFTTT 端點發送 POST 請求，效果同上一段的 `curl`。從新增一個 PlatformIO 專題開始，請根據以下步驟操作：

1. 用以下的 `platformio.ini` 檔新增一個專題：

```
[env:az-delivery-devkit-v4]
platform = espressif32
board = az-delivery-devkit-v4
framework = espidf

monitor_speed = 115200
lib_extra_dirs =
    ../../common/esp-idf-lib/components
    ../common
```

```
build_flags =
    -DWIFI_SSID=${sysenv.WIFI_SSID}
    -DWIFI_PASS=${sysenv.WIFI_PASS}
    -DIFTTT_KEY=${sysenv.IFTTT_KEY}

board_build.embed_txtfiles =
    src/server_cert.pem
```

由環境變數設定 Wi-Fi SSID 的巨集、密碼與 IFTTT 金鑰。請把 IFTTT 伺服器憑證下載並保存為 src/server_cert.pem，TLS 握手期間會用到。

2. 下載 IFTTT 伺服器憑證，並存檔為 src/server_cert.pem 檔：

```
$ openssl s_client -showcerts -connect maker.ifttt.com:443
```

此命令會列出 maker.ifttt.com 信任鏈中的所有憑證，在此只需要最後一個。

3. 編輯 src/CMakeList.txt 以告訴 ESP-IDF 關於要嵌入韌體的伺服器憑證：

```
FILE(GLOB_RECURSE app_sources ${CMAKE_SOURCE_DIR}/src/*.*)
idf_component_register(SRCS ${app_sources})
target_add_binary_data(${COMPONENT_TARGET} "./server_cert.pem" TEXT)
```

4. 啟動虛擬環境，並定義環境變數：

```
$ source ~/.platformio/penv/bin/activate
(penv)$ export WIFI_SSID='\"<ssid>\"'
(penv)$ export WIFI_PASS='\"<passwd>\"'
(penv)$ export IFTTT_KEY='\"<your_key>\"'
```

現在，可討論 src/main.c 主程式了：

```
#include <string.h>
#include <stdbool.h>
#include <stdlib.h>
#include "freertos/FreeRTOS.h"
#include "freertos/task.h"
#include "freertos/queue.h"
#include "esp_log.h"
```

```
#include "private_include/esp_tls_mbedtls.h"

#include "app_temp.h"
#include "app_wifi.h"
```

首先照樣從匯入標題檔開始，接著定義巨集及全域變數：

```
#define TAG "app"
#define IFTTT_MAKER_URL "https://maker.ifttt.com"

#define QUEUE_SIZE 10
static QueueHandle_t temp_queue;

static const char REQUEST[] = "POST /trigger/temperature_received/with/key/" IFTTT_
KEY " HTTP/1.1\r\n"
"Host: maker.ifttt.com\r\n"
"Content-Type: application/json\r\n"
"Content-Length: %d\r\n"
"\r\n"
"%s";
static const char JSON_DATA[] = "{\"value1\":\"%d\"}";

extern const uint8_t server_root_cert_pem_start[] asm("_binary_server_cert_pem_
start");
extern const uint8_t server_root_cert_pem_end[] asm("_binary_server_cert_pem_end");
```

我們要對 IFTTT_MAKER_URL 發送請求。REQUEST 是搭配佔位符來顯示 POST 請求的格式字串。REQUEST 中的 IFTTT_KEY 來自環境變數。POST 端點也包含了 temperature_received 事件名稱，它是先前在設定 IFTTT 規則時所規定的。JSON_DATA 為有溫度佔位符的另一個格式字串。我們將採用生產者 / 消費者模式來處理溫度讀數。temp_queue 為用於此目的的全域變數，其資料型態為在 freertos/queue.h 中宣告的 QueueHandle_t。另外也定義了伺服器憑證的起始 / 結束位址。接下來要討論 app_main 和 Wi-Fi 回呼來了解整體執行流程：

```
static void handle_wifi_connect(void)
{
    xTaskCreate(do_post, "post_task", 15 * configMINIMAL_STACK_SIZE, NULL, 5,
NULL);
```

```
    apptemp_init(publish_reading);
}

static void handle_wifi_failed(void)
{
    ESP_LOGE(TAG, "wifi failed");
}

void app_main()
{
    temp_queue = xQueueCreate(QUEUE_SIZE, sizeof(int16_t));
    connect_wifi_params_t cbs = {
        .on_connected = handle_wifi_connect,
        .on_failed = handle_wifi_failed};
    appwifi_connect(cbs);
}
```

app_main 中首先呼叫 xQueueCreate 來建立佇列。temp_queue 可保留 QUEUE_SIZE 所指定數量（在此為 10 個）的 int16_t 項目。當連上 Wi-Fi 時會啟動一個 FreeRTOS 任務，它會發佈讀數並設定回呼函式為 publish_reading，當有來自 DHT11 感測器的新讀數時就會呼叫它。在這個架構下，publish_reading 為生產者，會把溫度讀數推送佇列末端。do_post 則是消費者，會從佇列的開頭移除讀數。接下來要實作 publish_reading：

```
static void publish_reading(int temp, int hum)
{
    if (xQueueSendToBack(temp_queue, (void *)&temp, (TickType_t)0) != pdPASS)
    {
        ESP_LOGW(TAG, "queue is full");
        xQueueReset(temp_queue);
    }
}
```

xQueueSendToBack 為用來把讀數推到佇列的 FreeRTOS 函式。如果佇列已滿，就呼叫 xQueueReset 丟棄舊的讀數，把空間讓給新讀數。FreeRTOS 佇列具備執行緒安全性，因此不需要任何護衛或互斥機制來保護佇列免於同時存取。現在繼續看到 do_post：

```
static void do_post(void *arg)
{
    esp_tls_cfg_t cfg = {
        .cacert_buf = server_root_cert_pem_start,
        .cacert_bytes = server_root_cert_pem_end - server_root_cert_pem_start,
    };

    int16_t temp;
    char json_data[32];
    char request[256];
    char reply[512];
```

在 do_post 中，先從 TLS 通訊的設定變數開始，其中要指定伺服器憑證資訊。然後，定義用於溫度讀數的其他本地變數與緩衝。接下來要定義等待讀數的 while 迴圈：

```
    while (1)
    {
        if (xQueueReceive(temp_queue, &(temp), (TickType_t)10) == pdFALSE)
        {
            ESP_LOGI(TAG, "nothing in the queue");
            vTaskDelay(1000);
            continue;
        }
```

迴圈首先檢查佇列中是否有任何等待中的讀數。如果沒有就加入一段延遲時間，以等待新的讀數加入佇列。當有新的溫度讀數時，就會用以下程式來建立 TLS 連線：

```
        struct esp_tls *tls = esp_tls_conn_http_new(IFTTT_MAKER_URL, &cfg);
        if (tls == NULL)
        {
            ESP_LOGE(TAG, "tls connection failed");
            continue;
        }
```

我們使用新連線所需之 IFTTT 網址來呼叫 esp_tls_conn_http_new 函式。然後要建立用於分享溫度讀數的請求：

```
        memset(json_data, 0, sizeof(json_data));
        sprintf(json_data, JSON_DATA, temp);

        memset(request, 0, sizeof(request));
        sprintf(request, REQUEST, strlen(json_data), json_data);
        int ret = esp_mbedtls_write(tls, request, strlen(request));
```

首先，要準備好位於 json_data 緩衝中的 JSON 資料，並將其加入 request 緩衝中。我們藉由呼叫 esp_mbedtls_write 把這筆請求發送給 IFTTT 服務。如果成功寫入的話，就讀取伺服器的回應，如下：

```
        if (ret > 0)
        {
            while (1)
            {
                ret = esp_mbedtls_read(tls, (char *)reply, sizeof(reply) - 1);
                if (ret > 0)
                {
                    reply[ret] = 0;
                    ESP_LOGI(TAG, "%s", reply);
                }
                else
                {
                    break;
                }
            }
        }
        esp_tls_conn_delete(tls);
    }

    vTaskDelete(NULL);
}
```

我們使用 esp_mbedtls_read 來讀取伺服器回應並顯示於序列監視器中。接著刪除 TLS 連線，並重新開始迴圈來從佇列中讀取新的溫度讀數。

應用程式完成了，請燒錄 devkit 並進行測試：

```
(penv) $ pio run -t upload && pio device monitor
```

檢查是否成功上傳，Google 試算表應可看到多筆溫度記錄：

D2 ▾ | *fx* |

	A	B
1	April 15, 2021 at 03:55PM	0
2	April 15, 2021 at 06:01PM	22
3	April 15, 2021 at 06:01PM	22
4	April 15, 2021 at 06:02PM	22
5		

▲ 圖 11.49 試算表上的溫度記錄

它有效，但 IFTTT 服務好像對於 Web 請求有一些限制。雖然我們每兩秒讀取一次 DHT11 感測器，但由上圖可看到一分鐘內只有兩筆溫度記錄。

IFTTT 還提供了更多功能以及超過 600 種的服務。如果你日後的專題還想使用 IFTTT 的話請參考相關文件：`https://platform.ifttt. com/docs`。

這是本章的最後一個範例，我們已討論物聯網專題所需的兩個重要線上服務。下一章要製作一個全方位的專題來整合我們迄今為止學到的東西。

11.5 總結

如果可與其他產品與線上服務整合的話，物聯網產品更有效也更有價值。本章已學到如何整合 ESP32 裝置與 Amazon AVS。這類整合需要許多步驟才能完成。我們建立了智慧居家技能，並開發 Lambda 函式作為後端處理程序。AWS IoT Core 用於介接 ESP32 感測器與 AVS。我們在 AWS IoT Core 上建立了裝置陰影來保存 ESP32 感測器的狀態。所有的資料都是 JSON 文件格式來交換，文件結構請參考 Alexa 原廠文件。當瀏覽市面上各種產品時，我們可了解語音介面在物聯網產品中變得越來越普遍。因此，學習如何使用語音服務以及將它們整合在解決方案中內是很重要的。

我們也玩了一下 IFTTT。它是一款線上規則引擎，不僅可用於物聯網解決方案，也適用於其他軟體產品。當需要設計物聯網產品來與其他線上服務/產品一起運作時，IFTTT 是一個很棒的選擇。作為務聯網開發者，每當需要加入新功能時，別忘了市面上已有許多立即可用的方案。唯一要做的是選擇正確的那一個。

下一章是本書的最後一章了，要透過開發另一個全方位的完整專題來精進我們的 ESP32 技術，當然也要再次整合 AWS 雲端平台。

11.6 問題

請回答以下問題來複習本章學習內容：

1. 以下何者不屬於語音助理服務所採用的主要技術？
   a) 微服務
   b) 語音辨識
   c) **自然語言處理（NLP）**
   d) 語音合成

2. 以下何者為語音使用者介面與一般圖形使用者的不同之處？
   a) 它是人機介面。
   b) 使用者可用它提供輸入。
   c) 裝置可用它提供輸出。
   d) 使用者由於沒有視覺元件，因此需要更多指導。

3. 語音助理喚醒詞有什麼用處？
   a) 使其更具吸引力。
   b) 賦予它個性。
   c) 用於觸發它。
   d) 早上用來把它叫醒。

4. 以下何者不屬於語音助理？

a) Amazon Alexa

b) Google Assistant

c) Microsoft Azure

d) Apple Siri

5. 以下何者並非整合第三方服務的好處？

a) 存取生態系統

b) 上市時間更長

c) 提高效率

d) 開發週期快

11.7 延伸閱讀

- *Hands-On Chatbot Development with Alexa Skills and Amazon Lex, Sam Williams, Packt Publishing*（https://www.packtpub.com/product/hands-on-chatbot-development-with-alexa-skills-and-amazon-lex/9781788993487）：雖然此書主軸在於開發聊天機器人，但它詳細說明了 Alexa 技能的基本知識，特別是第 2 章與第 3 章。這本書也談到了開發完整雲端服務所需的其他幾款 Amazon 服務，例如 Amazon S3 和 Amazon DynamoDB。

CHAPTER

12

專題製作｜聲控智慧風扇

本書的最後一章將開發另一種智慧家庭裝置：智慧風扇。我們將改造一個具備可控制風扇速度之機械按鈕的普通風扇，而且還要進一步把它變成一個智慧風扇。除了按鈕以外，還可以通過語音來設定速度。本專題要改造的風扇有四個按鈕，一個按鈕用來停止風扇，而另外三個則是控制從慢到快的 3 種不同速度模式。這個想法是把風扇的速度按鈕接到 ESP32 的 GPIO 腳位，這樣就能偵測到按鈕是否被按下，並偵測到按鈕按下時經由繼電器來控制速度。這台風扇還可接收不同的語音命令來改變繼電器狀態。語音助手將選用 Amazon Alexa，並使用 Amazon IoT Core 及 Lambda 作為後端服務以處理語音命令。

本章是一個很好的機會來複習本書所學內容：

- 設定 ESP32 的 GPIO 腳位來偵測按鈕按下事件，並藉由設定 / 重設控制繼電器的另一組 GPIO 腳位來對它們做出反應。
- 讓智慧風扇連接到本地 Wi-Fi 網路，使其可從世界任何地方存取。
- 在 AWS 雲端服務上開發解決方案的後端服務，會用到 Amazon Alexa 來進行語音控制裝置。

本章主題如下：

- 智慧風扇的功能清單
- 解決方案架構
- 實作

12.1 技術要求

本章範例請由本書 GitHub 取得：

https://github.com/PacktPublishing/Internet-of-Things-with-ESP32/tree/main/ch12

本章所需的外部函式庫請一樣由本書 GitHub 取得：

https://github.com/PacktPublishing /Internet-of-Things-with-ESP32/tree/main/common

麵包板原型需要以下硬體：

- ESP32 devkit
- 麵包板、4 個觸碰按鈕與跳線
- 繼電器模組，至少有 3 個繼電器（輸出可驅動 230V AC，輸入則是 5V DC）
- 3.3V 對 5V 的邏輯轉換器（例如，AZ-Delivery TXS0108E 邏輯準位轉換器模組）
- 電源（例如，來自 ELEGOO kit 的供電模組）

在開發及測試程式碼之後，可將硬體移植到電路板上，這樣就可把組好的硬體裝在風扇上。如果你覺得麵包板原型還不錯，就不需要做這一段。不過，如果以最終可運作版本的智慧風扇而言，以下為零件清單：

- 有 3 個速度檔位的風扇（例如，Daewoo 12 吋可攜式桌上風扇）
- 電源模組（例如，AZ-Delivery 220V 至 5V 迷你供電模組）
- 來自第一原型的元件：ESP32 devkit、繼電器模組、和邏輯轉換器
- 組裝上述零件、配線與接頭的通用 PCB 電路板

Note

你需要有焊接設備與基本焊接技術，才能把第二原型中的各元件焊接在 PCB 電路板上，也會用到較高電壓的電源；因此，在測試由電源供電的風扇時，請採取一切預防措施。

如果你已完成第 11 章中的第三方整合範例，你應該已經有 Amazon 與 Alexa 開發者帳號，如果還沒，請遵循以下步驟建立帳號：

https://developer.amazon.com/en-US/docs/alexa/smarthome/steps-to-build-a-smart-home-skill.html#prerequisites

範例實際執行影片請參考：https://bit.ly/3xsLbdI

12.2 智慧風扇的功能清單

智慧風扇的功能如下：

- 有一個停止風扇的按鈕。
- 有另外 3 個控制風扇速度的 3 個其他按鈕：低速、正常、及高速。
- 可連接 Alexa 服務，並對應到控制風扇速度的語音命令。

我們也需要追蹤它在 AWS IoT Core 上的最新狀態來維持一致性。當使用者實際按下風扇的速度按鈕來設定速度時，雲端服務的後端也會以此資訊更新。

12.3 解決方案架構

解決方案架構需要討論兩個不同的部份：韌體與雲端服務後端。先來談談韌體。

◉ 裝置韌體

下圖為韌體的主要元件：

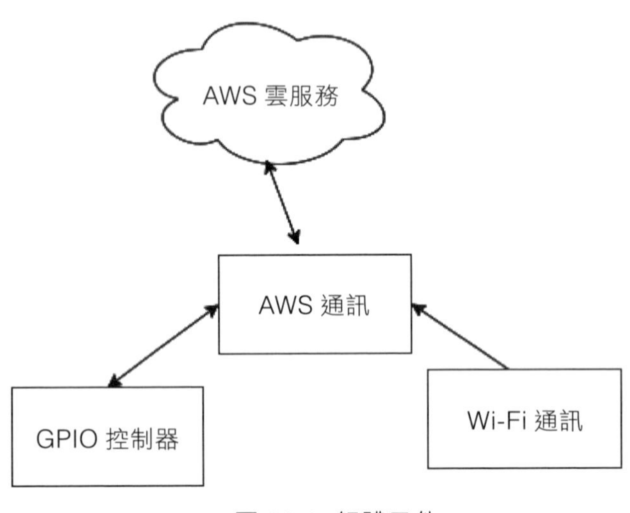

▲ 圖 12.1 韌體元件

GPIO 控制器將用於設定與驅動 ESP32 的 GPIO 腳位。有 4 支腳位用作輸入而其他 3 支腳位則是輸出。輸入腳位會讀取觸碰按鈕（或是第二原型中的風扇速度按鈕），而輸出腳位則是控制繼電器。當按下停止按鈕時，所有繼電器會斷開。如果速度按鈕中的任一個被按下，對應的繼電器就會接通。GPIO 控制器也與 AWS 模組通訊，負責送出按鈕狀態資訊並接收來自 Alexa 的語音命令。

Wi-Fi 通訊模組會連接到由 SSID 及密碼指定的本地 Wi-Fi 網路。在成功連接後，它會通知 AWS 模組連接到 AWS 雲端服務。

AWS 通訊模組是本專題的核心，它監控來自雲端服務的請求，並傳遞給 GPIO 模組來設定 / 重設繼電器腳位。在使用者按下任一按鈕時，它也會把風扇速度資訊傳上雲端。

◉ 雲端服務架構

雲端服務可為本專題加入所需的語音功能。我們要建立一個 Alexa 智慧家庭技能（Alexa Smart Home skill），再通過 AWS IoT Core 將其綁定到裝置。下圖顯示雲端服務解決方案的流程以及它們彼此的關係：

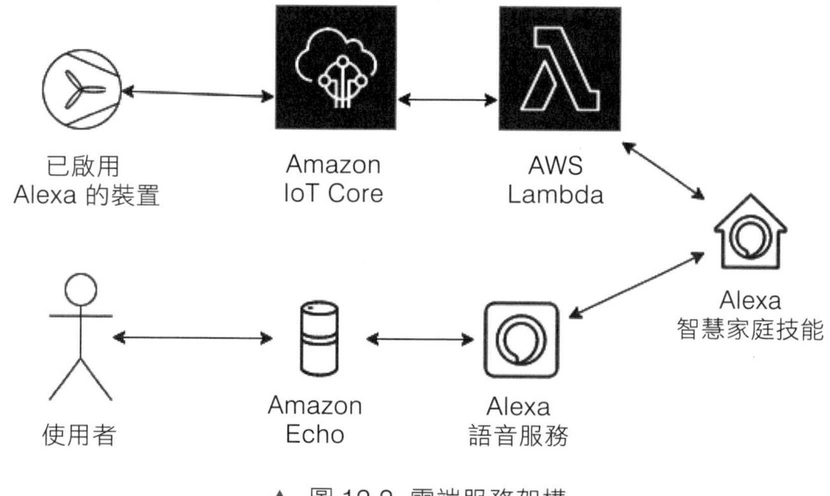

▲ 圖 12.2 雲端服務架構

我們將在 Amazon IoT Core 上建立一個**事物（thing）**作為智慧風扇在雲端服務上的代表。任何狀態變化都會讓智慧風扇與這個事物同步。

Lambda 函式是事物與 **Alexa 語音服務（AVS）**之間的橋樑。該函式會解析來自 Alexa 技能的請求且根據情境來應答。它也會用 Alexa 命令來更新事物的狀態，最終就會讓智慧風扇的風速改變。我們會在 Lambda 函式中實作現如以下 AWS 文件所定義的 `Alexa.PowerLevelCon troller` 介面：

https://developer.amazon.com/docs/alexa/device-apis/alexa-powerlevelcontroller.html

我們也會建立一個 Alexa 智慧家庭技能並完成相關設定。如在第 11 章中所討論的，智慧家庭技能提供了現成的語音互動模型，這意謂我們不需要親自講話來設計語音介面，它已經為我們建置好可直接用於產品了。具備 `PowerLevelController` 介面的裝置允許使用者控制裝置的風扇轉速。使用者可以發出符合百分比格式的語音命令，例如 "*Alexa, set the smart fan to 40%*" 或 "*Alexa, increase the smart fan by 10%*"。這些話語全都收錄在這個語音介面中了。

現在已準備好實作下一段的專題了。

12.4 實作

實作步驟與前一章用於智慧溫度感測器的做法相當類似：

1. 建立智慧家庭技能。
2. 建立與設定 Lambda 函式，以便處理來自智慧家庭技能的請求。
3. 使 Amazon 帳號連接到技能，並啟動技能。
4. 在 AWS IoT Core 中建立一個事物。
5. 開發 Lambda 函式且測試它。
6. 開發智慧風扇韌體。
7. 用語音命令測試智慧風扇。

由於第 11 章已經把這個程序詳細走過一次，在此只會快速複習一下，但程式碼還是會深入討論。從建立智慧家庭技能開始。

◉ 建立技能

本書撰寫時，AVS 命令列工具（2.22.4 版）還不支援智慧家庭技能，因此後續的技能操作將繼續使用 Web GUI。以下為建立 skill 的步驟：

1. 經由以下網址登入 Amazon Developer Console。

   https://developer.amazon.com/alexa/console/ask

2. 建立一個名為 myhome_smartfan 的技能，模型選擇 **Smart Home**。

3. 記下網頁上的 skill ID，格式應為 amzn1.ask.skill.<unique_id>。

在建立 Lambda 函式來連接 Lambda 處理程序與技能之後，我們將回到這個網站介面，因此最好讓網頁打開。接下來要處理 Lambda 函式。

◉ 建立 Lambda 函式

我們將建立一個 Lambda 函式並附加策略，以允許在 IoT Core 上進行日誌記錄和操作。另外也要設定本技能作為 Lambda 函式的觸發器。為此，可在以下步驟中使用 AWS 命令列工具：

1. 首先需要有一個 Lambda 函式的角色。編輯一個包含以下內容的檔案作為假定的角色策略文件，將其存檔為 lambda_trust_policy.json。此檔描述 Lambda 服務與 AWS Security Token 服務之間的信任關係：

```
{
    "Version": "2012-10-17",
    "Statement": [{
        "Effect": "Allow",
        "Principal": {
            "Service": "lambda.amazonaws.com"
        },
        "Action": "sts:AssumeRole"
    }]
}
```

2. 用以下命令建立角色：

```
$ aws --version
aws-cli/2.1.31 Python/3.8.8 Linux/5.4.0-65-generic exe/x86_64.ubuntu.20
prompt/off
$ aws iam create-role --role-name smartfan_lambda_role --assume-role-policy-
document file://lambda_trust_policy.json
```

這個命令會輸出關於剛剛所建立之角色的資訊。記下角色的 Amazon Resource Name（ARN），格式類似：arn:aws:iam::<your_account_id>:role/smartfan_lambda_role。後續在建立函式時會用到它。

3. 編輯一個包含以下內容的檔案作為策略，將其存檔為 lambda_permissions.json。它定義了 Lambda 函式的可執行內容：

```
{
    "Version": "2012-10-17",
    "Statement": [{
            "Effect": "Allow",
            "Action": [
                "logs:CreateLogGroup",
                "logs:CreateLogStream",
                "logs:PutLogEvents",
                "logs:DescribeLogStreams"
            ],
            "Resource": "arn:aws:logs:*:*:*"
        },
        {
            "Effect": "Allow",
            "Action": [
                "iot:*"
            ],
            "Resource": "arn:aws:iot:*:*:*"
        }
    ]
}
```

此策略允許日誌記錄與物聯網操作。

4. 建立定義於 lambda_permissions.json 中的策略如下：

```
$ aws iam create-policy --policy-name smartfan_lambda_policy --policy-document file://lambda_permissions.json
```

記下在此命令之輸出的策略 ARN，格式類似：arn:aws:iam::<your_account_number>:policy/ smartfan_lambda_policy。

5. 用以下命令將策略附加到角色：

```
$ aws iam attach-role-policy --role-name smartfan_lambda_role --policy-arn
<the_policy_ARN>
```

6. 建立有以下內容的程式碼原始檔，將其存檔為 lambda_function.py。這是建立 Lambda 函式所需的臨時程式碼：

```
import json
def lambda_handler(request, context):
            pass
```

7. 用任何 zip 公用程式壓縮 lambda_function.py 來建立原始套件：

```
$ zip lambda_package.zip lambda_function.py
  adding: lambda_function.py (stored 0%)
```

8. 使用以下指令建立一個名為 smartfan_handler 的 Lambda 函式：

```
$ aws lambda create-function --function-name smartfan_lambda \
--zip-file fileb://lambda_package.zip \
--handler 'lambda_function.lambda_handler' \
--runtime python3.8 \
--role <the_role_ARN>
```

再度記下 Lambda 函式的 ARN，格式類似：arn:aws:lambda:<default_region>:<your_account_ number>:function:smartfan_lambda。

9. 建立 Lambda 函式的觸發器，該觸發器就是之前建立的智慧家庭技能。可惜，我們無法在命令列完成此操作，因此需要登入 AWS web 控制台（https://aws.amazon.com/console/）並找到在 Lambda 服務中的 smartfan_handler 函式。複製先前建好的 Alexa Developer Console 的 skill ID，在點擊 + **Add trigger** 之後將 skill ID 作為觸發器的組態參數。

10. 複製 Lambda ARN 並回到技能設定頁面。將 Lambda ARN 貼到標籤為 **Default endpoint*** 的文字框中。不要忘了點擊設定頁面上的 **Save** 按鈕。通過這一步，當使用者對智慧風扇發出命令時，技能就知道要把請求發送到哪裡。

Lambda 函式已經準備好了，接下來要連結帳號。

◉ 帳號連結

我們要把個人帳號連結到智慧家庭技能，再啟用該技能才能使用它。請根據以下步驟來連結帳號：

1. 在 Alexa Developer Console 中，找到本技能的 **ACCOUNT LINKING**，並依序填入以下資訊：

    a) **Your Web Authorization URI**：`https://www.amazon.com/ap/oa`

    b) **Access Token URI**：`https://api.amazon.com/auth/o2/token`

    c) **Your Client ID**：來自安全設定檔的用戶端 ID

    d) **Your Secret**：來自安全設定檔的用戶端私鑰

    e) **Your Authentication Scheme**：`HTTP basic`

    f) **Scope**：`profile:user_id`

    用戶端 ID 與私鑰都來自我們開發者帳號的安全設定檔。如果已完成第 11 章的範例，你的帳號應該已具備安全設定檔了。請由此連結直接進入 **Login with Amazon** 控制台：

    `https://developer.amazon.com/loginwithamazon/console/site/lwa/overview.html`

2. 點擊設定網頁上的 **Save** 按鈕來完成帳號連結。

3. 接著要啟用技能，請先登入 `https://alexa.amazon.com/`，並在 **DEV SKILLS** 中找到 **myhome_smartfan**。在點擊 **ENABLE** 按鈕後，如果技能都設定正確，網頁會顯示成功訊息。關閉成功頁面時的一些彈出視窗直接忽略即可。

技能設定完成，現在可以在智慧風扇的 AWS IoT Core 服務中建立事物了。

◉ 建立事物

如前述，事物（thing）在雲端服務中代表一個實體裝置。所有雲端服務都可與這個事物互動，而實體裝置也會事物互動，這樣就能做到雙向的狀態同步。請用 AWS CLI 工具並根據以下步驟來建立事物：

1. 建立一個名為 myhome_fan1 的事物：

```
$ aws iot create-thing --thing-name myhome_fan1
```

2. 建立有以下內容的策略檔，將其存檔為 myhome_fan1_policy.json。這會賦予所有與 IoT 有關的權限給事物：

```
{
    "Version": "2012-10-17",
    "Statement": [{
            "Effect": "Allow",
            "Action": [
                "iot:*"
            ],
            "Resource": "arn:aws:iot:*:*:*"
        }
    ]
}
```

3. 使用來自上一個步驟策略檔建立策略：

```
$ aws iot create-policy \
    --policy-name myhome_fan1_policy \
    --policy-document file://myhome_fan1_policy.json
```

4. 建立憑證與一組私鑰 / 公鑰：

```
$ aws iot create-keys-and-certificate \
    --certificate-pem-outfile "certificate.pem.crt" \
    --public-key-outfile "public.pem.key" \
    --private-key-outfile "private.pem.key" \
    --set-as-active
```

上述命令輸出會包含憑證 ARN。下一步會透過它把憑證附加到策略。我們也會把私鑰嵌入裝置韌體，將它們安全保存。

5. 把策略附加到憑證：

```
$ aws iot attach-policy \
    --policy-name myhome_fan1_policy \
    --target <certificate_ARN>
```

6. 把憑證附加到事物：

```
$ aws iot attach-thing-principal \
    --thing-name myhome_fan1 \
    --principal <certificate_ARN>
```

事物設定完成，也準備好與解決方案的其他元件互動了。現在可以繼續編寫實作 Alexa 的 Lambda 函式了。PowerLevelController 是做為本技能的介面，且扮演事物與 AVS 之間的橋樑。

◉ 開發 Lambda 函式

Lambda 函式可回應來自 AVS 的以下請求：

- 來自 Alexa.Discovery 名稱空間的發現請求，用於找到與使用者帳號相關的風扇。
- 來自 Alexa.Authorization 名稱空間的 AcceptGrant 請求，可取得用於辨識使用者的憑證。
- 來自 Alexa.PowerLevelController 名稱空間的 SetPowerLevel 請求，用於設定風扇的風速檔位。
- 來自 Alexa.PowerLevelController 名稱空間的 AdjustPowerLevel 請求，以指定數值來調整風速檔位。
- 來自 Alexa 名稱空間的 ReportState 請求，用於發送裝置狀態。
- 來自 Alexa.EndpointHealth 名稱空間的連線狀態。

Tips

如果你的裝置為感測器或後續希望將其用於 **Works with Alexa** 認證，端點健康介面就須為必要介面。介面的 connectivity 屬性是裝置的狀態，其數值可為 OK 或 UNREACHABLE。

為了協助開發與供應商，**Alexa Skills Kit** 還支援了許多其他介面。更多關於此框架的資料請參考：

https://developer.amazon.com/en-US/docs/alexa/ask-overviews/what-is-the-alexa-skills- kit.html

接著要開發 lambda_function.py 中的 Lambda 函式，如下：

```
import logging
import time
import json
import uuid
import boto3
from fan1_responses import *

logger = logging.getLogger()
logger.setLevel(logging.INFO)
client = boto3.client('iot-data')
```

首先要匯入在開發 Lambda 函式時引用的 Python 模組。fan1_responses 含有我們修改後並可回傳 AVS 請求的回應樣板。接下來可定義請求處理程序：

```
def lambda_handler(request, context):

    try:
        logger.info("Directive:")
        logger.info(json.dumps(request, indent=4, sort_keys=True))

        request_namespace = request["directive"]["header"]["namespace"]
        request_name = request["directive"]["header"]["name"]
        corrTkn = ""
        if "correlationToken" in request["directive"]["header"]:
            corrTkn = request["directive"]["header"]["correlationToken"]
```

lambda_handler 為 Lambda 函式的進入點。Lambda 服務會在觸發發生時呼叫此函式。在此會從 request 取出 request_namespace 及 request_name 以了解它的類型並正確回應。回應中有些需要搭配隨著請求過來的關聯權杖（correlation toknen），因此有一個專門負責的變數。接下來要檢查請求類型：

```
        if request_namespace == "Alexa.Discovery" and request_name == "Discover":
            response = gen_discovery_response()
        elif request_namespace == "Alexa.Authorization" and request_name ==
"AcceptGrant":
            response = gen_acceptgrant_response()
        elif request_namespace == "Alexa.PowerLevelController" and request_name
== "SetPowerLevel":
            response = set_power_level(request["directive"]["payload"]
["powerLevel"], corrTkn)
        elif request_namespace == "Alexa.PowerLevelController" and request_name
== "AdjustPowerLevel":
            response = adj_power_level(request["directive"]["payload"]
["powerLevelDelta"], corrTkn)
        elif request_namespace == "Alexa" and request_name == "ReportState":
            response = gen_report_state(corrTkn)
        else:
            logger.error("unexpected request")
            return response
```

這段程式是用來檢查請求類型且產生正確回應。JSON 回應內容相當瑣碎就不列出了，但是你可在 fan1_responses.py 中可找到它們：

https://github.com/PacktPublishing/Internet-of-Things-with-ESP32/blob/main/ch12/smart_fan/aws/fan1_responses.py

Discover 請求的回應包含智慧風扇的功能資訊。Alexa.PowerLevelController 介面有兩個特定指令，即 SetPowerLevel 與 AdjustPowerLevel。

回應這些請求時需一併包含關聯權杖。最後一個請求類型為 ReportState。AVS 送出這個請求來得知風扇的轉速檔位，而另一邊則是回傳轉速搭配該請求的關聯權杖。端點健康資訊也會附加在 ReportState 回應中，所以在此不需要另外處理。Lambda 處理器函式的其餘部份只是樣板程式碼，如下：

```
        logger.info("Response:")
        logger.info(json.dumps(response, indent=4, sort_keys=True))

        return response

    except ValueError as error:
        logger.error(error)
        raise
```

如果沒有異常，我們只需記錄回應並回傳它。如果在執行處理程序時發生任何例外的話，就會記錄並回報。

要完成本任務還需要幾個額外輔助函式；但在此只要討論重要的就好。來看看如何回應 SetPowerLevel 請求：

```
def set_power_level(power_level, tkn):
    power_level = update_power(power_level)
    set_power_level_shadow(power_level)

    response = init_response(set_power_level_response, tkn, power_level)
    return response
```

在 set_power_level 中，首先呼叫 update_power 將風扇轉速正規化為以下數值中的其中之一：

- 當使用者具體設定風扇轉速為 0 時，為 0。這代表風扇停止運作。
- 如果使用者輸入在 1 ～ 33 之間時，數值為 33，對應到風扇的低速度模式。
- 如果使用者輸入在 34、66 之間，數值為 66，對應到正常速度模式。
- 如果使用者輸入大於 66，數值為 100，這用於高速度模式。

正規化風扇轉速後，呼叫先前實作的 set_power_level_shadow 函式將陰影的所欲（desired）狀態更新為該數值。在 init_response 函式中只需設定關聯權杖與 JSON 回應的風扇轉速，接著將其回傳給 Lambda 處理程序才能進一步傳遞給 AVS。set_power_level_response 是在 fan1_responses.py 中所定義的 JSON 回應樣板。接下來說明如何實作 set_power_level_shadow 函式：

```
def set_power_level_shadow(power_level):
    payload = json.dumps({'state': { 'desired': { 'powerlevel': power_level } }})
    response = client.update_thing_shadow(
        thingName = endpoint_id,
        payload =  payload)
    logger.info("update shadow result: " + response['payload'].read().
decode('utf-8'))
```

在此要針對陰影 powerlevel 性質的 desired 狀態準備一筆 JSON 酬載，並呼叫用戶端的 update_thing_shadow 函式。它會更新事物的陰影，且此資訊可透過 MQTT 與 ESP32 的程式共享。當 ESP32 的處理函式收到了狀態請求時，它就會以此控制繼電器開或關來更新風扇狀態。以下是一個範例陰影狀態：

```
{
  "desired": {
    "welcome": "aws-iot",
    "powerlevel": 0
  },
  "reported": {
    "welcome": "aws-iot",
    "powerlevel": 33
  },
  "delta": {
    "powerlevel": 33
  }
}
```

desired 表示使用者所請求的新狀態值。reported 是由裝置端更新，而 delta 則是 AWS IoT Core 計算的兩者差值。有關裝置陰影的詳細資訊請參考 AWS 原廠文件：

https://docs.aws.amazon.com/iot/latest/developerguide/iot-device-shadows.html

回應 AdjustPowerLevel 請求的回應方式相當類似，，但這次要計算的是指定 delta 輸入對應的新風扇轉速。

其餘的輔助函式原始碼請參考：

https://github.com/PacktPublishing/Internet-of-Things-with-ESP32/blob/main/ch12/smart_fan/aws/lambda_function.py

Lambda 處理器實作完成了，現在要用一個範例請求來更新與測試它，如下：

1. 更新 Lambda 程式碼套件。該套件應包含兩個原始檔：

```
$ zip -u lambda_package.zip *.py
updating: lambda_function.py (deflated 73%)
  adding: fan1_responses.py (deflated 83%)
```

2. 更新在 AWS 上的 Lambda 程式碼：

```
$ aws lambda update-function-code --function-name smartfan_lambda --zip-file
fileb://./lambda_package.zip
```

3. 測試所有請求類型。範例請求請參考：

   https:// github.com/PacktPublishing/Internet-of-Things-with-ESP32/ tree/main/ch12/smart_fan/aws

```
$ aws lambda invoke \
    --cli-binary-format raw-in-base64-out \
    --function-name smartfan_lambda \
    --payload file://./discovery_request.json \
    response.json
{
    "StatusCode": 200,
    "ExecutedVersion": "$LATEST"
}
```

   所有測試的狀態碼應該皆為 200，代表成功。

4. 由於 Lambda 函式的後端服務已經啟動，請開啟 `https://alexa.amazon.com/` 並在個人 Alexa 帳號進行裝置探索。請找到 **Smart Home | Devices** 並點擊 **Discover**。約在 20 秒內就可以看到這台智慧風扇被列為新裝置了。

AWS 端的設定都完成了，接下來要實作 ESP32 的程式。

◉ 開發韌體

快速回顧一下，ESP32 的程式會偵測風扇上的哪個按鈕被按下，並藉此控制對應的繼電器來設定風扇速度。AWS 雲端服務上的事物狀態也會一併更新。當發送語音命令來改變事物的所欲狀態時，ESP32 程式也會捉到這筆資訊並反映於實體風扇上。硬體設置的 Fritzing 示意圖如下：

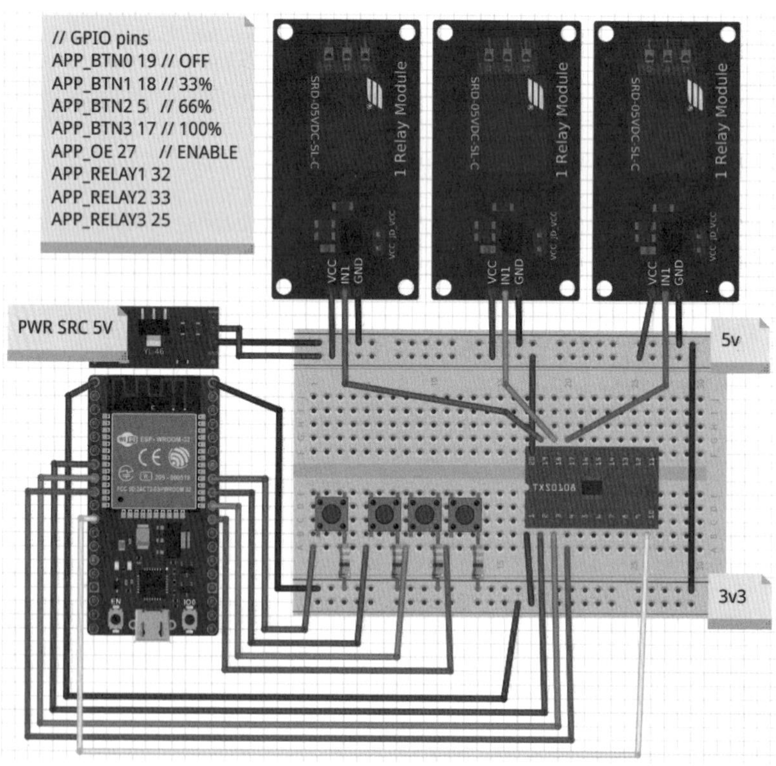

▲ 圖 12.3 智慧風扇電路的 Fritzing 示意圖

第二個原型要把風扇按鈕連接到 ESP32，而不是圖中的按鈕。請拆開風扇的底蓋、切斷按鈕電線，並將按鈕接到 ESP32 的 GPIO 腳位。繼電器在此將負責控制風扇速度而不是風扇按鈕，最後將電線的另一端連接到繼電器。

Note

操作高電壓時請採取一切必要的預防措施。這個網站清楚說明如何使用具備負載的繼電器：`https://ncd.io/relay-logic/`。你可能還想在繼電器周圍使用 RC 緩衝器來保護它們免於來自風扇馬達的電感性回衝。關於電感性回衝和緩衝器的文章請參考這個維基百科連結：`https://en.wikipedia.org/wiki/Snubber`。本專題可用的一款緩衝器為 Okaya 的 XE1201，網路上很好買到：

`https://okaya.com/product/?id=9716226e-c62c-e111-a207-0026551ab73e`

下圖為 AZ-Delivery 的 TXS0108E 邏輯轉換器模組：

▲ 圖 12.4 TSX0108E 模組

模組上有兩個埠。埠 A（下排）支援介於 1.4 ～ 3.6V 之間的任何電壓，埠 B（上排）則是 1.65 ～ 5.5V。規則是 **VA** 必須小於 **VB**。**OE** 腳位被設定為高電位時會啟用埠 B 輸出，請參考規格表：

`https://www.ti.com/document-viewer/TXS0108E/datasheet`

一共會用到 4 個按鈕來控制風扇速度。第一個是藉由切斷所有繼電器來停止風扇，其他三個按鈕則對應於不同的速度檔位。由於已啟用 GPIO 腳位的內部上拉電阻，因此按鈕 GPIO 腳位在按鈕未被按下時為高電位。

準備好電路後就要進入程式碼了，在此一樣使用 ESP-IDF 作為框架來建立新的 PlatformIO 專題：

1. 編輯專題的 platformio.ini 檔，內容如下：

```
[env:az-delivery-devkit-v4]
platform = espressif32
board = az-delivery-devkit-v4
framework = espidf

monitor_speed = 115200
lib_extra_dirs =
    ../../common/esp-idf-lib/components
build_flags =
    -DWIFI_SSID=${sysenv.WIFI_SSID}
    -DWIFI_PASS=${sysenv.WIFI_PASS}
    -DAWS_ENDPOINT=${sysenv.AWS_ENDPOINT}

board_build.embed_txtfiles =
    ./tmp/private.pem.key
    ./tmp/certificate.pem.crt
    ./tmp/AmazonRootCA1.pem
```

AWS 裝置 SDK 路徑為 ../../common/esp-idf-lib/components，專題須正確指定此路徑才能運作。我們定義 AWS_ENDPOINT 作為環境變數。程式需要會連到這個端點才能與已建立的 AWS IoT Core 中的事物通訊。另外也要指定事物的加密檔案的路徑。請將它們複製到 tmp 資料夾，但請注意它不在 GitHub 中以免這些加密檔案外洩。

2. 編輯 src/CMakeList.txt，內容如下：

```
FILE(GLOB_RECURSE app_sources ${CMAKE_SOURCE_DIR}/src/*.*)
set(COMPONENT_ADD_INCLUDEDIRS ".")

idf_component_register(SRCS ${app_sources})
```

```
target_add_binary_data(${COMPONENT_TARGET} "../tmp/AmazonRootCA1.pem" TEXT)
target_add_binary_data(${COMPONENT_TARGET} "../tmp/certificate.pem.crt" TEXT)
target_add_binary_data(${COMPONENT_TARGET} "../tmp/private.pem.key" TEXT)
```

我們也需要 ESP-IDF 已知的加密檔案，會用到 `target_add_binary_data` 語法來指定檔案路徑。

3. 把加密檔案複製到專題根目錄下的 `tmp` 資料夾：

```
$ mkdir tmp && cp <thing_cert_files> tmp/ && cd tmp
$ wget https://www.amazontrust.com/repository/AmazonRootCA1.pem
$ ls
AmazonRootCA1.pem  certificate.pem.crt  private.pem.key  public.pem.key
```

請下載以下網址的 Amazon 根憑證：`https://www.amazontrust.com/repository/AmazonRootCA1.pem`

4. 請由本書 GitHub 取得相關程式碼：`https://github.com/PacktPublishing/Internet-of-Things-with-ESP32/tree/main/ch12/smart_fan/lib`。所有必要的檔案都準備好之後，你的目錄架構應如下：

```
$ ls -R
.:
CMakeLists.txt  include  lib  platformio.ini  sdkconfig  src  test  tmp
./lib:
aws  hw  README  wifi
./lib/aws:
app_aws.c  app_aws.h
./lib/hw:
app_hw.c  app_hw.h
./lib/wifi:
app_wifi.c  app_wifi.h
./src:
CMakeLists.txt  main.c
./tmp:
AmazonRootCA1.pem  certificate.pem.crt  private.pem.key  public.pem.key
```

5. 啟動 PlatformIO 虛擬環境並設定環境變數：

```
$ source ~/.platformio/penv/bin/activate
(penv)$ aws iot describe-endpoint --endpoint-type iot:Data-ATS
{
    "endpointAddress": "<your_endpoint>"
}
(penv)$ export AWS_ENDPOINT='\"<your_encpoint>\"'
(penv)$ export WIFI_SSID='\"<your_ssid>\"'
(penv)$ export WIFI_PASS='\"<your_password>\"'
```

開始寫程式碼之前，先看看專題會用到哪些函式庫，如下：

- `lib/wifi/app_wifi.{c,h}`：實作 Wi-Fi 連線
- `lib/aws/app_aws.{c,h}`：處理 AWS 通訊
- `lib/hw/app_hw.{c,h}`：處理按鈕按下並控制繼電器

app_wifi.h 中只宣告了一個函式，如下：

```
#ifndef app_wifi_h_
#define app_wifi_h_

typedef void (*on_connected_f)(void);
typedef void (*on_failed_f)(void);

typedef struct {
    on_connected_f on_connected;
    on_failed_f on_failed;
} connect_wifi_params_t;

void appwifi_connect(connect_wifi_params_t);

#endif
```

接下來，在 app_hw.h 中可看到 GPIO 處理 API：

```
#ifndef app_hw_h_
#define app_hw_h_

#include <stdbool.h>
```

```
#include <stdint.h>
#include "driver/gpio.h"

// GPIO pins
#define APP_BTN0 19 // OFF
#define APP_BTN1 18 // 33%
#define APP_BTN2 5  // 66%
#define APP_BTN3 17 // 100%
#define APP_OE 27   // ENABLE
#define APP_RELAY1 32
#define APP_RELAY2 33
#define APP_RELAY3 25
```

首先定義 GPIO 腳位的巨集。我們有 4 個按鈕、3 個繼電器與用於啟用邏輯轉換器的輸出腳位。接下來是 API 函式，如下：

```
typedef struct
{
    gpio_num_t btn_pin;
    gpio_num_t relay_pin;
    uint8_t val;
} btn_map_t;

typedef void (*appbtn_fan_changed_f)(uint8_t);

void apphw_init(appbtn_fan_changed_f);
uint8_t apphw_get_state(void);
void apphw_set_state(uint8_t);

#endif
```

`apphw_init` 函式可把 GPIO 腳位初始化為輸入或輸出。按鈕腳位提供輸入而繼電器控制腳位為輸出。當某個按鈕被按下或對應繼電器的狀態改變時 `apphw_init` 也會接收這些參數來執行。事物需要用此資訊來更新。`apphw_set_state` 為外部改變繼電器狀態的函式。當使用者發出語音命令時，AWS 函式庫會呼叫這個函式來設定繼電器狀態。

繼續看到 app_hw.h 中的 AWS 通訊 API：

```
#ifndef app_aws_h_
#define app_aws_h_

#include <stdint.h>

#define AWS_THING_NAME "myhome_fan1"

typedef void (*fan_state_changed_f)(uint8_t);

void appaws_init(fan_state_changed_f);
void appaws_connect(void *);
void appaws_publish(uint8_t);

#endif
```

app_hw.h 中宣告了代表事物名稱的巨集。在函式庫實作中，它是作為裝置陰影連線函式的參數。appaws_init 函式負責初始化函式庫。它擁有當使用者請求更改風扇狀態時所要呼叫的回呼參數。函式庫內保存此回呼的參照，並在事物狀態被語音請求改變時執行它。在連接到本地 Wi-Fi 之後時會呼叫 appaws_connect。在連接到 AWS 雲端服務之後，它也會開始監控事物變化。最後一個 appaws_publish 函式則負責在按鈕改變風扇速度之後來更新事物狀態。所有有趣的事情都在這個函式庫中發生，稍後就會討論如何實作。

接著看看如何在 main.c 中把所有東西整合起來，如下：

```
#include <stdlib.h>
#include "freertos/FreeRTOS.h"
#include "freertos/task.h"
#include "esp_log.h"

#include "app_wifi.h"
#include "app_hw.h"
#include "app_aws.h"

#define TAG "app"
```

首先，如先前一樣匯入必要的標頭檔，包括函式庫標頭。然後定義 Wi-Fi 狀態處理程序：

```
static void handle_wifi_connect(void)
{
    xTaskCreatePinnedToCore(appaws_connect, "appaws_connect", 15 *
configMINIMAL_STACK_SIZE, NULL, 5, NULL, 0);
}

static void handle_wifi_failed(void)
{
    ESP_LOGE(TAG, "wifi failed");
}
```

handle_wifi_connect 為在 Wi-Fi 連接時要呼叫的函式。它會啟動 FreeRTOS 任務並藉由自身的 appaws_connect 來連接與監控事物：

```
void app_main()
{
    apphw_init(appaws_publish);
    appaws_init(apphw_set_state);

    connect_wifi_params_t cbs = {
        .on_connected = handle_wifi_connect,
        .on_failed = handle_wifi_failed};
    appwifi_connect(cbs);
}
```

app_main 函式首先初始化函式庫。硬體函式庫以 appaws_publish 作為當風扇發生按鈕按下事件時要呼叫的回呼函式，且 AWS 函式庫以 apphw_set_state 作為在 AWS 雲端服務的事物狀態改變時，所要呼叫的回呼函式。這兩個函式庫在兩邊發生事情時會互相更新。最後，我們呼叫 appwifi_connect 搭配處理器函式來連接本地 Wi-Fi。

如前所述，現在可以討論實作於 lib/aws/app_aws.c 中之 AWS 通訊函式庫內的更多有趣部份了。首先來看看 appaws_connect 函式：

```
void appaws_connect(void *param)
{
    memset((void *)&aws_client, 0, sizeof(aws_client));

    ShadowInitParameters_t sp = ShadowInitParametersDefault;
    sp.pHost = endpoint_address;
    sp.port = AWS_IOT_MQTT_PORT;
    sp.pClientCRT = (const char *)certificate_pem_crt_start;
    sp.pClientKey = (const char *)private_pem_key_start;
    sp.pRootCA = (const char *)aws_root_ca_pem_start;
    sp.disconnectHandler = disconnected_handler;

    aws_iot_shadow_init(&aws_client, &sp);
```

呼叫 aws_iot_shadow_init 來初始化事物的陰影。它需要到連接參數與加密私鑰才能存取事物。接著要連接到事物：

```
    ShadowConnectParameters_t scp = ShadowConnectParametersDefault;
    scp.pMyThingName = thing_name;
    scp.pMqttClientId = client_id;
    scp.mqttClientIdLen = (uint16_t)strlen(client_id);

    while (aws_iot_shadow_connect(&aws_client, &scp) != SUCCESS)
    {
        ESP_LOGW(TAG, "trying to connect");
        vTaskDelay(1000 / portTICK_PERIOD_MS);
    }
```

aws_iot_shadow_connect 會透過迴圈不斷嘗試，直到成功建立它與事物的連線為止。下一個目標是要註冊一個用於改變事物陰影的函式，這樣就能以此來更新風扇速度。任何語音請求都會造成事物改變。以下是註冊 delta 回呼的做法：

```
    uint8_t fan_powerlevel = 0;
    jsonStruct_t fan_controller;
    fan_controller.cb = fan_powerlevel_change_requested;
    fan_controller.pData = &fan_powerlevel;
    fan_controller.pKey = "powerlevel";
    fan_controller.type = SHADOW_JSON_UINT8;
```

```
    fan_controller.dataLength = sizeof(uint8_t);
    if (aws_iot_shadow_register_delta(&aws_client, &fan_controller) == SUCCESS)
    {
        ESP_LOGI(TAG, "shadow delta registered");
    }
```

在此會用到 aws_iot_shadow_register_delta 函式。它的參數會用到我們所訂閱的那個 delta MQTT 專題名稱，以及當訊息來自該 delta MQTT 專題時要呼叫的回呼函式。以本專題來說，delta 欄位為 powerlevel，而 fan_powerlevel_change_requested 為針對 powerlevel 變化的回呼函式。fan_powerlevel_change_requested 會把 powerlevel 的更新訊息通知硬體函式庫：

```
    IoT_Error_t err = SUCCESS;
    while (1)
    {
        if (xSemaphoreTake(aws_guard, 100) == pdTRUE)
        {
            err = aws_iot_shadow_yield(&aws_client, 250);
            xSemaphoreGive(aws_guard);
        }
        if (err != SUCCESS)
        {
            ESP_LOGE(TAG, "yield failed: %d", err);
        }
        vTaskDelay(100 / portTICK_PERIOD_MS);
    }
}
```

appaws_connect 函式最後以 while 迴圈呼叫 aws_iot_shadow_yield 來監控 AWS 訊息。根據 AWS 文件，陰影函式不具備執行緒安全性，因此需要經由旗號來保護它們。

下一個要介紹的函式是 appaws_publish。在偵測到按鈕按下時，會透過硬體函式庫來呼叫它，這意謂風扇的當前狀態已被使用者手動改變，也需要更新 AWS IoT Core 上的事物狀態。如下：

```
void appaws_publish(uint8_t val)
{
    jsonStruct_t temp_json = {
        .cb = NULL,
        .pKey = "powerlevel",
        .pData = &val,
        .type = SHADOW_JSON_UINT8,
        .dataLength = sizeof(val)};

    char jsondoc_buffer[200];
    aws_iot_shadow_init_json_document(jsondoc_buffer, sizeof(jsondoc_buffer));
    aws_iot_shadow_add_reported(jsondoc_buffer, sizeof(jsondoc_buffer), 1,
&temp_json);
    if (desired_state != val)
    {
        aws_iot_shadow_add_desired(jsondoc_buffer, sizeof(jsondoc_buffer), 1,
&temp_json);
    }
    aws_iot_finalize_json_document(jsondoc_buffer, sizeof(jsondoc_buffer));
```

我們會用一筆 JSON 訊息來更新 AWS IoT Core 的事物狀態。**aws_iot_shadow_add_reported** 負責把風扇速度資訊加入到這筆訊息中。當所欲狀態不等於當前狀態時，也要一併更新事物陰影的所欲部份，因為如果我們不這樣做，AWS IoT Core 會在收到來自裝置韌體之更新訊息時再次計算 delta，並發現所欲狀態與當前狀態是不同的。這會使得韌體端出現一筆要求再次設定先前狀態的 delta 訊息，代表使用者無法操作風扇的實體按鈕來改變風扇速度，這不是很好的使用者體驗。因此，我們會一併更新所欲狀態。要發送的 JSON 訊息已準備好，如下：

```
    IoT_Error_t err = SUCCESS;
    if (xSemaphoreTake(aws_guard, portMAX_DELAY) == pdTRUE)
    {
        err = aws_iot_shadow_update(&aws_client, thing_name, jsondoc_buffer,
NULL, NULL, 4, true);
        xSemaphoreGive(aws_guard);
    }
    if (err != SUCCESS)
    {
        ESP_LOGE(TAG, "publish failed: %d", err);
    }
}
```

需呼叫 aws_iot_shadow_update 就可以更新事物的陰影了。另外，如前所述這個函式不具備執行緒安全性，所以也要檢查旗號是否可用於操作陰影。

好的，燒錄好 devkit 之後就可以進行測試了。主要測試有兩項。第一個是在按下按鈕時，事物的陰影也應被更新。另一個則是反向操作；當我們從 Alexa Developer Console 發送一個語音命令時，繼電器也會隨之作動。

測試步驟如下：

1. 按下在 GPIO17 腳位的全速按鈕，在 AWS 控制台上觀察事物陰影的 powerlevel 是否被更新到 100。請由以下連結存取 AWS Management Console：https://aws.amazon.com/console/

Shadow state:

```
{
  "desired": {
    "powerlevel": 100
  },
  "reported": {
    "powerlevel": 100
  }
}
```

▲ 圖 12.5 全速

2. 按下 GPIO19 腳位的關閉按鈕，觀察事物陰影的 powerlevel 是否被更新為 0：

Shadow state:

```
{
  "desired": {
    "powerlevel": 0
  },
  "reported": {
    "powerlevel": 0
  }
}
```

▲ 圖 12.6 關閉

3. 使用瀏覽器開啟 Alexa Developer Console：https://developer.amazon.com/alexa/console/ask。然後，切換到 myhome_smartfan 技能的測試網頁。在 Alexa 模擬器中輸入 "set smart fan to 50" 這樣的指令，觀察負責正常速度的繼電器（中間者）是否被接通。此時事物陰影的 powerlevel 值應該為 66：

Shadow state:

```
{
  "desired": {
    "powerlevel": 66
  },
  "reported": {
    "powerlevel": 66
  }
}
```

▲ 圖 12.7 正常速度

請重複測試其他的風扇轉速來確認韌體是否都按預期運作。

恭喜！這個專題不簡單呢，但是我認為它值得一作，以便了解如何在現實生活的物聯網情境中運用 ESP32。我們已經討論了常見物聯網專題的所有層面，包括感測器及致動器、網路和雲端服務整合。

◉ 接下來呢？

請加入以下所列的更多功能來讓智慧風扇更厲害：

- 加入溫度感測器。這樣就可以加入自動模式功能，讓智慧風扇能根據溫度感測器讀數來自動設定風扇速度。
- 實作塔式風扇裝置樣板，參考以下 Alexa 文件：

  https://developer.amazon.com/en-US/docs/alexa/smarthome/get-started-with-device-templates.html#tower-fan

- 無線（OTA）韌體更新。
- 用於本地通訊的 BLE 通用屬性配置文件（GATT）伺服器。

強烈建議你實作這些功能來加強 ESP32 技能。大家都曉得，實作才是王道。

12.5 總結

這是本書的最後一章啦，我們將本書所學的幾乎所有內容都付諸實行了。在專題的硬體方面，把按鈕作為感測器，而繼電器為致動器。在 Wi-Fi 函式庫中，我們以工作站模式讓 ESP32 連接到指定憑證的本地 Wi-Fi 網路。本專題最有趣的地方是支援 Alexa，這會用到 Amazon 的雲端服務資源。我們設定了 AWS IoT Core，在 AWS Lambda 中開發後端程式碼，以及在 Alexa Developer Console 中建立智慧家庭技能好為智慧風扇加入語音介面。裝置韌體則使用了 AWS 裝置 SDK 才能與 AWS IoT Core 通訊。日後在任何類型的物聯網專題都很可能碰到類似的挑戰。因此，本章提供你一個全方位體驗的絕佳機會。

感謝大家和我一路玩專題到現在。我真的很喜歡它們，希望你也喜歡它們。在你接下來的 ESP32 之旅中，我建議嘗試不同的 ESP32 晶片。Espressif Systems 針對不同目的都有專門的產品來滿足產業需求。例如，ESP32-S2 有開發 USB 主機或裝置的 USB OTG 介面。ESP32-C3 則是具備 RISC-V MCU 這顆知名的控制器，能在應用中提供**可信賴執行環境（trusted execution environment, TEE）**作為額外的安全層。ESP32-S3 藉由支援 AI 運算加速來主攻 AIoT 市場。物聯網這個領域的特色為快節奏、層面廣，且應用種類繁多。只要我們能跟上不斷變化的技術，它就能帶來無窮的機會。

ESP32 物聯網專題製作實戰寶典

作　　者：Vedat Ozan Oner
譯　　者：CAVEDU 教育團隊 曾吉弘
企劃編輯：莊吳行世
文字編輯：詹祐甯
設計裝幀：張寶莉
發 行 人：廖文良

發 行 所：碁峰資訊股份有限公司
地　　址：台北市南港區三重路 66 號 7 樓之 6
電　　話：(02)2788-2408
傳　　真：(02)8192-4433
網　　站：www.gotop.com.tw
書　　號：ACH024200
版　　次：2022 年 06 月初版
建議售價：NT$620

國家圖書館出版品預行編目資料`

ESP32 物聯網專題製作實戰寶典 / Vedat Ozan Oner 原著；曾吉弘譯. -- 初版. -- 臺北市：碁峰資訊, 2022.06
面；　公分
ISBN 978-626-324-185-5(平裝)
1.CST：系統程式　2.CST：電腦程式設計　3.CST：物聯網
312.52　　111006659

讀者服務

- 感謝您購買碁峰圖書，如果您對本書的內容或表達上有不清楚的地方或其他建議，請至碁峰網站:「聯絡我們」\「圖書問題」留下您所購買之書籍及問題。(請註明購買書籍之書號及書名，以及問題頁數，以便能儘快為您處理)
http://www.gotop.com.tw

- 售後服務僅限書籍本身內容，若是軟、硬體問題，請您直接與軟體廠商聯絡。

- 若於購買書籍後發現有破損、缺頁、裝訂錯誤之問題，請直接將書寄回更換，並註明您的姓名、連絡電話及地址，將有專人與您連絡補寄商品。